人間情報学

快適を科学する

板生 清　監修
人間情報学会　編

近代科学社Digital

まえがき

　人間情報がセンサネットワークにより常時モニターされる時代がやって来た。心拍数や心拍変動、血圧、体温などによる自律神経の働きが測定可能となっている今日、いずれ悲喜交々や腹を立てるなどの感情の起伏もビッグデータとして蓄積される状況が訪れるかもしれない。さらに近未来には人工臓器やナノロボットなどを体内に取り込み、健康状態や病状までもモニターされるようになるとも考えられる。

　ユバル・ノア・ハラリは『ホモ・デウス』において次のように述べている。「人間の医師は表情や声の調子といった外面的な手掛かりを分析して患者の情動状態を知る。一方、ワトソンなどの人工知能はそのような外面的な手掛かりを人間の医師より正確に分析できるようになってきた。ワトソンは血圧や脳の活動など無数の生態計測データをモニターすることであなたが何を感じているかを正確に知ることができるだろう。ワトソンは何百万回もの社会的な出会いから得た統計的データのおかげで、あなたにふさわしい回答をすることができる。人間は、自分の情動に圧倒されて激高するが、ワトソンは、自分の情動というものをもっていないから相手の情動状態について最も適切な応答ができるはずだ」と。この発想は、実際カスタマーサービス部門に応用されている。

　人間情報学はあくまで人間の心と身体の研究であり、データベース化により個々人の心の状態を把握して適切なコミュニケーションに資するものである。将来、コンピュータや AI の著しい進歩により人間が隷属する立場になる危険性もあるが、科学の進歩をうまく制御する知恵を生み出すことにより、独立を維持できると期待される。

　「人間情報学」は、まず第 1 章で筆者が提唱した背景を説明している。つまり従来の学問領域として人間学や人間工学などがあるが、人間の本質に迫るためには、文・理・医・哲学・心理学にまたがる広範囲な情報学を活用して融合学とすることが求められる。

　第 2 章では、人間情報学が拓くと期待される未来について、人間情報学会の室伏会長や理事に各専門分野からご執筆いただいた内容である。さらに第 3 章では、筆者が NTT 研究所時代に考え実行に移しかけていた概念である「ネイチャーインタフェイス」について、元東大総長で恩師である吉川先生、並びに筆者がマサチューセッツ工科大学（MIT）のリサーチアソシエイトとして在職して以来交流をいただいている現 MIT 学長のライフ先生から、NPO 法人 WIN 会誌「ネイチャーインタフェイス」創刊号にいただいた寄稿文をそのまま掲載させていただいた。

　第 4 章は健康と人間情報、第 5 章は医学と人間情報、第 6 章は人間情報センシングの実態、第 7 章は最近の人工知能を活用した人間情報の展望、第 8 章はモノのインターネットを活用した時代の人間情報の役割、第 9 章はスポーツ分野での人間情報の役割、第 10 章は人間生活の快適に資する人間情報、そして最終の第 11 章では人間情報学の社会実装に関する考察と展望を述べている。

　以上のように、本書は、第一線の方々約 50 名からいただいた玉稿により、新たに提唱する「人間情報学」の輪郭と本質に迫る試みとしたものである。

2021 年 11 月

板生 清

編集委員

駒澤 真人	人間情報学会 理事
吉田 寬	人間情報学会 理事
横窪 安奈	人間情報学会 理事
大峯 郁衣	WIN 会誌ネイチャーインタフェイス 編集委員

執筆者一覧

第1章

1	板生 清	東京大学名誉教授／ウェアラブル環境情報ネット推進機構 理事長
2	片桐 祥雅	東京大学 大学院工学系研究科 上席研究員

第2章

1	室伏 きみ子	お茶の水女子大学名誉教授／前お茶の水女子大学学長／人間情報学会長
2	岸上 順一	慶應義塾大学 大学院政策メディア研究科 特任教授／室蘭工業大学 大学院システム理化学科 特任教授
3	廣瀬 弥生	東洋大学 情報連携学部 教授

第3章

1	吉川 弘之	東京大学名誉教授／元東京大学総長
2	板生 清	東京大学名誉教授／ウェアラブル環境情報ネット推進機構 理事長
3	ラファエル ライフ	マサチューセッツ工科大学 学長

第4章

1	羅 志偉	神戸大学 大学院システム情報学研究科 教授
2	太田 裕治	お茶の水女子大学 基幹研究院自然科学系 教授
3	西田 佳史	東京工業大学 工学院機械系 教授
4	戸辺 義人	青山学院大学 理工学部情報テクノロジー学科 教授／ウェアラブル環境情報ネット推進機構 副理事長
5	ロペズ ギヨーム	青山学院大学 理工学部情報テクノロジー学科 教授

第5章

1	本田 学	国立研究開発法人国立精神・神経医療センター 神経研究所 疾病研究第七部 部長
2	原 量宏	香川大学名誉教授／香川大学 瀬戸内圏研究センター 特任教授
3	鳥光 慶一	東北大学 大学院工学研究科 教授
4	室伏 きみ子	お茶の水女子大学名誉教授／前お茶の水女子大学学長／人間情報学会長

第6章

1	蜂須賀 知理	東京大学 大学院新領域創成科学研究科 特任講師

2　小林 弘幸　順天堂大学 医学部 総合診療科学講座・病院管理学研究室 教授
3　雄山 真弓　前関西学院大学名誉教授／前株式会社カオテック研究所代表
4　吉田 隆嘉　本郷赤門前クリニック 院長／新宿ストレスクリニック 顧問
5　吉澤 誠　東北大学名誉教授
　　杉田 典大　東北大学 大学院工学研究科 技術社会システム専攻 准教授
6　駒澤 真人　WIN フロンティア株式会社 取締役／芝浦工業大学 大学院理工学研究科 客員
　　　　　　　准教授
7　塚田 信吾　NTT 物性科学基礎研究所 バイオメディカル情報科学研究センタ
　　　　　　　分子生体機能研究グループ NTT フェロー

第7章
1　近山 隆　東京大学名誉教授
2　栗原 聡　慶應義塾大学 理工学部 教授
3　橋本 典生　東京慈恵会医科大学 内科学講座呼吸器内科 講師
4　大附 克年　マイクロソフトディベロップメント株式会社 Software Technology Center
　　　　　　　Japan シニアプログラムマネージャー

第8章
1　江崎 浩　東京大学 大学院情報理工学系研究科 教授
2　山口 昌樹　信州大学 大学院総合医理工学研究科 生命医工学専攻 教授
3　戸辺 義人　青山学院大学 理工学部情報テクノロジー学科 教授／ウェアラブル環境情報
　　　　　　　ネット推進機構 副理事長
4　高汐 一紀　慶應義塾大学 環境情報学部 教授
5　梅田 和昇　中央大学 理工学部 精密機械工学科 教授、理工学部長
6　吉田 寛　日本電信電話株式会社 アクセスサービスシステム研究所 主任研究員
7　横窪 安奈　青山学院大学 理工学部 情報テクノロジー学科 助教
8　川原 靖弘　放送大学 教養学部 准教授，大学院文化科学研究科 准教授

第9章
1　石井 直方　東京大学名誉教授
2　ロペズ ギヨーム　青山学院大学 理工学部情報テクノロジー学科 教授

第10章
1　板生 清　東京大学名誉教授／ウェアラブル環境情報ネット推進機構 理事長
2　ロペズ ギヨーム　青山学院大学 理工学部情報テクノロジー学科 教授
3　岩崎 哲　株式会社アイ・グリッド・ラボ 取締役 CTO
4　板生 研一　WIN フロンティア株式会社 代表取締役社長兼 CEO ／東京成徳大学 経営学
　　　　　　　部 特任教授
5　板生 清　東京大学名誉教授／ウェアラブル環境情報ネット推進機構 理事長

第 11 章

1 森川 博之   東京大学 大学院工学系研究科 教授
2 坂村 健   東京大学名誉教授／東洋大学 情報連携学部長
3 稲見 昌彦   東京大学 先端科学技術研究センター 教授
4 児島 全克   HTC NIPPON 株式会社 代表取締役社長
5 板生 清   東京大学名誉教授／ウェアラブル環境情報ネット推進機構 理事長

目次

第5章 医学と人間情報

第6章　　人間情報センシング

第7章　AIと人間情報

第8章　IoTと人間情報

第9章　スポーツと人間情報

第11章　人間情報学をベースとしたICT ビジネス

第1章
「人間情報学」とは

本書総監修の板生は以下のように述べている。

人間という生体群は、頭脳を中心に、心臓などの臓器群や神経系・循環系などが構成要素となっている。そして生体群が中核となって、社会、経済、医療・健康、環境・農業、生活・創造などに作用する情報を生み出している。これらを統合して「人間情報」と呼ぶことにする。

『人間情報学』とは、生体群が人工物界や自然界に発信する情報を取り扱う一方、人工物界や自然界が生体群や人間社会に向けて発信する情報をも扱う、双方向性と相互作用性を包括する学である。

1.1　「人間情報学」の提唱

板生 清

　2009 年 11 月に、NPO 法人 WIN（ウェアラブル環境情報ネット推進機構）は、組織内に「人間情報学会」を設置した。

　約 20 年前の 2000 年 8 月に東京大学の教官をベースに設立された WIN は、センシング技術とネットワーク技術を両輪とする次世代情報技術を駆使して「万物が発信する情報」すなわち「人間」「人工物」「自然」の 3 項が発信する情報をネットワークによって統合するというコンセプトを打ち出した。

　そして、これらの 3 項間の界面（インタフェイス）をシームレス化する手段として、センサネットワーク技術に注目した（図 1.1）。

　このようなコンセプトにおいては、人間を緩衝体として、「自然」と「人工物」の対峙を越えた 3 項の調和の構造が創成される。

　つまり、人間を中核としたサスティナブルな世界の実現である。これを「ネイチャーインタフェイスの世界」と名付けた。

1.1.1　「人間情報」の構成

　上述の 3 項、すなわち、人間情報、人工物情報、自然情報は独立しているが、ある部分は図1.1 で示したような重なりをもっている。

　さらに、人間情報のみにフォーカスしてみると、図 1.2 のように人間という生体群が中核となって、社会・経済、医療・健康、環境・農業、生活・創造などの情報を生み出していると見なされる。

　さらに、図 1.3 のように生体群は頭脳を中心として、心臓などの臓器群および神経系、循環系などのソフト・ハードが構成要素となっている。これらを統合したものが、図 1.4 である。

1.1.2　「人間情報学」の対象

生体群が発信した情報は人間社会へ向かい、さらにこれらは人工物界や自然界へ作用する。他方、自然界および人工物界が発信する情報は、人間社会へ、さらには生体群へと作用する。

　「人間情報学」はこのように人間そのものおよびその周辺における情報を扱うものである。図1.4 の統合図に関連する具体的な学問領域は次のようである。

図 1.1　トータル情報システム

図 1.2　人間情報システム

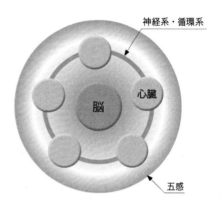

図 1.3　生体情報システム

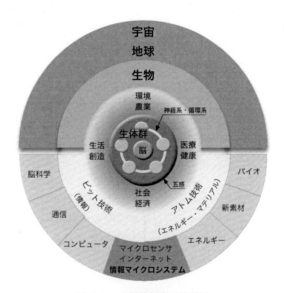

図 1.4　人間情報学の俯瞰図

生体情報システム領域

- センシング―状態計測
  （例）学術研究者と電子・精密・情報関連企業との連携
- プロセッシング―状態分析、情報処理、推定
  （例）計測データ取得と医療関係者による分析
- アクチュエーション―起動、指令、アラーム、表示
  （例）健康産業関係者と連携した製品・サービス開発

社会・経済情報システム領域

- 社会心理学、神経経済学、社会情報学
- 人間環境学、環境生態学
- 安全人間工学、ウェアラブル機器開発（e テキスタイル）など

医療・健康情報システム領域

- 予防医療、健康医療（禁煙、ヘルスケア、健康科学）
- 高度な医療（遠隔医療）
- 認知科学、発達心理、生体構造学
- 老年学（ジェロントロジー）など

生活・創造情報システム領域

- ワークライフバランス（テレワーク、e ラーニング）
- ライフログ（EHR、PHR、センサネットワーク、ユビキタス）
- コミュニケーション（言語学、ノンバーバルコミュニケーション）
- ひらめき、感性（脳科学、教育工学）など

1.1.3　「人間情報学」の創造に向けて

　人間情報学は、人間が有する情報の研究を分野を超えて広範囲に統合することにより、さらなる学際的研究領域を生み出して、人間社会の向上と人類の幸福に貢献することを目標とする。

　さまざまな情報であふれている現代の社会において、人間の有する情報を多面的に解明することは、社会に対して新しい視点を提案することにつながるであろう。それだから、人間情報学は、人間が有するあらゆる情報が研究の対象となるのである。

　たとえば工学分野や医学分野では、人間が発信する生体情報を多面的に解明する学際的研究が行われている。具体例として、小型軽量ウェアラブル機器でセンシングし、蓄積されたデータを解析し、個人の健康状態や快適度を可視化して、人間にフィードバックするという研究である。

　このように人間の有する情報を多面的に解明することは有用であり、その結果を複数の分野で共有するのが人間情報学の特徴であると言えよう。また、社会科学系の研究分野においては、人間が有するさまざまな情報を融合し、新たな情報に創り上げていく研究が行われているが、人間情報学はそれらの研究成果の共有や融合を図り、さらに新たに高度な情報に創り上げていくことに資すると考える。

　このような学問領域の活動には、生体情報システム等の標準化も含む。これにより世界中で得られた生体情報のデータベースを構築し、類型化することが可能となるのである。また、このような人間の生体情報に基づいた健康状態をアドバイスできる専門家を育てていくことも、人間情報学の大きな目的のひとつである。

　人間が保有する情報は広範囲である。それだから、寺田寅彦が『物質群として見た動物群』(1933 年) の中で述べているように、人間の社会は分子の集まりと同じように扱うことが可能なのである。すなわち、ミクロの動きを正確に把握するよりも、マクロを統計的に把握してこそ、

人間社会を把握することができるのである。また、社会学者の Peter L.Berge 等が示唆するように、社会事象を説明するには、それぞれの社会に所属する人間の認識を考慮すべきであり、統計的手法に基づく定量分析のみでなく、社会を構成する個々人の発信するきめ細かい情報に基づいた定性分析が必要なのである。

　人間の行動を規定するものは、単に合理的な判断のみでなく、1 人ひとりに働いているある種の感性に基づくことが多いのではないだろうか。Collin・F・Camerer の言うように、人間の発信する情報は複雑でしかも非線形であるから、個々人の本質を理解するには、社会全体の本質の理解にまで発展させることが必要である。

　以上から、人間情報学においては、医学、理学、保健、工学、情報、経済、心理等、広い分野にわたる研究者の参加を呼びかける。また、医療関係者、電気メーカ、情報関連企業、健康産業従事者にも参加を呼びかける。これにより、従来の学問体系を超えて、「人間情報」を総合的に討議する場としての「人間情報学会」が活動の拠点となるものである。

1.2 人間情報学の基盤技術創生に向けて

片桐 祥雅

1.2.1 人間情報の特徴

(1) 人間情報の種類

人間を 1 つの情報源としてみなした場合、様々なセンサーないし計測機器により人間を測定し得られたデータに意味を付与することで初めて人間情報を得ることができる（図 1.5）。こうした人間情報は、個々人の生理的状態を把握し健康状態を評価し、あるいは疾患の予兆や診断を行うための指標となり得るのみならず、高次脳機能に係る様々な認知機能の評価や痛みや快不快といった心理学的評価に至るまで幅広い人間の状態の把握に利用することができる [1]。また、人間は環境と常に相互作用している。この相互作用は、ミクロレベルでは腸内細菌叢の状態、マクロレベルでは位置計測による行動の特徴や加速度計を使った運動量から推定することができる。

(2) 腸脳相関による人間情報の統合

人間の行動の全容を把握するためには、ミクロ情報とマクロ情報の統合が必要である。腸脳相関を中心とする情報統合は、全容把握のための 1 つの有力手段である（図 1.6）。

人間は、脳による視覚、聴覚、触覚、味覚及び嗅覚から成る五感を通した外界から受容する刺激の情報処理と、消化管経由による摂水・摂食、呼吸器経由によるガス交換とにより常に外界と相互作用を行っている。従って、腸脳相関 [1-2] を基盤に人間のマクロな行動とミクロの状態を繋ぐことができる。例えば、外界から受ける様々な情報刺激が正及び負の報酬系を刺激し食嗜好を変調 [3-11] することが腸内細菌叢に影響を及ぼし、その影響により引き起こされる生化学的変調が脳の炎症を誘発し脳機能を変調させる [12-15] という負のスパイラル構造を形成する（図 1.7）。

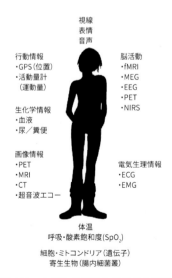

図 1.5 人間から得られる多様な情報

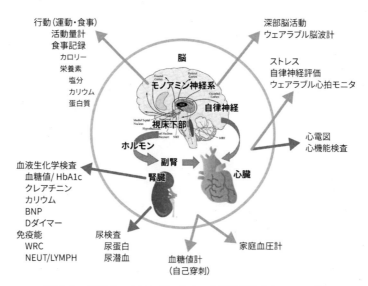

図 1.6　健康モニタリングのための人間情報統合センシング

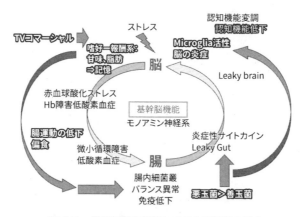

図 1.7　腸脳相関を基盤とする人間情報の統合

　この負のスパイラル構造を破壊し正常な状態に引き戻すため、ストレスの緩和や薬剤による腸内細菌叢の健全化及び脳の炎症抑制 [16] 等様々な介入法が試みられている。しかし、こうした介入は単独では機能しない。例えば、抗炎症剤のみではストレス性うつ病の治療に限界があり、また腸内細菌叢を健全化するサプリメントを服用するだけではうつ病の回復は困難である。負のスパイラルを完全に断ち切るためには、ストレス緩和や薬剤によるミクロレベルの機能劣化の進行阻止に加え、葛藤や食行動を変容 [17-20] するような認知心理学的介入が同時に必要である。

　このように、人間が発するミクロ・マクロ情報には相関があり、その背景に潜む人間の状態を総合的に把握することが重要となる。

(3) 人間情報の非線形的特徴

　生涯を通じてほとんどの人間は様々な疾患に罹患する。こうした疾患は、遺伝子が原因となる家族性疾患を除き、後天的である [21-22]。このため罹患したとき、はじめて様々な生理機能の

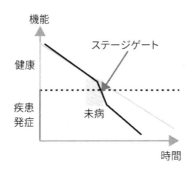

図 1.8　病態進行の不連続性

　変調に気づく。生理機能は、加齢とともに低下する。従って、健康状態と罹患状態との間で生理機能が連続的に変化するという仮説を立てると、生理機能の指標がある閾値を超えたとき罹患することになる。このため、常時（あるいは健康診断毎に）生理指標をモニタリングしていれば、疾患の予兆を検知して罹患を回避する処置を早期に行えば罹患を回避できることになる。ただし健康状態と罹患状態を明確に分離する閾値には幅があると考え、その領域を未病状態と呼んでいる。

　ここで問題となるのは、生理機能は加齢とともに直線的に変化しないことである [23-24]。すなわち、罹患の前後で生理機能は非線形的な低下を示す（図 1.8)[1]。多くの場合、その変化は不可逆的である。このため、罹患に気づいたとき、あるいは未病状態でありかつ罹患リスクが非常に高くなった場合、元の健康状態に引き戻すことが困難となる。こうした生理機能の非線形的変化点は数理的にはステージゲート（特異点）として取り扱うことができる。特異点の周りで不可逆的な変化が発生する根本的な原理を考えることが、人間情報学における健康科学分野の重要な課題である。

1.2.2　主観的人間情報—主観評価と意識のハードプロブレム—

　人間情報とは、「外部のセンシングや計測機器により表示可能なデータに意味を付与することにより構築される情報である」と定義し、科学的方法論に基づき人間行動の原理を解明する人間情報学の学術領域を構成する基本的要素と位置付けてきた。

　この一方で、この定義から外れながらも、人間情報学の様々な分野において重要な役割を担っている人間情報が存在する。それらは、即ち、快不快、痛み、風味／おいしさといった個個人の主観に基づく人間情報である。こうした主観情報は、しかしながら、客観的に評価することが困難であるとされている。

　味覚認知について考えてみる。甘味、塩味、酸味、苦味、うまみの 5 種類の受容体で構成される味蕾で受容した食物の化学的刺激が視床を経て島皮質に入り、食物の味が認知される（図

1　加齢とともに徐々に変化する生理機能は、遺伝子変異（メチレーション異常）により不可逆的に変化する。遺伝子変異状態を把握し疾患のステージを推定することで、疾患の予防・進行防止策の個別適合化が可能となる。

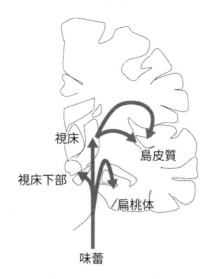

視床

島皮質

視床下部

扁桃体

味蕾

図 1.9　味覚認知の脳機能ネットワーク

1.9)[2][25-27]。しかし、風味やおいしさといった主観的な要素は、皮質の活動から再構築することができない。味覚認知と同時に報酬系の賦活を前頭皮質や腹側被蓋野のドーパミン神経系の活動度から推定できたとしても、「おいしさ」の質的評価を行うことは困難である。なぜならば、「おいしさ」といった主観的指標を客観的な脳機能計測により評価することができないからである。

　こうした人間の主観的情報を客観的に取り扱うことの困難性[28-30]について、D.J.Chalmersは「意識のハードプロブレム」と呼んだ。脳科学を基盤とする科学的方法論は、意識・意図からモデル化した仮説と行動に係る脳機能計測の結果を突合させて得られる整合性をもって、意識・意図と行動との間の因果関係の理解を与えるものである。しかしながらこの「意識のハードプロブレム」は、脳機能計測で明らかにできるのは個々人の「意識・意図」に係る活動までであり、その主観的な心象まで明らかにすることができないことを主張している（図 1.10)[3]。すなわち、意識・意図と脳の活動は、同一ではない。従って、人間の行動を理解するためのモデルが科学的方法論により検証されたとしても、脳機能計測の結果からモデルに基づき個々人の意識や意図を推定するのは困難となる。近年、fMRI の普及とともに認知心理学が進展しているが、脳機能画像のみでの意識や意図の推定結果については注意を要する。

　それでは、主観的人間情報に対して、我々はどのように科学的方法論でアプローチすればよいであろうか？ [31]

　問題解決の一案は、客観的に評価できるように意識・意図を顕在化させることである。例え

2　舌の味蕾が発する食刺激信号は視床下部及び視床経由で島皮質に到達する。視床下部の信号はボトムアップの食刺激として脳に作用する。一方、島皮質では食刺激信号を統合して「味」情報を形成するとともに、帯状回、前頭前野に情報を送り「主観的味覚」の認知を形成する。

3　企画から意思決定を経て行動に至るフレーム構造で脳活動の変化を理解することはできるが、脳活動が特定の心象に対応しているという根拠は現段階で立証されておらず、脳活動から企画内容そのもの（心象）を類推することは困難である。

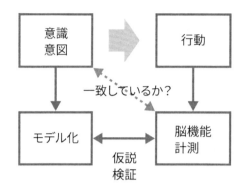

図 1.10　脳科学を基盤とする人間行動の科学的方法論の問題

ば、マウスの疼痛試験においてマウスが感じる「痛み」は、疼痛刺激部位の反射運動（ひっこめ反射）により評価することが可能である。人間が被験者の場合は、内観としての疼痛をインタビューにより直接被験者に聞くことができる。こうした疼痛試験では多くの場合、ビジュアルアナログスケール (VAS) による定量評価が行われる。

　こうした方法は「意識のハードプロブレム」を解決するものではないが、困難性を回避して主観的人間情報を客観的に評価する方法として有効に機能する。

参考文献

[1] Sci Rep. 2019; 9: 8767. Published online 2019 Jun 24. doi: 10.1038/s41598-019-45119-w Identifying pre-disease signals before metabolic syndrome in mice by dynamical network biomarkers Keiichi Koizumi, Makito Oku, Shusaku Hayashi, Akiko Inujima, Naotoshi Shibahara, Luonan Chen, Yoshiko Igarashi, Kazuyuki Tobe, Shigeru Saito, Makoto Kadowaki, and Kazuyuki Aihara

[2] Nature 2020 Apr;580(7804):511-516. doi: 10.1038/s41586-020-2199-7. Epub 2020 Apr 15.The gut-brain axis mediates sugar preference Hwei-Ee Tan 1 2, Alexander C Sisti 1 3, Hao Jin 1 3, Martin Vignovich 1 3, Miguel Villavicencio 1 3, Katherine S Tsang , Yossef Goffer, Charles S Zuker

[3] Appetite 2018 Mar 1;122:32-35. doi: 10.1016/j.appet.2016.12.009. Epub 2016 Dec 20. Gut-brain nutrient sensing in food reward Ari Shechter 1, Gary J Schwartz 2

[4] Review Curr Opin Neurobiol 2011 Dec;21(6):888-96. doi: 10.1016/j.conb.2011.09.004. Epub 2011 Oct 6. Metabolic and hedonic drives in the neural control of appetite: who is the boss? Hans-Rudolf Berthoud

[5] Int J Obes (Lond). 2019; 43(9): 1849–1858. Published online 2018 Nov 21. doi: 10.1038/s41366-018-0246-3 Top-down guidance of attention to food cues is enhanced in individuals with overweight/obesity and predicts change in weight at one-year follow up Panagiota Kaisari, Sudhesh Kumar, John Hattersley, Colin T. Dourish, Pia Rotshtein,1 and Suzanne Higgs

[6] Appetite 2010 Apr;54(2):243-54. doi: 10.1016/j.appet.2009.11.004. Epub 2009 Nov 14. Differences in attention to food and food intake between overweight/obese and normal-weight females under conditions of hunger and satiety Ilse M T Nijs , Peter Muris, Anja S Euser, Ingmar H A Franken

[7] Appetite 2010 Feb;54(1):134-42. doi: 10.1016/j.appet.2009.09.019. Epub 2009 Oct 6. Negative mood increases selective attention to food cues and subjective appetite Rebecca Hepworth, Karin Mogg, Catherine Brignell, Brendan P Bradley

[8] Appetite 2015 Jul;90:248-53. doi: 10.1016/j.appet.2015.02.020. Epub 2015 Mar 24. See it, grab it, or STOP! Relationships between trait impulsivity, attentional bias for pictorial food cues and associated response inhibition following in-vivo food cue exposure Paul Lattimore , Bethan R Mead

[9] Appetite 2014 May;76:153-60. doi: 10.1016/j.appet.2014.02.005. Epub 2014 Feb 13. To eat or not to eat. The effects of expectancy on reactivity to food cues Charlotte A Hardman , Jade Scott , Matt Field , Andrew Jones

[10] J Gerontol B Psychol Sci Soc Sci 2016 Nov;71(6):1059-1069. doi: 10.1093/geronb/gbv103. Epub 2015 Nov 10. Alone at the Table: Food Behavior and the Loss of Commensality in Widowhood Elisabeth Vesnaver, Heather H Keller, Olga Sutherland , Scott B Maitland, Julie L Locher

[11] Int J Environ Res Public Health. 2021 Apr; 18(7): 3495. Published online 2021 Mar 27. doi: 10.3390/ijerph18073495 Eating Alone or Together among Community-Living Older People—A Scoping Review Amanda Björnwall, Ylva Mattsson Sydner, Afsaneh Koochek, and Nicklas Neuman

[12] J Parkinsons Dis. 2019; 9(Suppl 2): S297–S312. Published online 2019 Oct 30. Prepublished online 2019 Sep 4. doi: 10.3233/JPD-191711 Increasing Comparability and Utility of Gut Microbiome Studies in Parkinson's Disease: A Systematic Review Jeffrey M. Boertien,Pedro A.B. Pereira, Velma T.E. Aho, and Filip Scheperjans

[13] Int J Mol Sci 2018 Jun 6;19(6):1689. doi: 10.3390/ijms19061689. Microbiome-Gut-Brain Axis and Toll-Like Receptors in Parkinson's Disease Valentina Caputi, Maria Cecilia Giron

[14] Int J Mol Sci. 2018 Jun; 19(6): 1592. Published online 2018 May 29. doi: 10.3390/ijms19061592 Recognizing Depression from the Microbiota–Gut–Brain Axis Shan Liang, Xiaoli Wu, Xu Hu, Tao Wang, and Feng Jin

[15] Heliyon. 2020 Jun; 6(6): e04097. Published online 2020 Jun 3. doi: 10.1016/j.heliyon.2020.e04097 Crosstalk between the microbiota-gut-brain axis and depression Yu Du, Xin-Ran Gao, Lei Peng, and Jin-Fang Gea

[16] J Psychopharmacol. 2017 Sep; 31(9): 1149–1165. Published online 2017 Jun 27. doi: 10.1177/0269881117711708 Anti-inflammatory treatment for major depressive disorder: implications for patients with an elevated immune profile and non-re sponders to standard antidepressant therapy Paula Kopschina Feltes, Janine Doorduin, Hans C Klein, Luis Eduardo Juárez-Orozco, Rudi AJO Dierckx, Cristina M Moriguchi-Jecke and Erik FJ de Vries

[17] Soc Neurosci 2019 Aug;14(4):470-483. doi: 10.1080/17470919.2018.1495667. Epub 2018 Jul 20. Reducing reward responsivity and daily food desires in female dieters through domain-specific training Pin-Hao A Chen , William M Kelley , Richard B Lopez , Todd F Heatherton

[18] Soc Cogn Affect Neurosci 2017 May 1;12(5):832-838. doi: 10.1093/scan/nsx004.A balance of activity in brain control and reward systems predicts self-regulatory outcomes Richard B Lopez, Pin-Hao A Chen, Jeremy F Huckins, Wilhelm Hofmann , William M Kelley , Todd F Heatherton

[19] Neuroimage Clin. 2021; 30: 102679. Published online 2021 Apr 19. doi: 10.1016/j.nicl.2021.102679 Diminished prefrontal cortex activation in patients with binge eating disorder associates with trait impulsivity and improves after impulsivity-focused treatment based on a randomized controlled IMPULS trial Ralf Veit, Kathrin Schag, Eric Schopf, Maike Borutta, Jann Kreutzer, Ann-Christine Ehlis, Stephan Zipfel, Katrin E. Giel, Hubert Preissl, and Stephanie Kullmanna

[20] Nat Neurosci 2012 Jun 17;15(7):960-1. doi: 10.1038/nn.3140. A mechanism for value-guided choice based on the excitation-inhibition balance in prefrontal cortex Gerhard Jocham , Laurence T Hunt, Jamie Near, Timothy E J Behrens

[21] Genes (Basel). 2020 Jan; 11(1): 110. Published online 2020 Jan 18. doi: 10.3390/genes11010110. Understanding the Relevance of DNA Methylation Changes in Immune Differentiation and Disease Carlos de la Calle-Fabregat, Octavio Morante-Palacios, and Esteban Ballestar

[22] Mol Cell 2018 Sep 20;71(6):882-895. doi: 10.1016/j.molcel.2018.08.008. DNA Methylation Clocks in Aging: Categories, Causes, and Consequences Adam E Field , Neil A Robertson, Tina Wang, Aaron Havas, Trey Ideker, Peter D Adams

[23] Nat Rev Clin Oncol. 2019; 16(12): 763–771. Published online 2019 Aug 6. doi: 10.1038/s41571-019-0253-x. Global Consultation on Cancer Staging: promoting consistent understanding and use James Brierley, Brian O'Sullivan, Hisao Asamura, David Byrd, Shao Hui Huang, Anne Lee, Marion Piñeros, Malcolm Mason, Fabio Y. Moraes, Wiebke Rösler, Brian Rous, Julie Torode, J. Han van Krieken, and Mary Gospodarowicz

[24] JAMA Neurol. Author manuscript; available in PMC 2018 May 1.Published in final edited form as:JAMA Neurol. 2017 May 1; 74(5): 540–548.doi: 10.1001/jamaneurol.2016.5953 Neurofibrillary Tangle Stage and the Rate of Progression of Alzheimer Symptoms: Modeling Using an Autopsy Cohort and Application to Clinical Trial Design Jing Qian, Bradley T.Hyman, and Rebecca A. Betensky

[25] J Neurosci 2011 Oct 12;31(41):14735-44. doi: 10.1523/JNEUROSCI.1502-11.2011. The anterior insular cortex represents breaches of taste identity expectation Maria G Veldhuizen, Danielle Douglas, Katja Aschenbrenner, Darren R Gitelman, Dana M Small

[26]　J Neurosci 2012 Feb 8;32(6):1918-9. doi: 10.1523/JNEUROSCI.6159-11.2012. A dynamic cortical network encodes violations of expectancy during taste perception Janina Seubert 1, Kathrin Ohla

[27]　Neuroimage 2016 Jul 15;135:214-22. doi: 10.1016/j.neuroimage.2016.04.057. Epub 2016 Apr 29. Taste intensity modulates effective connectivity from the insular cortex to the thalamus in humans Andy Wai Kan Yeung, Hiroki C Tanabe, Justin Long Kiu Suen, Tazuko K Goto

[28]　Journal of Consciousness Studies, Volume 2, Number 3, 1 March 1995, pp. 200-219(20). Facing up to the problem of consciousness Chalmers, D.J.

[29]　Philos Trans R Soc Lond B Biol Sci. 1998 Nov 29;353(1377):1935-42. doi: 10.1098/rstb.1998.0346. How to study consciousness scientifically J R Searle

[30]　Philos Trans R Soc Lond B Biol Sci. 1998 Nov 29;353(1377):1935-42. doi: 10.1098/rstb.1998.0346. How to study consciousness scientifically J R Searle

[31]　Neurosci Conscious. 2020; 2020(1): niaa009. Published online 2020 Jun 24. doi: 10.1093/nc/niaa009. How experimental neuroscientists can fix the hard problem of consciousness Colin Klein and Andrew B Barron

第2章
人間情報学が拓く未来

　「人間情報学」は、これまで個々に議論されてきた人間・自然界・人工物界を、包括的に理解するために、ICTやナノテクノロジーを用いて得られた情報を分析し総合的に共有することで、人間の生活や社会への応用を目指すものである。ビジネス手法や政策手法等の専門知識を異なる組織間でスムーズに移転していくチャンスが広がると期待されている。

　また、生体の情報伝達分子の医療・健康分野への活用の研究について、室伏きみ子・人間情報学会長（前お茶の水女子大学学長）が解説している。

2.1　人間情報学に至る道

室伏 きみ子

　19 世紀後半にかけての産業の勃興とともに、人類が学術・科学技術分野で追い求めてきたものは、効率・スピード・利便性の向上であった。20 世紀には、産業技術や医療技術の発展によって、新たな産業の創出、雇用機会の増大、病気の克服といった多くの成果が生み出されてきた。

　しかしその一方で、我々の生命を置き去りにして、科学技術の発展があったことは否めない。目先の経済発展のために環境破壊が繰り返され、また「戦争の世紀」ともいわれるように、大量殺戮兵器の開発が競われて、20 世紀の科学技術の進歩は、地球規模での環境問題や南北問題を生み出し、地球上の生物を存亡の危機に陥らせるという、不幸を招く結果ともなった。日本が高度経済成長とともに経験した環境汚染とそれにともなう人や生物たちに対する健康被害は、日本に続いて工業化が進んだ周辺諸国をも包含した、人類の普遍的問題であると言えよう。

2.1.1　新たな学問分野の開拓

　これらの反省に立って、21 世紀にある現在、生命と人間、人間の生活や健康に関係するさまざまな情報と、その取り扱いに関係する科学技術を確立することが喫緊の課題である。そのためには、生命・人間・環境を個別に議論する代わりに包括的に理解し、これまで直接的なつながりのなかった、ICT(Information and Communication Technology：情報通信技術) やナノテクノロジーとの融合を積極的に進めて、新たな学問分野を開拓することが必要である。それが、人類と地球上の生物の命を守り、新しい産業を創出し、経済にも寄与することになると考えられる（図 2.1）。

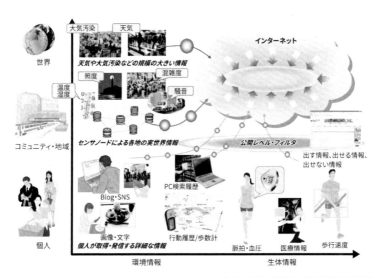

出典：青山学院大学戸辺義人教授

図 2.1　人間情報と人の健康管理への活用

この新たな学問分野は、人間が発信する生体情報を解明・活用するという目的において、既存の工学、医学、社会科学の枠組みに収まるものではなく、「人間情報学」として体系化されることが望ましい。「人間情報学会」は、2009 年の発足以来、道半ばではあるが、実データに基づく議論を重ねて、着実に「人間情報学」の構築に向けて歩んできた。

現在、人間情報学会では、従来の学問体系を超えた『総合学』の構築を目指している。多様のある考え方が必要なのである。具体的には、

① 多様な生体情報のデータベース構築と類型化
② 人間情報学領域の研究者・技術者の人材育成支援
③ 医学・理学・保健学・工学・情報学・経済学・心理学などの研究者および医療関係者・情報関連企業や健康産業従事者の連携・協力

などに重点化した活動を行っている。

2.1.2　人間情報学研究の推進

今、さまざまなレベルで人間情報学研究が推進されている。

① 物質・生命・自然における情報の生成・伝達・変容の本質とその制御の在り方の究明
② 情報システムや知識情報処理に基づく新しい科学的方法論の開発と、学際的分野における現代的な課題へのチャレンジ
③ 人間と情報の理解に基づく新しい価値の創造
④ 人間と社会に関する情報システムの構造・機能および創造のメカニズムの解明と、人間・社会・文化の諸領域における活用

などである。

なお、他の研究領域と同様、人間情報学研究においても、マクロの視点とミクロの視点が必要である。例えば、小型軽量ウェアラブル機器を用いて人の情報をセンシングする場合を考えてみよう。長い年月にわたって多くの人からセンシング・収集蓄積したデータを解析し、健康に関する新たな知見を導き出すのはマクロの視点である。

一方、個人のデータに着目して、健康状態や快適度を可視化したり、アクチュエーションを介して直接フィードバックしたりする「個人化」はミクロの視点である。

生体情報システムなどの標準化とそれにのっとった生体情報データベース構築はマクロの視点から検討されるものである。一方、これまでに WIN で進められてきた頸動脈流を冷媒する超省エネ携帯冷房システムはミクロ視点の一例である。今後に向けて、人間情報学会が、研究者だけでなく、人間情報を活用して実際に現場に適用できる技術者・実務家の養成に注力していくことを期待したい。

2.1.3　生体における情報伝達分子

ここで、筆者自身の研究「生体における情報伝達分子の発見と人間生活への応用」について紹介したい。生物の細胞は、内外の情報を特異的に受容し、情報を正確に細胞内に伝達し、情報に応じて変化する性質がある。

　単細胞生物にとっては温度や塩濃度、水素イオン濃度指数 pH などが、多細胞生物にとっては外部からの刺激やホルモンなどが情報になる。

　筆者が発見した環状ホスファチジン酸 (cPA：cyclic phosphatidic acid) とステリルグルコシド (SG：sterolglucoside) は、生体内で細胞に働きかける脂質性の情報伝達分子である。これまでそれらの医療などへの応用を目指して研究を続けてきた。

　cPA については、1985 年の発見以来、30 年にわたって研究を続けており、この物質にさまざまな興味深い生理作用があることを明らかにしてきた。また、SG の仲間であるコレステリルグルコシド (CG：cholesterylglucoside) は、ストレスに対応して細胞中で作られて、細胞がストレス耐性を獲得するために働く分子であることを示した。さらに CG を合成する酵素がゴーシェ病などの希少疾患と関連することを明らかにしてきた。

2.1.4　抗がん・疼痛作用もある cPA

　cPA は、筆者らが 1985 年に真性（真正）粘菌モジホコリ (Physarumpolycephalum) から初めて単離し、1992 年にその構造や生理活性に関する論文を発表した脂質性情報伝達分子である（図 2.2）。その後、cPA が粘菌だけでなく、多くの生物種に普遍的に存在する物質であることが明らかになり、ヒトの血清中には 0.1 μM（マイクロモーラー＝ 10^{-6} mol/L）程度の cPA が含まれていることがわかっている。

　cPA は、グリセロール骨格の sn-2 位と sn-3 位に環状リン酸基をもつ非常に特徴的な構造をしており、その環状リン酸構造が cPA に特異的な種々の生理活性に関係している。cPA の生理作用としては、①がん細胞の浸潤・転移抑制作用、②神経細胞の生存と分化促進作用、③侵害受容性の痛みと神経障害性疼痛の抑制作用、④ヒアルロン酸合成促進作用などがあることを明らかにしてきた。

　cPA のこれらの作用をさまざまな疾病の治療薬に応用するために、多様な誘導体を化学合成して、それらの効果を確かめた。その中で、sn-2 位あるいは sn-3 位の酸素原子をメチレン基に置換した誘導体（2ccPA：2 カルバ環状ホスファチジン酸と、3ccPA：3 カルバ環状ホスファチジン酸、図 2.2）が、がん細胞の浸潤・転移抑制と炎症性疼痛抑制に顕著な効果を示した。なか

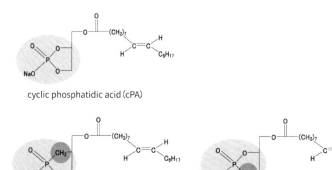

cyclic phosphatidic acid（cPA）

2-carba-cyclic phosphatidic acid
(2ccPA)

3-carba-cyclic phosphatidic acid
(3ccPA)

図 2.2　cPA（環状ホスファチジン酸）と化学合成した誘導体

でも、2ccPA が最も有望な薬剤開発のターゲットとして期待できる結果を得ることができた。

2.1.5 変形性関節症にも有効

これまでの実験結果から、cPA が変形性関節症 (OA：Osteoarthritis) の有力な治療薬として高い可能性をもつことが予想されたので、以下のような検証を行った。

OA は、最も多い関節疾患で、筋力低下、加齢、肥満、けがなどがきっかけになって関節機能が低下し、軟骨の摩耗、骨の変形等を起こすことで、関節の可動域が制限され、滑膜の炎症による痛みも引き起こされる疾患である（図 2.3）。国内だけで約 1000 万人の患者がいるとされ、患者予備軍は 3000 万人にも上るとされている。

OA は人の生活の質 (QOL：Quality of life) を著しく低下させるので、根本的治療が必要である。しかし現在、消炎鎮痛剤や局部へのヒアルロン酸注射などの対症療法にとどまっている。筆者らは 2ccPA の炎症性疼痛抑制効果やヒアルロン酸合成促進作用が OA の病態を改善する可能性を考え、まずウサギの膝関節半月板切除による OA モデルを用いて、2ccPA の効果を検討した。

その結果、2ccPA 投与群は、媒体投与群と比較して軟骨変性にともなう疼痛と腫脹を顕著に抑制した。病理組織学的解析からは、2ccPA 投与群で、媒体投与群で見られた関節軟骨表層の消失とプロテオグリカン量の低下などの顕著な抑制が観察された。

さらに、2ccPA の効果の作用機序についての検討を行うために、OA の発症に大きな役割を担っている滑膜細胞と軟骨細胞を用いた実験を行った。OA 患者由来のヒト滑膜細胞と骨肉腫由来の軟骨細胞に 2ccPA を添加し、ヒアルロン酸産生量の経時的変化を測定した。滑膜細胞では、2ccPA の濃度依存的に、また 2ccPA を作用させる時間依存的に、ヒアルロン酸産生量が有意に増加した。一方、軟骨細胞では、2ccPA によるヒアルロン酸の産生量の変化は見られなかった。つまり、2ccPA は滑膜細胞に作用することで滑液中のヒアルロン酸濃度を増加させていることが明らかになった。

また、OA 患者では、軟骨破壊酵素である MMPs(Matrix metalloproteinases) の滑液中の発現が高く、軟骨破壊が亢進していることが分かっている。そこで、2ccPA が MMPs の発現量に与える影響について検討した。滑膜細胞と軟骨細胞に、それぞれ、炎症性サイトカインである IL-1β を添加して炎症を誘起させた後、2ccPA を添加して、その後の MMPs の発現量を調べた。

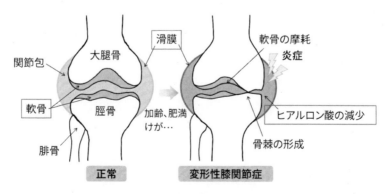

図 2.3　変形性膝関節症 (OA：Osteoarthritis)

　その結果、2ccPA が滑膜細胞において IL-1β により誘導された MMP-1 と MMP-13 の産生を抑制すること、さらに、軟骨細胞において IL-1β により誘導された MMP-1 と MMP-13 の産生を抑制することが明らかになった。

　これらの結果から、2ccPA による OA 病態の改善効果は、2ccPA の滑膜細胞へのヒアルロン酸誘導作用や炎症状態にある滑膜細胞、軟骨細胞による MMPs の発現抑制作用が複合的に作用したためであるという可能性が示唆された。現在、2ccPA が示す MMPs 産生抑制に関与する細胞内情報伝達経路の解明を進めている。

　上記のように、筆者らの研究グループでは、独自に発見した生体の情報伝達分子の医療・健康分野への活用をターゲットに、健康長寿社会の実現のための研究開発を推進している。総合学たる「人間情報学」の発展に資することを目指して。

※本稿は、WIN15 周年講演の内容を青山学院大学・戸辺義人教授の協力でダイジェストしたものである。

2.2　社会・生活・情報・人間

岸上 順一

　我々が手に入れられる情報のうち 99 ％以上は、Web やブログなどインターネットを通じて得られるものになった。10 年位前まではその役割をテレビが担っていたのだが、ここ数年であっという間に逆転してしまった。

　従来、マスに対して同じものを配布することによって良質で安価なサービスや品物を提供することができた新聞やテレビは「マスコミ」と呼ばれ、短時間に読者や視聴者へ受け入れられやすいものを大量に届けることができた。

　それにスポンサがつき、自分たちの製品やサービスをより多くのユーザにリーチし売り上げを伸ばそうとしてきた。その指標になるのが新聞であれば購読者数、テレビやラジオであれば視聴率である。しかしこの構造が近年大きく変わろうとしている。なぜだろうか。

2.2.1　デジタル化の特徴

　さまざまなデータがデジタル化されることのメリット、デメリットは多く語られている。最大の特徴は、その慣性あるいは流動性にあるのではないかと思う。アナログの時代はコピーするにも、人に伝えるにも時間や費用がかかった。そのため、なかなか情報が伝わらなかったという面がある。もちろん、これは悪いことばかりではなく、個人のプライバシーを守ってきたという面もあるだろう。

　デジタル化が情報のマス化をますます進めた結果、より簡単に瞬時に情報を手に入れられ、一見マスコミにとって有利に展開するように思われる。しかし、ユーザはそれよりもさらに一歩先に進み、自分たちの選択でより安く多様な情報を手に入れるようになってきた。

　年間 2 兆円以上のテレビ広告市場やその半分の新聞広告市場が最近徐々に減少してきている。人々は一様でマス化した情報に飽きてしまい、より個別な情報を望むようになってきているのである。SNS(Social Networking Service) やブログ、さらに Twitter などの新しいメディアは無料で柔軟な情報を提供し、その真贋も含めユーザが選択するようになってきた。

　ここで問題なのはバーチャル世界における信頼性だろう。新聞やテレビであれば一応「名の通った」会社や有名人が言っていることなのでそれほど嘘はないだろうという暗黙の了解があった。しかし、マスコミ自体が何度となくそれを裏切るとともに、インターネットを通じて、さらに多様な情報に接する環境が人々を変えたのだろう。

2.2.2　データと情報

　さて、このように個別化しつつある情報に対して我々はどのように対応しているだろうか。すでに一人の人が処理できる量をはるかに超える情報が降り注ぐ時代である。

　個人は 1 秒間に約 1G ビット/秒の情報を受けているといわれている [1]。しかし、それは情報ではなく「データ」である。すなわち、単なるアナログ量の連続であったり、それ自体には意味をもたないビット列であったりする。その中から意味のあるものを抽出した結果が「情報」と呼ばれる。

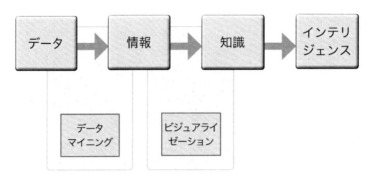

図 2.4　データから情報、知識への変遷

　しかし、その情報もすでに膨大な量になってきている。人類はその中から知識や知恵を生み出してきた。情報の海におぼれかけている我々に今後ともそれは可能なのであろうか。

　情報処理の世界では、データマイニングと呼ばれる、データからの意味のある情報抽出化が研究され実用化されている。我々人類の営みはこの知識を用いてさらにインテリジェンスに結びつくといえよう。一人の人間の中では毎日膨大な情報をインターネットやテレビなどで受けていたとしても、その人なりに対応の仕方をもっている。

　それは人によってさまざまである。できるだけ情報に触れないようにする人や、情報をすべて処理しようとして何もできなくなる人、見事に自分の情報として処理できる人などなど。

　しかし、組織や国家レベルになるとすでに一人の人が対応できるという量をはるかに超えている。多くの国の諜報機関が得ている情報は、OSINT(Open Source Intelligence) と呼ばれるオープンで誰でも得られる情報源を用いているといわれる。高度な分析をすることによって、見えなかったものを顕在化してくるのである。ただし、これはなかなか自動的にできるものではない。そのためビジュアライゼーションと呼ばれる領域の研究も進んでおり、地図などのメタファに写像された情報を見てあるインシデントを見つけたりする。

2.2.3　個別化されたサービス

　もう一度個人レベルに戻る。日本人は昔から阿吽の呼吸が好きだ。何も言葉で説明しなくても顔色を見ただけでその人が訴えたいものが分かるという便利な機能ではある。また「あれはやっぱりあれだよね。そこのところを外すとあんなことになるから気をつけなさい」などと、指示代名詞だけを並べた会話が普通に成立する。

　これらは、その言葉やジェスチャの裏にある体験や、過去の関係をお互い理解しているから成り立つ会話なのであろう。限られたものをいかに効率よく、大事に使うかという時代から、何でもあるけど自分のほしいものはないという時代になった今、あらゆるサービスで求められているのは「パーソナライゼーション」である。すなわち、個別化されたサービスである。

　何でもできるけど、あなただけのサービス。ちょっと前までは「いつでも・どこでも・誰にでも」が、今は「あなただけ、ここだけ、このときだけ」というようなサービスが必要なのである。

　まさにライフログが目指している世界である。ありとあらゆる情報がデジタル化している今、それをもしプライバシーの問題などをクリアして利用できれば、その人の未来に対して最適なリ

コメンドができる。多様化した現在にもっとも求められているものだと思う。高いレベルで実現するためには社会科学、データベース、人間科学などの領域で今までになかったような考え方やアプローチが必要であろう。科学的な「阿吽の呼吸」の実現がライフログの本質なのだと思う。

参考文献

[1]　Wolf D.Keidel, "Tuning Between Central Auditory Pathways and the Ear, " IEEE Transactions on Military Electronics, Volume 7, Issue 2, pp.131-143, April 1963.

2.3　社会科学的観点から捉えた「人間と情報」

廣瀬 弥生

　社会科学的観点から捉えた人間と情報に関する研究では、「人間」と「人間が頭で考えて生み出す情報」を分析対象と考え、これを詳細に分析することによって、現在の日本社会における問題提起を行うことを目標とする（図 2.5）。

　現代のような専門特化された社会においては、人間が考えて生み出す情報には、特定の仕事に従事する人間から生み出される知識や知恵、ノウハウ等が多く含まれる。さらに、さまざまな専門性をもった人間から生み出されるそれらの知識は、彼らが関わっている社会が何を重要視しており、規範としているかによって異なる。

　たとえば、目上の人の面子を大切にして公共の場ではっきりと意見をしないことを重んじる社会と、議論の場で自分の意見を言わないのは何も考えていない証拠だとして評価しない社会とは明らかに価値観が異なる。このような別の価値観の中では、必要とされる知識やノウハウも異なるのである。

　したがって、社会の中で活動するにあたり、人間がさまざまな知識をどのように活用できるかを考えた場合、各々の人間が置かれている社会的、組織的背景によって、活用できる情報やその活用方法は異なるべきである。

　他の社会で成功裡に活用した知識を導入する場合、このような違いを考慮することは非常に重要である。物理化学者であり社会科学者でもあるマイケル・ポランニ（Michael Polanyi、1891年〜1976年）は、人間と人間との間で知識 (Knowledge) を移転 (Transfer) する際、各々の人間の経験やバックグラウンドなど目に見えない考え方によって知識の捉え方が異なることを考えず、単純に言葉を使って伝えるだけでは不十分であることを述べている。

　しかし、日本の組織では、このような違いを考慮に入れず、海外で成功裡に導入された知識やメソッドをそのまま導入しようという動きが非常に多く見られる。それはアメリカの金融システ

分析対象は、社会に所属する「人間」と、社会から採り入れた情報を基に
人間が頭で考え話す「情報」（アイデア、知識、知恵）が中心となる

図 2.5　社会科学的観点から人間と情報を捉える場合

ムという大きな枠組みだけにとどまらず、公共政策評価手法、産学連携推進など大学のさまざまな改革のための取り組み等、組織内のプロジェクトレベルにおいても頻繁に見受けられる。

2.3.1　海外での成功事例をそのまま導入

どこの企業でも、海外で成功したビジネス手法や戦略が鳴り物入りで導入され、その実現に向けて事業部が発足し、半年から1年あまり積極的に導入が検討された結果、何となく組織内に導入困難という空気が流れ始め、その後知らないうちに誰も口にしなくなったプロジェクトが存在するのではないか。

図2.6は、海外で生まれたビジネス手法等を、新たに組織内に導入しようとした際に、実際にどのような問題が発生しうるかをステップごとに表している。大半の組織では、最初の段階で新たな知識をその組織の人間が初めて接した際の理解不足によって、導入が頓挫してしまうことが多い。

仮にその問題を克服したとしても、その後のステップにおいて、さらに多くの人間が新たな知識に理解を示し、正式に組織に導入されるには、さらに多くの障害を乗り越える必要がある。

カナダの著名な経営学者であるヘンリー・ミンツバーグ（Henry Mintzberg、1939年〜。カナダ・マギル大学経営大学院のクレゴーン記念教授）は、『MBAが会社を滅ぼす』などの多くの著書で、アメリカの著名な大学を中心に世界的に標準化されたMBAスキルをもった現場経験の乏しいビジネスマンが、投資会社やコンサルティング会社に送り込まれることに警鐘を鳴らしてきた。

彼の主張は、マネジメントは、現場を一番重視すべきであり、マネージャは現場の経験から自分自身の見方を養っていくというものである。リーマンショックを始め世界的恐慌の原因をMBAスキルのみに頼りすぎたためとする意見もある。しかし、その是非はともかくとして、日本の意志決定者（政策策定・実行者、ビジネス戦略立案・実行者）は、海外で成功したやり方をグローバル標準であると考え、日本にそのまま導入する現状のやり方を再考すべきである。

しかしその一方で、他の成功事例にまったく目を向けない鎖国体制が適切ではないことは明らかである。

海外には「トヨタ生産方式」から「リーンプロダクション方式」を生み出したアメリカ自動車産業のように、他の成功事例を採り入れて（今となっては「一時は」になるが）、競争力を回復したケースは多く存在する。日本の組織は、とくにグローバル化に疎いといわれ続けており、その溝を埋めることは喫緊の課題であるといえる。

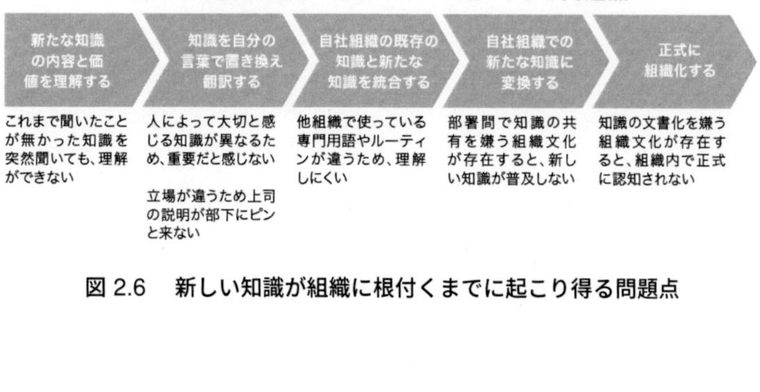

図2.6　新しい知識が組織に根付くまでに起こり得る問題点

2.3.2　グローバル化のために

　では、日本の組織は今後どのようにグローバル化を推し進めていくべきなのか？　今必要なの
は、外部の成功事例をそのまま採り入れることでも、拒絶することでもなく、海外や国内の他の
組織で開発された知識を上手く採り入れていくことである。

　その際、たとえばアメリカの組織に属する人間と、日本の組織に属する人間とでは、同じビジ
ネス手法を聞いても違うように感じることに着目して、導入を検討すべきである。

　たとえば、非常に合理的なビジネス戦略を聞いたとき、アメリカの組織にとっては自然なこと
でも、日本の組織人にとっては違和感のあるやり方に聞こえてしまい、抵抗されることは多い。
これは単に国内外の違いだけでなく、企業内においても、たとえば営業は売上額、製造部門は製
品の質を重視するために、考え方が異なり、1 つの戦略を共同で進めるのはなかなか難しい等、
多くのケースに当てはまる。

　社会科学的観点から人間と情報を捉えたアプローチにおいては、各人がこれまで経験や所属し
てきた組織による価値観の違いを詳細に捉えていくことに焦点を当てる。そのことにより、ビジ
ネス手法や政策手法等の専門知識を異なる組織間でスムーズに移転をしていくチャンスが広が
り、日本の組織のグローバル化に貢献することが期待される。したがって、ここでの学術的研究
は、科学的かどうかという観点だけでなく、実際のビジネス戦略や公共政策など、社会科学の現
場に活用できるかという観点を含めて議論する。

第**3**章
ネイチャーインタフェイスの世界

　20 年前に提唱した「ネイチャーインタフェイスの世界」は、今や差し迫る地球環境問題を始め、山積する課題を前に、人類がぜひとも実現しなければならない世界ではないだろうか。

　「人間」、「人間を取り囲む自然界」、「人間が生み出した大小さまざまに存在する人工物界」、それらの境界（インターフェイス）をできる限り低くして、それぞれが発信する情報を総合的に把握していく世界、これこそネイチャーインタフェイスの世界であると、監修者の板生は改めて提唱している。

　科学・技術は、もはや国家が所有する時代ではなく、「人々のための科学」として、人々が人々の為に用い、さらに進化させていかなければならないと 20 年前に提唱された吉川弘之・元東京大学総長。同じく、情報処理は、生体細胞が行っているのと同じ原理でなされると予想したラファエル・ライフ現 MIT 学長の玉稿は、今日の NTTの IOWN 構想につながるなど、お二人の高い先見性が感じられてならない。

3.1 「人々のための科学」の創出を

吉川 弘之

　現代の科学が直面する大きな課題に「地球環境問題」と南北問題がある。人類が文明を持続させるために、速やかに多様な形で行動を起こさなければならないという認識は、地球規模でコンセンサスを得つつある。政府、企業、大学等はすでに、それぞれの方法で対処を始めているが、地球環境問題は伝統的手法で対処し、解決を図れる問題とは本質が異なっている。

　これまでの科学的知識は、物事を単純化し、純粋化し、条件を整えて仮説の検証を行うことによって進められてきた。

　実験による真偽の検証には、この純化が必要であり、このことは客観化を可能にし、多くの法則、知識を生み出したが、一方で特定の視点をつくり、学問の領域化をも生み出した。この科学の「領域化」が領域を超えた地球環境問題などへの科学的知識の適用を困難にしている。つまり、細分化され専門分野を深く追求する従来型の科学方法では、対処できない広範な問題として現れている。

　地球環境の破壊は、科学的知識をよりどころとして、人間が安全で快適な生活を追及するところに、根本問題が存在する。人類が、自ら生み出した巨大な文明システム、つまりエネルギー・情報・輸送システムと、それらを生み出す製造システムを含めた人工物の複雑なシステムが、地球全体を覆い尽くしており、人類は代償として様々な「地球環境問題」を招いてきた。化学物質の体内蓄積、二酸化炭素の過剰排出による地球温暖化、抗生物質の多用と耐性菌の発生による新しい感染症などである。それらは人間の意識の変革だけでは対応できず、人類の生存基盤をも脅かす問題となっている。

　人類は今、現代の問題の解決に有用な知識を開発する、新たな科学領域を打ち立てる必要に迫られている。その科学領域が既存の分野のどれにも該当しなければ、新分野を創造し実際的な手法を考え、新しい知識体系を確立しなければならないだろう。そのためには有限な世界を有効に活用し、既知の素材で何ができるかを探求する好奇心が重要である。人間も地球の一部であると考え、将来を予測し、分析の方法を確立して理解し、人々に広く伝え、自らの行動を決定していく行動原理を、人類規模で生み出すことが強く求められている。

　第二次世界大戦以前の「科学」は、国家の所有の基に、軍事的な力としての役割が大きかった。第二次世界大戦以降は、「科学のための科学」の時代を経て、現代は利用価値の高まりと共に「人々のための科学」の時代であるといえよう。このことは科学そのものの変化というよりは、社会の変化による結果である。人々は日常生活の豊かさ、安全、健康、生活の質、教育等が科学と深い関係にあることに理解の度合いを深めつつある。さらに科学研究に影響を与える政治的影響をも考慮すべきものとして認識しつつある。その中で、地球環境問題等に対処するには、旧来のように権力としての国家や大資本が恣意的に科学を操り、基本コンセプトをつくって君臨することは許されないし、期待もされてはいない。多くの人々の間での合意こそが、様々な課題を実行する行動を導き出していく。

　「人々のための科学」は、現代文明システムが多機能で複雑な編成であるがために、その運用と維持も複雑化し、多分野にまたがる膨大な知識が要求され、科学的知識の社会的総合を求め

る。つまり、新しい知識を創出し、課題に対する実現方法を考え、他方でその知識が社会にもたらす影響を分析しながら進む姿勢が求められている。

　今、時代精神は「有限性」「循環」「領域否定」「俯瞰性」である。その意味で、『ネイチャーインタフェイス』誌が IT をベースに広範な人々や自然、人工物とのコミュニケーションを実現することは大変意味深い。人間を含めた地球生命体＝自然系が、人類がつくり出した巨大化した人工物と対立し始めた現代社会の中で、自然に対するやさしい柔らかなシステムを構築していくための様々な提案、考え方、実践を広く紹介していくメディアとして、従来の「科学のための科学」から「人々のための科学」への流れに貢献する。そして、多くの人々の合意を形成するメディアとなることを期待する。

3.2　ネイチャーインタフェイスの世界

板生 清

3.2.1　人工と生命

　西洋の合理主義は、「人間」に対立する「自然」という概念によって、科学技術を飛躍させてきた。すなわち、ビット技術・アトム技術を駆使した高度な技術開発によって、人間に資するヒューマンインタフェイス技術を獲得してきた（図 3.1）。

　他方、人間は原子爆弾を生み出し、焼畑農法で緑地を砂漠に変え、森林資源を大量消費し、さらにはフロンガスでオゾン層を破壊し、石油を燃やし、炭酸ガスを大量に発生させるなど、人間が創る人工物が、無視できない大きな力をもつに至って、自然および人間を含むいわゆる生態系に割り込んできたのである。図 3.2 のように人工物が爆発的に増大してきて、生命を脅かす存在になってきた。

　人間の叡智が創り出す無数の人工物には、その大きさに着目するだけでも宇宙ステーション、海洋都市、超高層ビル群、大深度地下都市などの巨大建造物から、バイオテクノロジーによる生物分子装置まで、広い帯域に分布している。さらに、目に見えない人工物としては、フロンガス、炭酸ガス、亜硫酸ガス、有機水銀などや、騒音、異臭等、産業革命以来公害の源泉物が多数生成されてきた。このような人工物の中で、後者のように目に見えないものが、今、環境破壊の犯人としてヤリ玉に上がっている。人工物が巨大化・広域化するにつれ、人間、あるいは地球を含めた生命体は、自然環境を守ることの大切さに気付き、拒絶反応を本格化し始めたと見ることもできる。

　ここにおいて、宇宙、地球も一種の生命体と考えるならば、もはや人間は自然と対立する存在ではなく、自然の一部として「自然系」を構成し、そして、今や対立するものは、人間が創り出した「人工物系」であるとの構図が描かれる時代を迎えたと言うべきであろう。換言すれば、人間を中心として、それをも含む自然（生物・地球・宇宙）つまり生命体と、人工物との関係を規定する概念は「ネイチャーインタフェイスの世界」と呼べるのではないか。

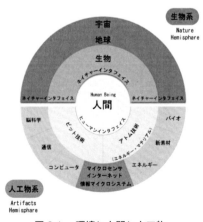

図 3.1　環境と人間と人工物

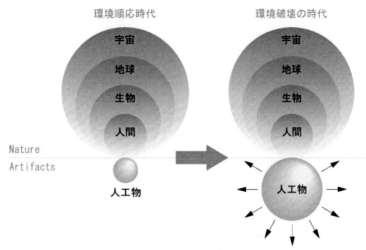

図 3.2　人工物の巨大化

(1) 自然・人間・人工物の関係

　20 世紀後半になって急速に増大した人工物は、人間と自然につぐ第三の極として成長した。これを特に人工物の側から見れば、人工物は人間と自然という環境に囲まれた存在ということもできる。

　20 世紀以前では、人工物は相対的に小さい存在であったため、人間と自然のサークルで閉じられ、これら二極への影響は極めて小さかった。しかし、人工物が大きく成長した今世紀においては、他へ及ぼす影響が無視できなくなり、相互のインタフェイスが大きな意味をもつようになった。つまり人工物のもつマシンインタフェイス、自然のもつネイチャーインタフェイス、人間のヒューマンインタフェイスが研究すべき対象として浮かび上がってきた。

　このような学問分野を、人間・人工環境学と称するなら、これら 3 つのインタフェイスは、情報通信技術をもって進められるべき状況になってきた。すなわち、自然系と人工物系の対峙する構造から、人間を緩衝体として、自然と人工物を調和の構造に変革していくことが必要となってきた。ここに、人間にのみ資する、従来のヒューマンインタフェイス技術から、自然環境保全に資する技術、すなわちネイチャーインタフェイス技術へのパラダイム変換が強く求められている。

(2) センサ情報通信による調和を目指して

　自然の情報をセンサでとらえて、光ファイバで大量高速伝送し、分子メモリなどの巨大記憶システムに貯え、自然の反応によっては必要に応じて、人工物の挙動を制御するシステムができれば、人工物もまた自然界の中に組み入れられて、宇宙、地球、生物、人間、人工物がひとつの調和のとれた生態系を構成することになるであろう。

　ここにマイクロマシンの役割が見えてくる。温度、湿度、匂い、イオン、炭酸ガス等々の濃度分布を動きながら検知する自走マイクロマシン、大量情報を記憶するマイクロデバイス、フィードバック制御系によって協調動作を行う無数のマイクロマシン群などが活躍する場が想定

(1) ネットワークシステムの現状（3 情報源の孤立）

(2) センサ群によるネットワークシステム（3 情報源の統合）

図 3.3　センサ通信システムの構築

される。私たちは、現在の科学技術レベルが、このような理想を実現するには、未熟すぎること
を十分承知している。

　しかし、あえて考えたい。

　科学技術抜きには存在し得ない今日において、私たち人間が目指すベクトルは、巨大化・広域
化しつつある人工物を生態系に組み込むこと、すなわち、人工物と自然が対立する状況を協調の
方向へ導くことではなかろうか。未来の自然科学、科学技術は、そのためにこそ総動員されるべ
きである。

　マイクロマシンは人工物でありながら、生命体に限りなく近い特性をもち、協調して柔らかい
システム、すなわち「自然」に優しいシステムを構築する上で必要不可欠な役者となろう。

　現在のネットワークシステムは、自然系・人工物系とは全く別の世界に、図 3.3 の (1) のよう
な形で、人間中心 の情報通信システムが構築されている。このシステムでは、膨大な自然の情
報はセンシング技術の貧困さといった理由から、わずかな情報しか取り入れることができない。

　これに対して筆者が提唱しているのは、動物・植物を含めた自然の膨大な情報や、人工物から
発する情報を取り込める新しい情報通信システム、すなわち「センサ通信システム」の構築で
ある（図 3.3 の (2)）。多様なセンサ群による太い情報入力パイプをもつ情報システムによって、
自然・人工物の状態 を深く、広くモニターできるシステムでもある。このような技術は、従来
の領域別の科学からやがて俯瞰型の科学へと進展する上での礎となるであろう。

3.2.2　実現のための技術的手段

　情報通信機器の体積・重量は本質的にはゼロであるべきで、この究極の目的値に向けたマイク
ロシスム技術が電気、機械、物理、化学の各方面から開発されており、今後もその努力が続いて
いく。

　また、コンピュータを人間が操作する従来の路線が続く一方で、これを無人で働かせるという
いわばパーベイシブコンピュータ (Pervasive Computer) の世界が拓かれつつある。さらにイン
ターネットはバージョン 6(IP.Ver6) に進化して地球上のあらゆるデバイスをネットワークに
接続して識別できる時代を迎えた。また近距離無線通信のためのデバイスは 1 チップにまでマ

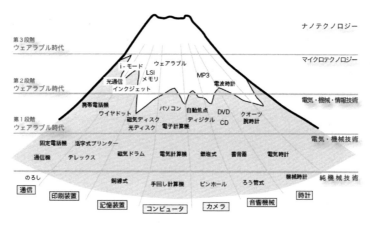

図 3.4　技術の富士山

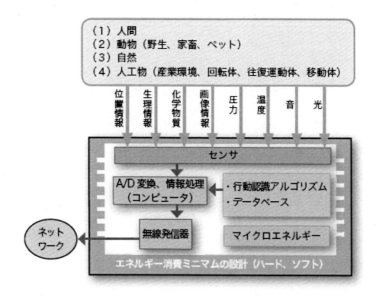

図 3.5　ネイチャーインタフェイスのキーデバイス

イクロ化する勢いである。技術の歴史を富士山によって図 3.4 のように表す。

　このような 2 つの潮流、すなわちマイクロ化とパーベイシブ化の技術により構成される情報マイクロシステム技術によって、自然・人間・人工物間のインタフェイスを高度化する技術が実現できる。これは要約すると近年のマイクロマシン技術、マイクロセンサ技術、ウェアラブルコンピュータ技術、無線技術、インターネット技術の融合によって可能となってきた。

　このような新しい端末の概念を「ネイチャーインタフェイサ」と称する（図 3.5）。この微小デバイスを野生動物、人間、動く人工物体に装着し、刻々の状態検出情報を認識処理し、ワイヤレスによる制御、および診断を行うことが現実味を帯びてきた。

　これは各種の情報をセンサでとらえて、腕時計サイズのコンピュータで認識処理し、無線で発信するデバイスである。このときのキーとなる技術は、センサでとらえた入力情報を意味のある

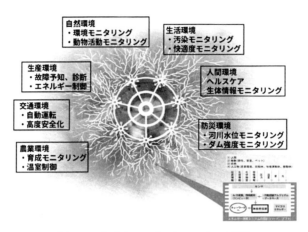

図 3.6　ネイチャーインタフェイスの世界

情報か否かを判断して、その採取を続けるかスリープモードに入るかというソフト的技術とハード構成技術の両輪によって、消費エネルギーを最小にする技術である。このような技術の先達は腕時計にある。

　このような技術によって、地球上を動き廻る動物の位置と化学物質の同時検出が可能になり、それはまた地球環境情報の検知へとつながり、環境保全への応用や、歯車や回転軸など運動する人工物の劣化状態を検知することで大事故を未然に防止するなどの応用が可能である。このようにネイチャーインタフェイサという情報端末が微小化すればするほど、応用範囲は飛行機から小鳥までと広がってゆくことが期待される。

　今後、コンピュータ通信社会はますます高度化するが、これを人間の快適さ、便利さのみへの道具とするのではなく、より広い生活環境に応用することが、21世紀の高齢化や環境破壊への対策として焦眉の急となってきた。近未来にこのようなネイチャーインタフェイスの世界は実現するであろう。図 3.6 はその概念図である。

3.3 ネイチャーインタフェイスのための未来技術

ラファエル ライフ（原文）
山内 規義（和訳）

3.3.1 背景

　マイクロ製造技術によってもたらされた情報革命は、私たちの生活を大きく変えた。数多い革新技術の中でも、パーソナルコンピュータ、インターネット、無線通信、光通信、そしてワールド・ワイド・ウェブは、私たちの仕事のやり方も余暇の過ごし方も変えた。30年前には誰も予想できなかった革新技術により実現されたこの大変化も、もし30年後に振り返るとすれば、新時代の揺籃期の出来事と見えることであろう。未来を予測しようとしても、うまくいかない。仮に予測したとしても恐らくは外れるであろう。しかし、今、想像できることは、現在すみずみにまで及んでいると思われているマイクロエレクトロニクスでさえもその影響力は、将来のナノ技術が、仕事や余暇に対してだけでなく医療診断、治療、旅行、娯楽、通信、その他に与えるであろうインパクトに比べれば、範囲が極めて限られているように見えるであろう、ということである。ナノ技術はまた、人間と自然の対話を、今は誰も思いつかないようなやり方で実現するための数多くの手段を提供してくれることであろう。

　私たちの日常生活で、ナノ技術が重要な役割を果たす場面は数多くある。以下では、その中でも、ネイチャーインタフェイス構想では欠くことのできない演算処理と通信を取り上げる（図3.7参照）。

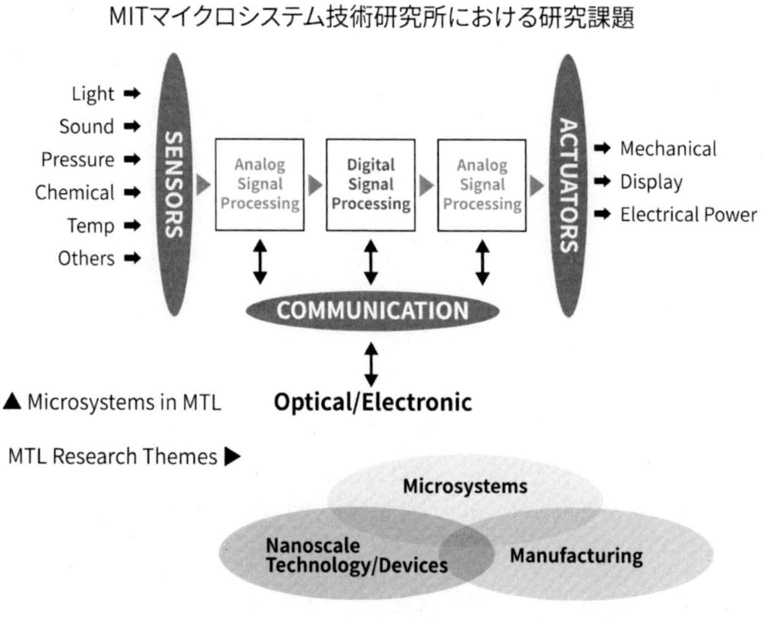

図3.7　MIT マイクロシステム技術研究所における研究課題

3.3.2　演算処理と通信

　過去 30 年間にまき起こった情報革命では、シリコン半導体産業の発展が原動力であった。最近では、依然として続くコンピュータの単位容積当りの処理能力向上が、現在の情報通信革命を推進してきた。情報の蓄積と処理は、多数の情報機器を接続した多様な通信ネットワーク上で、ますます分散化された形で行われている。このような、ネットワークで結ばれた情報機器による協調処理能力が、ネイチャーインタフェイス機器およびシステムの稼動に本質的に欠かせない、ということがいずれ証明されるであろう。MIT でも国でのようなマイクロシステムの研究を続けている。

　ただし、今までマイクロエレクトロニクスが謳歌してきた性能向上の傾向が、今後も同じペースでずっと続く訳ではない。MOS トランジスタをスイッチング要素に用いるような、電子技術は、その驚異的な使命をもうすぐ終えようとしているのかも知れない。半導体電子回路の最小の構成要素である MOS トランジスタは、その微細化追求の過程で、物質の量子力学的性質に由来する障害に最初に突き当たるであろうと広く考えられている。この障害が、トランジスタと配線構造を微細化し、さらに高速で高密度の電子回路を作ることによって達成される性能向上のペースを鈍らせると考えられる。加工できるギリギリの寸法までの微細化を追求しようとすれば、トランジスタの構造も配線構造も大胆に変える必要がある。この研究分野は、未踏の領域に属している。そしてそれは、ネイチャーインタフェイスの世界で必要となる技術の重要な部分に相当する。例えば私たちは、いつまで MOSFET 電子デバイスをディジタル情報のスイッチングと処理のために使い続けるのか？　それほど遠くない将来に、量子デバイスをスイッチングに使えるようになるのか？

　あるいは、生体細胞が行っているのと同じ原理で情報を処理するようになるであろうか？

　もう 1 つの重要な研究目標は、通信システムの性能拡大である。現在、演算速度向上のペースと通信速度向上のペースとの差が広がりつつある。1980 年代の初頭から現在までに、マイクロプロセッサの処理速度は約 100 倍になり、記憶密度は 1000 倍を優に越えた。しかしモデムや地域アクセスの速度は 10 倍になったに過ぎない。アクセス速度は、通信伝送の媒体によってある程度の制約を受けているが、それにしても情報処理と通信の融合のための技術の進展が、情報量の増大に追いついていない。これは、エレクトロニクスの世界がフォトニクスの世界と結びつく（あるいはフォトニクスの世界に置き換えられる？）研究分野の一例である。遠からずエレクトロニクス主体のデバイスから、光（フォトニクス）主体のデバイスに移行するのか。

　ネイチャーインタフェイス構想を実現するために、特に重要な研究活動は、情報処理システムにおいて、集積化された機能を高めることである。これは、シリコン集積回路に機能を追加したり、シリコンベースの電子技術にフォトニクス技術を融合することで達成できるであろう。最も重要な新機能は、高周波から光までの周波数領域をカバーする通信の機能である。この研究分野は、非常に多くの可能性がある分野である。機能性向上の実現を目指すに当たっては、シリコン技術への今までの膨大な産業投資をうまく利用することが大事である。一方、フォトニクス技術は、それ自体に、魅力的で飛躍した技術を生み出す可能性を秘めている。

　最後に、演算処理、通信、および機能性の向上は、エネルギ消費の改善とともに実現されなければならないことを書いておくこととする。ネイチャーインタフェイス機器は、極めて低いレベ

ルのエネルギで機能するだけでなく、必要なエネルギを自ら供給できる技術を具備しなければならない。将来、ナノ・エレクトロ・メカニカル技術を駆使することにより、ネイチャーインタフェイスシステムにおいて、必要なエネルギを自ら生み出せる装置を作ることができるか？

3.3.3　結論

　私たちは、これから、歩みを止めることなく、ネイチャーインタフェイスの世界に入っていく。そして、そこで自然と向き合い、今は夢でしかないような方法で自然から学ぶことができるようになるであろう。この構想を実現するための主要技術は、低エネルギの演算処理と通信によってもたらされる。ネイチャーインタフェイス構想を実現するには、壮大な進歩が必要である。

　しかし、この構想は、私たちに素晴らしい動機付けを与えてくれる。

第 4 章

健康と人間情報

ネイチャーインタフェイスの世界の中心に位置する人間自体の情報を得ることは、同時に人間を取り囲む環境の改善につながると言えよう。決して、人間のみの利益を目指したものではないのである。

人間の日常行動から得られる情報をウェアラブルセンサと IoT デバイスによりネットワークとつなぎビッグデータ化して、AI の助けを借りて、人間・自然界・人工物界のサービスの創造を実現する。

羅志偉・人間情報学会理事（神戸大学教授）は、健康工学の体系化を目指すため、①身体運動の物理学と生理学を統一的に扱う必要性、②発生・発達と老化という人間の一生のプロセスをより理解する必要性、③認知機能と運動機能の理解、④心と生活環境との関係性の科学的な証明が必要、と述べている。

4.1　健康産業を振興するための「健康工学」創成へ

羅 志偉

　650 万年という悠々たる進化の歴史において、人類はおよそ 99.8 ％の期間がいわゆる自然に依存して生活を営む狩猟採集漁労時代を過ごしてきた。約 1 万年前から人類は農耕牧畜時代に入り、そして産業革命とその後の金融・サービス業の発達にともなう脱工業時代に入ったのはわずか最近 200 年のことである。

　近代科学技術の発展に支えられ、産業革命が人類に豊かな生活と社会文明をもたらした反面、この 200 年の間、地球人口は膨張され、とくにこの 20 年は先進諸国を中心に社会の高齢化が急速に進み、日本における 65 歳以上の高齢者の割合はすでに総人口の 2 割を超え、あと 40 年で 5 割に近づくと予測されている。

　しかも現代社会の生活環境として高齢者の実に 5 割以上が独り暮らし、または老老介護、認認介護の状態にある。現在は認知症の高齢者が急増し、2025 年には 5 人に 1 人、20% が認知症になると推計されている。また、国内の死亡者総数の 1 割を占める脳卒中の患者数は約 288 万人にも上る。脳卒中患者の多くが、後遺症として四肢の麻痺や言語障害などの機能障害を発症している。

4.1.1　高齢社会の到来に備える

　高齢化にともなう認知・身体運動機能障害や生活習慣病などを防ぐには、現在の病院中心のシステムで診断・治療や薬の投与だけでは対応できない。予知・予防、リハビリテーション、健康な家づくり、活力溢れる街づくり、持続成長可能な社会づくりが重要となる。

　まさに、心身の健康や介護福祉について、社会全体が真剣に取り組み、既存の保健・医療・福祉という枠組みを超えた健康社会づくりを推進し、健康産業を振興することが急務である。

　健康産業を支えるための堅実な学問基盤として、基礎生物学や医学、保健学だけでは不十分で、最先端の電気電子工学、情報工学、ロボット工学などの工学技術との学際融合による斬新な「健康工学」を創出することが必要不可欠である。

　近年、超低消費電力の LSI 技術や無線通信技術を生体センシングに活用することで 24 時間、各種の生体情報を日常生活の中で容易に計測し、モニタリングすることが可能になってきた。多チャンネルの時系列データとして生体情報を得ることで、「状態」として認識されている「健康」が、やがで「プロセス」として再定義されることとなる。さらにユビキタス情報ネットワークの発達によって健康予知、健康管理を可能にする「元気予報」システムなどの健康サービスが世に出るであろう。

　また、身体内部における各レベルでの生理情報、心理情報の循環機構と機能を正確に把握できれば、身体外部の人工支援システムにおける情報処理機能・ロボティック操作機能と有機的に複合することで新しい「バイオフィードバック」ループが形成され、人々の健康プロセスをより科学的に実時間で調節し、個人個人に適した有効な健康訓練・増進プログラムの開発や、安心安全な生活を支援することができるようになるであろう。

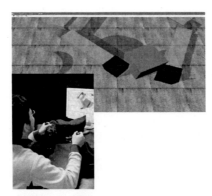

図 4.1　両手協調作業の認知・運動機能訓練用ロボットシステム

4.1.2　「うごかす」から「うながす」に

　一方、前述した長い進化の流れで、人間は自然に育てられ、自立で生活できることに幸せ感を覚えるようになっており、人工技術による身体に密着した直接的な生活支援、健康支援に対しては本能的に感受できていないように思われる。

　そのため、工学技術による健康管理、健康増進、介護支援などを考える場合、「支援」の本質を追究する必要がある。工学支援によって与える人間への負の影響も科学的に解明するよう視野に入れることが必要不可欠で、エビデンスを科学的に確立することが無視できない。

　「健康工学」の体系化を目指すには、広い視点から、①身体運動の物理学と生理学を統一的に扱う必要があり、②発生、発達と老化という人間一生のプロセスをより理解する必要がある。また、③認知機能と運動機能との関係や、④心と生活環境との関わりを科学的に解明することが大変挑戦的な課題となる。

　結局、人間への健康支援の究極的な目標は、単なるロボットによる目の前の身体動作の実行、生活における各種作業の代行ではなく、むしろ人自らの意欲を促し、次第に本人が完全に自立できるまでガイドを担うべきではないかと考えられる。

　健康増進、介護福祉分野における人間への真の工学支援は、決して単純に人間を「動かす：うごかす」ではなく、「促す：うながす」にすべきと、保健学の有識者が教示してくれている。

　健康・介護福祉分野で健康工学の成果を実際に展開できるためには、より一層現実社会における現状とニーズを把握し、そこから出発して技術開発しかつ双方向的な視点で人間への影響を熟慮して挑戦しなければ、意義がないように思われる。

　ロボット「RI-MAN」（理化学研究所）が開発されてからすでに 15 年が経った。このようなロボットの安全性・コスト、そして要介護者への生理学的・心理学的そして発達科学的な各種の機能への影響については、いまだに科学的に検証されないままで工学技術そのものだけが先行して開発が進められている、という異常な開発現状にあると指摘せざるを得ない。

　近年では、「健康」に着目した工学技術の研究開発が幅広く展開されてきている。特に IoT やビッグデータ、人工知能技術の目覚ましい進歩で、日常生活における健康工学技術の実応用が着々と浸透されつつある。著者らも、医学・保健学の専門家との綿密な連携で、①実時間における身体力学解析に基づく下肢運動機能の有効なリハビリテーション技術の開発や、②脳卒中患者

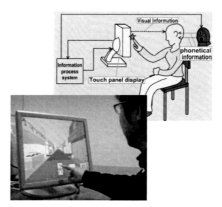

図 4.2　　VR 技術を活用した高次脳機能の評価・訓練

に多く見られる半側空間無視症状の日常生活空間での機能評価のための VR 技術開発、そして、③高度な人工知能技術を活用した音声情報によるパーキンソン患者の症状識別など、着々と研究成果を挙げられ、健康社会づくりへの貢献を夢見ている。

4.2　ITヘルスケアの取り組み

太田 裕治

　ITヘルスケアの取り組みに関して、筆者らが数年来、研究開発を進めてきた2つのテーマを中心に述べる。

　筆者は精密機械工学を専門とし、学生時代から精密機械工学を応用した医用工学・生体工学の研究を行ってきた。現在は、昨今の高齢社会の到来にともない、中高齢者の健康維持・増進という観点で研究を進めている。

4.2.1　足圧計測スマートシューズ

　15年ほど前に高齢者の転倒予防に関する研究を共同研究者らと開始した。加齢にともない足腰も弱まることから、転倒から骨折、寝たきりという典型的経路をたどるケースが見られる。いうまでもなく、これはQoL(Quality of Life)を著しく低下させる要因である。また、骨折治療にかかる医療費支出も相当なものとなり、当事者はもとより、自治体のサステナビリティの観点からも予防が求められる。

　その方策の1つとして、運動教室による介入が広くなされている。しかし、実際に効果を上げているかについては定量研究がなく不明瞭な状況であった。この点を考えスマートシューズを開発するに至った。

　シューズのハード／ソフト構成はいたってシンプルである。靴のインソール上に7個の圧力センサを備え、その出力を近距離無線通信規格「Bluetooth」でパソコンないしモバイルデバイスに転送する仕組みである。このシューズを運動教室の前後で参加者が装着することで、運動メニューの効果を定量的に評価しようというアイデアであった（図4.3）。

　圧力センサの原理は感圧導電ゴムであり、足圧が加わるとゴムが圧縮され電気抵抗値が低下するというものである。7個のセンサ配置に関しては、以下のように考えて決定した。

　すなわち、ヒトの足部は3個のアーチからなる。踵と親指を結ぶライン、踵と小指を結ぶライン、そして親指と小指を結ぶラインの3個である。アーチは車で例えればサスペンションであ

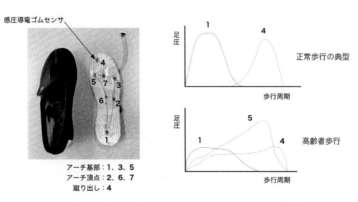

図4.3　ワイヤレス足圧計測システムと歩行による足圧変化の例

り、これら足部 3 個の板バネで体の運動を支えているということができる。

　この 3 個のアーチの根元に 1 個ずつ合計 3 個のセンサを配置した（図中のセンサ 1、3、5）。偏平足になるとアーチがつぶれ下方に変位する。これを検出するために、アーチの中間点（アーチ最高点の直下）にセンサを配置した（図中のセンサ 2、6、7）。これによってアーチの破綻の検出が可能となる。親指直下のセンサ（1 個）は、歩行時の足の蹴り出しを評価するために設けた（図中のセンサ 4）。

　この靴を用いて歩行計測を行ったところ、若年健常者の場合では、踵が床に接地する時の圧力上昇と降下、次いで蹴りだし時の親指を中心とした前足部の圧力上昇がみられ、2 つの山を提示することが分かった（図には簡便さのため 1 番センサと 4 番センサのみ示した）。これが正常歩行と考えられる。

　一方、高齢者では、踵部の圧力上昇が明瞭に見られないケース、また重心移動軌跡の不安定性なケースが見られた。これまで 1000 人以上の高齢者を対象に計測してきた結果、若年者と比較してそのような不安定的歩行の特徴を見出すことができた。このような高齢者に対しては、運動介入の効果を定量的に評価することで有効性を確認してきている。

　心掛けていることは迅速なフィードバックである。体操教室の途中で測定を実施し、教室が終わるまでの間に解析結果を印刷しデータ返却するとモチベーション向上が見られるようである。自治体の視点からも調査を行ったことがある。すなわち、体操教室による運動介入がその地域の保険医療費をどの程度押し下げるか検討した。具体的には志木市を対象に分析を行い、経費計算も行なった（学生の卒業研究／論文）。このようにこの簡便なシューズは本人だけでなく自治体にも優しく活用可能と考えている。

4.2.2　ユビキタスコンピューティングハウス

　ユビキタスという言葉もいまでは随分懐かしい感じとなった。生活を安全安心に、また便利快適にするための情報技術を研究する目的で、本学キャンパスから歩いて数分のところにおよそ 10 年前に実験住宅を設計施工し、本学生活科学部・理学部の教員と共同でさまざまな研究を進めてきた。「Ocha House」（お茶の水女子大学ユビキタスコンピューティング実験住宅）である。当初、建造に際しては、ハウスメーカーの住宅を建て、そこにコンピュータや計測制御機器を導入することも検討した。しかし、オリジナルの設計にこだわろうということで、本学の元岡展久教授に設計を依頼した。その詳細を述べる紙面余裕はないが、計算設備と居住空間の分離、スケルトンインフィル、膨大な配線への配慮などを実現している。

　この実験住宅の生活空間で最初に考案したヘルスケアアプリケーションは歩数カウントであった。身体装着型の歩数計では歩き出しと歩き終わりの数歩は不安定歩行としてカットされるため、家庭内での歩数は過小評価となる。それ以前に、身体装着装置を家で利用することを厭うユーザもあろう。

　これに対して、床に振動センサーを取り付けるというアイデアをだした。すなわち、歩行にともなって床は振動し、その振動をセンサで検出し歩数をカウントするといういたって単純な方法である。センサは 1 個 1000 円程度の安価なものを床下に私自身が潜り 30 個ほど設置した。被験者実験を通じて概ね歩数を正しく検知できることがわかった。

　次に、居住者の動線計測を試みた。家の中ではさまざまな目的で移動し、この動線をとらえる

ことで、生活へのフィードバックができないかと考えた。センサ密度を 1 個/m^2 程度とすることで動線が概ね計測できた。浴槽での事故や外出などに対し安全面からの配慮が可能と考えている。

次にエネルギ評価について検討した。誰しも元気よく歩けば床の音も大きく響くので、加速度振幅が消費エネルギと相関すると考え実験を行ったところ、おおむね正相関を得ることができた。昨今、子供は家ででもあまり遊ばないようであり、この方法で、子供たちの消費エネルギ評価もできると考える。

現在ではさらに振動パターンから家事動作を弁別する試みも行なっている。これらのアプケーションの開発を進める中で、加山雄三さんの有名なお散歩番組が取材に来て下さったことは良い思い出となっている。

床など建物の構造体にセンサを組み込むことは以前から建築分野ではなされている。しかし、その評価対象は建物自体の構造の状態（劣化）の診断であった。すなわち、ヘルスケアの対象は建造物であった。

ここでは（言うまでもなく）、居住者のヘルスケアを考えている。建築分野でもユニークな取り組みと考えている。課題としては大人数の家族では床振動が合成されるため解析が難しくなることである。現状では、せいぜい 2 人までの同居が限界であるとみている。

4.2.3　まだまだ課題の多い「健康」

精密工学の手法をベースにヘルスケアテーマの研究開発を進めてきた。しかし、健康はなかなか組し難いと考えている。医療はある意味でシンプルである。具合が悪くなり病院に行き診断され、病名がつき、治療され、治癒し退院する。医療技術は成功率や生存率で評価可能である。

これに対し健康はそうはいかない。そもそも医学は病気に対しては確立された学問で、健康の取り扱いにはまだ十分な経験を有していない。そのため、健康に対してはさまざまなアイデアや評価が生まれる元となり、そのなかで学問的根拠の明確さが問われることとなる（先の靴に関しては英米圏を中心とする足病学に基づく）。

すべてにおいて権威に基づく必要もなく、どのようなビジネスモデルを構築し社会にムーブメントを起こすかという点が重要となる。また、健康に関して考えるとき、われわれの祖先に思いを馳せることも有効と考える。彼らは洞窟に住み食べ物（果物や骨・死肉）を探し、1 日 20km ほど歩いたとされる。すなわち、私たちの体の基本設計は空腹・長距離歩行に適応しているといえる。このような進化人類学・進化医学に基づく考え方も健康アプリケーションには有効と考えられる。

先日、ある学会の講演会で聞いた話題である。現在の医学は第三段階にあるという。第一段階は抗生物質ペニシリンの時代、次は抗原抗体反応などの生化学を応用した時代、現在はゲノム情報の時代とする。

薬剤の開発が進んだ現在では大規模治験で有意差が見られないことがある。これは、あまりにゲノムがバラバラな対象者を評価しているためでもあろう。有名なサイトに「patients like me」がある。これは症状が同じ人々が Web 上で集まって情報交換するサイトである。同じ症状を呈することはゲノム情報の近接が想定される。今後は、ゲノム情報を絞った対象群を作成し、その中で、分析や情報処理技術を高める方向も有効と考えられる。

　最後に、この靴を開発してから何年も経過したが、技術だけ開発してもなかなか世にはでない
ことを痛感している。アイデアを出す大学、設計製造するメーカー、アプリケーションを考える
サービス業、さらには資金提供する金融系、このような 4 者が良いチームにならなければ社会実
装はなかなか進まない。この WIN の会がその場となることを願って止まない。

4.3 人間の日常行動のセンシング・モニタリングによる IoT サービス創造

西田 佳史

　生活機能レジリエント社会が求められている [1]。レジリエント（Resilient：回復力のある）社会、すなわち、生活者の心身や認知機能が変化しても、安全性を確保してくれたり、高度な社会参加を維持・回復してくれる社会のことをいう。

　生活機能の変化という観点から捉え直すと、子どもの成長期、高齢者の生活機能低下時期、これらの変化に対応する子育て世代や介護世代という具合に、多くの世代に跨り生活機能変化に対応しなければならない社会が既に到来している（図 4.4）。

　2015 年に国連で「我々の世界を変革する：持続可能な開発のための 2030 アジェンダ」が採択された [2]。あらゆる年齢や障害をもった人の安全性確保、サービスへのアクセスの確保、それらに配慮された都市のデザインの必要性などが指摘されている。

　人力のみの見守りや介護には限界があるので、今後目指すべき方向は、AI（Artificial Intelligence：人工知能）や IoT(Internet of Things)、クラウドコンピューティングなどの技術基盤を活用することで、子どもや女性、高齢者、障害者といった多様な身体的・認知的機能変化に柔軟に対応し、彼らの能力が最大限引き出されるような生活機能レジリエント・サービスを開発することであろう。

4.3.1 生活機能レジリエント社会の課題

　生活機能レジリエントを実現する上では、以下のような課題がある。

(1) 生活機能多様性・介入ニーズ多様性（One-size-fits-all 問題）

　生活機能多様性を扱う必要がある。健康問題では、One-size-fits-all(Universal) 戦略は、必ずしも効果的ではない [3,4]。予防の分野では、ユニバーサル戦略、選択的戦略、個別戦略を組み合わせた新たな複合的戦略 (Precision Prevention) の必要性が指摘されている [5]。

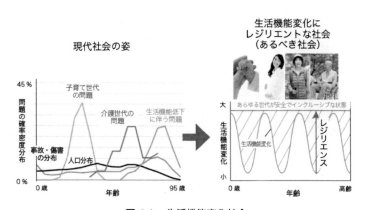

図 4.4　生活機能変化社会

こうした複合的戦略に基づく介入の設計には、どこにどんな問題があるかの基本的な理解が不可欠である。しかし、それが進んでいない。今後、機能変化にともなう課題の全体像の整理と、それに基づいた個人適合型介入デザインを行う Precision Intervention といった方向性が必要である。そのための多様な生活機能の変化とそれにともなう問題とをうまく収集可能にする仕組みが不可欠である。

(2) 有効性と実効性かい離問題（Efficacy-Effectiveness）

さまざまな介入が提案される。しかし、実験室やある条件下で有効 (Efficacy) であった方法が、地域や社会で実効性 (Effectiveness) がなく、社会インパクトに繋がらないケースが多い [6]。地域社会や個々の生活という複雑システムの理解が不十分であり、実験室の研究で単純化されすぎたモデルや手法を、複雑システムに組み込むときにエラーが生じるという問題である [7]。

対象者への聞き取り調査をしっかりする、などの研究態度のあり方として議論されることが多い。しかし、この理解は間違いである。態度や努力の問題ではなく、現場の複雑システムを扱う科学技術や方法論が不在であることに起因する問題である。

最近では、小さく始めるアプローチ (Incrementalism) の限界と、初めからスケールするようにデザインすること (Big Change) の必要性が指摘されている。介入効果の評価と持続的な改善を行う仕組みを個々の生活や施設で実装し、個人の生活や施設のもつ生活複雑システムで実効性のある介入ができる設計・評価方法が必要である。

(3) 生活データ断片性・支援サービス断片性（Fragmented Living Data/Service 問題）

生活に関係するデータ（疾病、生活機能、薬剤、活動、事故・インシデント、救急搬送など）は、施設ごとまた生活ごとに断片化している [8]。これらを共有することで、乳幼児や高齢者における機能の多様性、それにともなう課題、そのソリューションの可能性などを整理できる。それに加えて重要なことは、毎日の生活におけるそれらの変化をとらえる方法である。

データの断片性だけではない。ソリューションとなるサービス側も断片化している。マルチステイクホルダーの持つ社会資源を、ある共通目的のもとに集合的に用いることで実効性を出していく Collective Impact モデルなどが提案されている [9]。しかし、これをデータ駆動で進める仕組みが必要である。

(4) プライバシー暴露多様性

個人情報の定義も変化している。また、個人情報の暴露に関する考え方が多様である。これは、プライバシーポリシーにおいても One-size-fits-all 問題があることを意味している。すなわち、共通に定めるのではなく、個人や施設のポリシーに対する考え方の多様性に応じて、情報を制御する仕組み・技術が必要になることである。すでに高齢者の虐待防止のためカメラ設置に前向きな施設も現れている。

4.3.2　スマート・リビング・ネットワークと繋げる AI

以上の問題を扱うために、生活している現場を個々のプライバシーポリシーに沿って情報化

し、互いにネットワーク化することで、生活と生活をつなぎ、有効性を実効性へとスケールできる「繋げる AI(Connective AI)」とでも呼べる方向が重要である。

　生活や生活環境は、個別性があり相違している。しかし、類似している現象・環境は多い。これらを巧みな情報処理によって情報共有したり、知識化したりすることは可能なはずである。階層的に捉えた場合、かつてハーバート・サイモン（Herbert A. Simon、1916 年〜2001 年）が指摘したように、基本的には非線形な現象であり、対象とするレイヤーの物理現象は、サブレイヤーの特徴量と結び付けることでモデル化可能であると仮定して科学の建築を進めることが可能である。

4.3.3　繋げる AI のアプローチ

　繋げる AI を具体的に扱うために、子ども病院やリハビリテーション病院、特別養護老人ホーム、一般住宅にセンサを埋め込みリビングラボ化（生活の場で行う社会実験）してきた（図4.5）。
　生活機能の多様性の理解のためには、これらの現場で断片化された生活データを共有可能にする仕組みが不可欠であり、実態解明のための情報処理の方向 (AI for reality) が求められている。
　また、生活を支えるソリューションを開発する場合には、研究室レベルでの有効性検証から施設・コミュニティにおける実効性検証までを繋げる仕組みと、実装支援技術の方向 (Reality for AI) が必要となる。これらの 2 つの方向を組み合わせることで、複雑系である現場システムを理解し、さまざまな現場にスケールする解決策が実現できる。

4.3.4　繋げる AI の活用事例

(1) 多機関分散データの統合的利活用によるアウェアネス（課題抽出）
　最近のテキストマイニング技術は、大きなビッグデータ処理ができ、いわば、アウェアネス（課題抽出）とでも呼べる可能性がでてきた。本研究では、独立行政法人日本スポーツ振興センターの医療費のデータと事故状況のデータを用いて、重症事故が起こる状況を自動分析する技術を開発している。

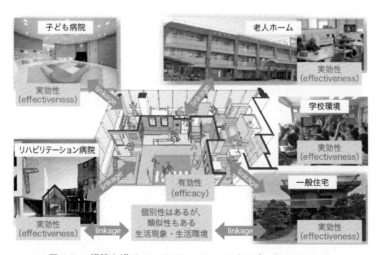

図 4.5　構築を進めているスマート・リビング・ネットワーク

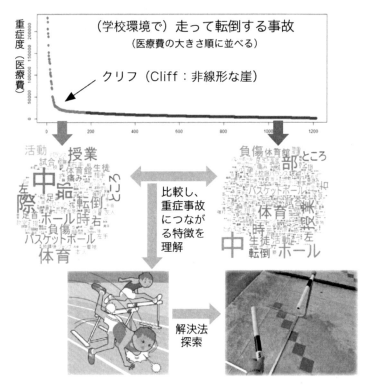

図 4.6　ビッグデータを用いて重症状況に関係する要素を見つける重症度クリフ分析

　医療費が高いほど重症度が高いと仮定し、重傷事故が起こる状況に特有な「言い回し」を自由記述文から見つける処理を行うもので、重症度クリフ分析と呼んでいる [10]。ある類似した事故状況の医療費を高い順に並べると、多くの場合、急激に医療費が変化する崖（クリフ）が現れる（図 4.6）。この崖に着目して、何が重症度を押し上げているのかを分析する。

　この手法を用いて学校環境での事故を分析したところ、走って転倒するという点で類似した事故の中でも、縄跳びや平地での走行と比較すると、ハードルが絡むことで重症度が高くなることが分かった。

　このように、多機関に分散して存在しているインシデントデータをビッグデータ化させ、機械 (AI) を用いて分析することで、重症事故が生じる状況をきめ細かく把握することが可能になり、新たな予防策の開発や、すでにある予防策と対応付けたりすることができる。ある機関（学校など）が保有しているデータだけでは、重症事故の存在やその規模感が分からず、予防策も孤立したものとなる。

(2) 見守り IoT を用いたプリシジョン・ケアの試み

　高齢者は加齢するにつれ、認知機能や運動機能の低下がおこり、日常生活に支障がでる。そのため、高齢者個人の生活機能変化をタイムリーに把握し、適切な介入を支援する IoT センサが求められている。最近まとめられた今後 10 年の予測では、スマートホームの分野でセキュリティだけではなく、ヘルスケアやホームセーフティを支援するセンサが大きな市場になると予想され

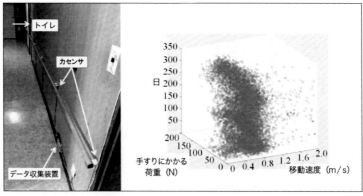

図 4.7 手すり型 IoT センサ（左）と取得された行動データ（右）

ている [11]。

　本研究では、プライバシー保護の観点から不必要に詳細なデータは不要で、センサの脱着も意識せずにすむ新たな IoT センサとして、手すりセンサを開発した [12]。日常物体のセンサ化である。壁に固定した金具部分を力センサ化し、使用者が手すりを持ったときに金具部分に伝搬する力を計測することで、把持位置を検出することができる。高齢者の歩行速度や自立歩行の程度などを知ることができる。研究所内のリビングラボでセンサの基本動作検証を行った後、一般住宅型リビングラボ（88 歳・女性の独り暮らし）に設置し、長期間モニタリングを行い、その実効性を検証した。

　被験者宅の廊下に手すりセンサを取り付け（図 4.7 左参照）、位置推定機能を用いて被験者の移動速度を求めた（図 4.7 右）。これまでに、1 年間の連続データを取得した。センサを用いることで、原因までは分からないまでも、生活上の異変を検出できることが確認できた。

　今後、繋げる AI を活用し、社会的なインパクトがあり、今なら解けそうな具体的な課題に取り組むことで、問題を解く技術の革新 (Reshape Problems)、問題の解き方のパラダイム変革 (Reframe Concepts)、問題を扱う社会システムの実装 (Restructure Stakeholders) の研究に取り組みたいと考えている。

　ここで紹介した研究の一部は、国立研究開発法人科学技術振興機構（JST）の戦略的創造研究推進事業（CREST）および社会技術研究開発センター（RISTEX）の支援、国立研究開発法人新エネルギー・産業技術総合開発機構（NEDO）の委託業務によって行われた。

参考文献

[1]　西田、「問題・データ・知性の遍在を活用する生活機能レジリエント社会—ニューノーマル呼応型イノベーション」、『人工知能』、Vol.31、No.3、pp.402-410、2016 年

[2]　国際連合広報センター、「我々の世界を変革する：持続可能な開発のための 2030 アジェンダ」、2015 年（http://www.unic.or.jp/activities/economic_social_development/sustainable_development/2030agenda/）

[3]　米国立衛生研究所（NIH）、『Help Me Understand Genetics — Precision Medicine』、Oct. 17, 2017（https://ghr.nlm.nih.gov/primer/precisionmedicine.pdf）

[4]　The White House (2015, January 30). FACTSHEET:President Obama's Precision Medicine Initiative（https://obamawhitehouse.archives.gov/the-pressoffice/2015/01/30/fact-sheet-presidentobama-s-precision-medicine-initiative）

[5] Winston FK, et al., "Precision Prevention, " Inj Prev, Vol.22, No. 2, pp.87-91, April 2016

[6] L. W. Green, "From research to'best practices'in other settings and populations, "Am J Health Behav, Vol. 35, pp.165–78, 2001

[7] Dale Hanson, et al., "Research alone is not sufficient to prevent sports injury, " British Journal of Sports Medicine, Vol.48, No.8, pp.682-684, 2012

[8] 西田、北村、「多機関分散ビッグデータの統合活用技術に基づく生活安全支援システム」、第 35 回医療情報学連合大会（第 16 回日本医療情報学会学術大会）論文集、pp.30-33、2015 年

[9] J. Kania, M. Kramer, "Collective Impact, "Stanford Social Innovation Review, pp.36-41, 2011

[10] 今井、北村、西田、米山、竹村、山中、「重症度クリフ分析法を用いたスポーツ外傷ビッグデータの分析」、第 17 回 SICE システムインテグレーション講演会 2016、pp.2903-2907、2016 年

[11] 『スマートホーム―テクノロジー・ロードマップ 2016-2025（医療・健康・食農編）』、日経 BP 未来研究所、日経 BP 社、2015 年

[12] Y. Takahashi, Y. Nishida, K. Kitamura, H.Mizoguchi, "Handrail IoT Sensor for Precision Healthcare of Elderly People in Smart Homes, " Proc. of the IEEE IRIS 2017（IEEE 5th International Symposium）

4.4 人を介して実世界の情報を収集するヒューマンプローブ

戸辺 義人

4.4.1 ヒューマンプローブとは

センサネットワークのさまざまな試みがなされる中で、固定設置型のセンサではなく、移動型のセンサを使うという発想が生じてきた。この発想を延長すると、人が持ち運ぶ携帯デバイスからセンサで取得された情報が発信されたり、人が知覚したことがテキストとして発信されるという形態で、「移動型のセンサ」が実現できると考えられる。スマートフォンが各種センサを内蔵するようになり、高機能化していることがこの動きを加速化している。このように人を介して実世界の情報を収集する仕組みをヒューマンプローブと呼ぶこととする。

4.4.2 Human-as-a-Vehicle か Human-as-a-Sensor か

北本が分類した、HaaV(Human-as-a-Vehicle)、HaaS(Human-as-a-Sensor)[1] をベースに、これまでに研究発表されたものおよび今後の可能性があるものを列挙してみる。図 4.8 は、制御理論の教科書に出てくるフィードバック制御のブロック図である。この図において、検出部がセンシングであり、検出部に人が関わるとヒューマンプローブとなる。図 4.9 は、HaaV、HaaS をさらに分類してみたものである。

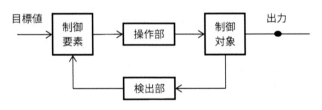

図 4.8　フィードバック制御のブロック図

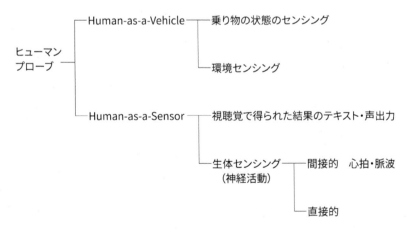

図 4.9　ヒューマンプローブの分類

(1) HaaV

　人間に情報センシング機能は要求されず、人がセンサを持ち運ぶことに意味を持たせることとする。図 4.8 の検出部は、マイク、加速度センサといった我々がふだん「センサ」とよぶ部位や部品に相当する。人が乗り物に乗る場合も含めるが、センシング機能を有するデバイスを人が身に着けているというだけであり、車、バス、船、航空機に装着されたセンサを用いるモバイルセンサとは異なり、センサ運搬者としての機能が期待される。

　典型的な例として、P.Zhou 等のバス到着時刻推定システム [2](図 4.10) をみてみよう。あらかじめ、バスの路線図と携帯基地局 ID とが与えられているという前提で、スマートフォン利用者の位置情報の推移からバスの動きを外挿し、到着時刻を推定する。「バスに乗り込む」動作の認識は、ユビキタスコンピューティングの世界で長年に渡り培われてきた加速度信号に頼らず、バス乗車時の IC カードをタッチする音から識別する。加速度信号は、バス乗車か電車乗車かの区別にのみ用いる。多くの人が様々な場所で乗車し、下車する。そうした多くの人の移動軌跡から、バスそのものの動きをみるということになる。人はこのスマートフォンを運ぶところに意義がある。

　別の例として、筆者らが進めている YKOB[15] では、自転車を運転する人が装着するスマートフォンの加速度信号から体の動きと路面状態を分離して、路面状態を抽出する (図 4.11)。YKOB においては、加速度信号の中から、独立成分分析を用いて路面情報を分離する。NoiseMap[1]は、市民がスマートフォンで騒音レベルを録音し、位置情報と関連付けることにより、市内の騒音マップを作成するものである。

　HaaV の仕組みは、情報提供者が測定する点が強みであり、情報提供者が増えれば増えるほど、情報が精緻化していく。群衆 (crowd) が情報提供するという意味で、クラウドセンシングと呼ぶことができる。

(2) HaaS

　HaaS では、図 4.8 のフィードバックループにある検出部は「人」となる。簡単な例を挙げると、人が見たもの、聞こえてきたもの、つまり、視覚、聴覚で捉えられたものがテキストとして発信される。発信の手段は、マイクロブログであったり、Web 入力であったり、形態はまちまちであるが、「人」による解釈が加えられた情報が出てくる。NoiseMap では、マイクで拾われた音の強さであるのに対し、ニューヨーク市が提供する NYC311 には、「騒音がうるさい」といった苦情を市民が出す。SNS(Social Networking Service) と同じようにテキストで発信できるため、幅広い内容を収集することができる。同様の取り組みとして、薄井等のグループでは、日常生活の中で気づいたことを声としてスマートフォンに録音したものを収集する。こうした例では人の解釈がなされていることにより、生活に密着した情報収集が可能となる。

　さて、このように人がテキスト化するあるいは声として発することにより実世界情報を収集するということは、その他、多くの提案がなされており、確かに人の情報処理能力に頼るアプローチであるが、人の感じる力は視覚、聴覚以外からも引き出せる可能性がある。こうした例では、

1　Schweizer, I.,Bärtl,R., Schulz, A.,Probst, F.,and Muehlhauser,M.:NoiseMap-real-time participatory noise maps,Proc. of PhoneSense 2011(2011).

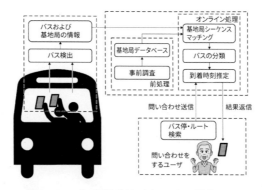

図 4.10　バス到着時刻予測システム構成図 [2]

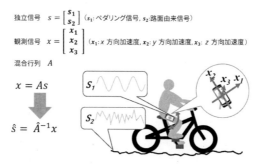

図 4.11　自転車走行を利用した路面状態抽出 [3]

検出器の出す結果が次の操作部で用いられるのに、時間・日・月というオーダーで十分であった。それに対して、秒・分単位での制御ループに人のセンシング能力を組込んでもよい。それには、テキストや声となる前の信号として取り出す必要がある。そうすると、人体を直接センシングするという方法が考えられる。人体のセンシングは、一般にはヘルスケアという観点で実施されるが、ヒューマンプローブではフィードバックループにある検出器として位置づけられる。

　たとえば、部屋の空調制御をする場合、快適か不快かと感じるのは人であるので、温度計よりも人がよいセンサということになる。その際、皮膚表面の体温ではなく、心電・脈波のLF/HF(低周波領域と高周波領域 のパワー値の比) 解析に基づいて自律神経系の活動を推定したり、さらに、深部体温の恒常性維持 [4] を目的とするのであれば、脳血流も含めた計測の意義が出てくる。

　この議論をさらに人体内部へ進めると、抹消神経系の感覚器の変化や、中枢神経系の信号を取り出すアプローチも考えられる。実際、自動運転支援を目的として、大脳の補足運動野にて人が実際に行動を起こす前に現れる緩変動脳波を非侵襲 EEG(Electroencephalogram) で観測する研究がなされている [5]。

4.4.3　結局は人が感じるから

　再度、制御システムに話を戻してみよう。モータ制御の例をとっても、センサ、アクチュエータに人の介在するところはない。一方、ユビキタスコンピューティング/ウェアラブルコ

ンピューティングでは、人の生活空間を扱っているので、人にとっての快適性が意味を持ち、ヒューマンプローブの価値が出てくる。人を中心とした世界を構築する上では、人が制御ループに入ってくるのが望ましい。

参考文献

[1]　北本朝展: センサデータとソーシャルメディアの統合によるリアルタイム状況認識の可能性、「ヒューマンプローブの新たな展開」シンポジウム資料 (2012.11)

[2]　Zhou, P., Zheng, Y., and Li M.: How long to wait ?: predicting bus arrival time with mobile phone based participatory sensing, IEEE Trans. on Mobile Computing, Vol.13, No.6, pp.1228 - 1241, (2014.6)

[3]　Tobe, Y., Usami, I., Kobana, Y., Thepvilojanapong, N., Takahashi, J., and Lopez, G.F.: vCity Map: crowdsensing towards visible cities, Proc. of IEEE Sensors, (2014.11)

[4]　片桐祥雅: 深部センサ、クラウド時代のヘルスケアモニタリングシステム構築と応用 (板生清監修) pp. 77- 84, (2012.9)

[5]　Gheorghe, L., Chavarriaga, R., and Millán, J. R.: Steering timing prediction in a driving simulator task, 35th Annual Int. Conf. Eng. in Medicine and Biology of the IEEE, EMBC, pp.6913 - 6916, (2013)

4.5　ウェアラブルセンサと IoT デバイスで支える健康的な食習慣の試み

ロペズ ギヨーム

4.5.1　肥満と食習慣の関連性

　肥満対策として、適度な運動を行うことと、食習慣を改善することが挙げられる。食習慣について、主に栄養のバランスなど食事の内容に注目した対策がほとんどだが、早食いの人は肥満が多い傾向にあることが示されているように、咀嚼回数などの食べ方も肥満と強く関係していると示されている。肥満対策として医学・健康保険の観点からすると、食習慣の分析が重要であることが知られながら、主に栄養のバランスや摂取・消費カロリーなどの食事の内容に注目した対策がほとんどである。

　近年咀嚼回数および個人の適切な食事量のモニタリングとフィードバックに着目した研究が増えている。

　咀嚼とは、口に取り込んだ食べ物を噛み砕くことである [1]。Zhu らは、ゆっくり食べることがメタボリックシンドローム発症の予防になると示唆している [2]。さらに、食べる速さが早いほど BMI が高い傾向にあることから、早食いと肥満は強い関係にあることが明らかとなっている [3]。また、咀嚼回数が少ないと肥満に繋がることや、嚥下前の咀嚼回数が多いと主観的な食欲が減ることも明らかとなっている [4]。食べる速さに加え、食事中の会話も健康と関連があることが明らかとなっている [5]。

　市販されているウェアラブルデバイスはカロリー出力に関連した人間の活動レベルをモニタリングすることが可能である。しかし、自由な環境下での食事行動を自動的に検出するデバイスはいまだに存在しない。

4.5.2　食習慣の定量化技術の最前線

　食事行動解析・認識手法として特製デバイスを使用したものがある。例えば、自動的に摂食活動を監視できるようにするためのマルチセンサネックレス「NeckSense」がある [6]。近接センサでデバイスと顎の距離から咀嚼行動、環境光センサで食物を口に運ぶ摂食行動、慣性計測ユニット (IMU) センサで食事をとる際の前傾姿勢の動きを捉えており、これらの特徴から咀嚼と食事エピソードの検出を行っている。他に咀嚼回数推定を行うためにメガネ型デバイスを開発した研究チームもある [7]。メガネのテンプルに圧電ひずみセンサを配置し、咀嚼時の側頭筋の動きを捉える。信号を連続的に数秒の長さ毎分割し、機械学習を用いて咀嚼セグメントであるか推定したあと、咀嚼セグメントに対して線形回帰モデルを用いて咀嚼回数を 96 ％の精度で算出している。上記のような高い性能をもっている多くの研究の問題点として、主に以下の 3 つがあげられている。

① 市販されていて誰でも手に入れられるデバイスではないため導入が難しい
② 食事の検出は行われているが、食事の詳細な行動の分析はできていない
③ センサ信号分割手法は、連続した咀嚼を抽出することは可能だが、咀嚼一回ごとにセグメン

トはできなく、自然な食事環境では性能が劇的に落ちてしまう

以降の項では、著者らの研究グループの研究事例を介して、どんな方法で、どこまで正確に自然な食事環境において食事行動の定量化ができるのか、そしてどうフィードバックすれば人の食事行動変容を支援できるかを紹介していく。

4.5.3　自然な食事環境の食事音データによる食事行動の推定

日常生活における食事環境での食事行動の定量化を実現するため、著者らの研究グループは市販のワイヤレスイヤホンマイクに着目して、自然な食事環境にでも対応した咀嚼・嚥下（食べ物／飲み物）・発話・その他の高精度分類を試みている。

食事行動では、自然に咀嚼データは発話および嚥下のデータより多くなる。しかし、機械学習を用いたデータ解析手法の多くは多くのデータ数だけではなく、均衡なデータセットであることが重要である。均等不均衡なデータセットを均衡にするためにオーバーサンプリング法を用いることができる。データラベルごとの不均衡なデータ数を解消するため、Synthetic Minority Oversampling Technique (SMOTE) という少数派クラスのオーバーサンプリング手法が広く用いられている。そこで、著者らは、SMOTE とは異なる、決定境界の境界にある少数派クラスのサンプルのみをオーバーサンプリングする borderline-SMOTE を採用している。

また、データが各行動をより表現できるように、機械学習を行う前、特徴量エンジニアリング (Features Engineering) という処理方法を用いることが有効とされている。その際、著者らは以下の 2 点を工夫して、サンプルごと計 958 個の特徴量を抽出し、精度向上を試みた。

- 大きく歪んだ一部の特徴量のデータ分布を変更する
- 新しい特徴量の生成：各特徴の二乗、平方根、立方根、対数、逆数

4 種類の機械学習モデルにて咀嚼・食べ物の嚥下・飲み物の嚥下・発話・その他の 5 つの食事行動を学習したモデルを構築した。テストデータセット（オーバーサンプリング前取っておいた 25％）を用いて、RF モデルをオーバーサンプリング前後で構築した場合の汎化性能を評価した結果を表 4.1 にまとめている。すべての食事行動の精度が向上しただけではなく、これまで著しく低かった嚥下（食べ物と飲料）の認識精度も大幅に向上し、実用レベルに近づいてきている [8]。

表 4.1　元のデータセット、SMOTE データセットと、Borderline-SMOTE データセットで作成した機械学習モデルの汎化性能の比較（平均）

評価方法	平均精度（F1値）		
	オーバーサンプリングなし	SMOTEによるオーバーサンプリング	Borderline SMOTEによるオーバーサンプリング
	基本特徴量＋RFモデル	基本特徴量＋SVMモデル	特徴量工夫＋RFモデル
咀嚼	91%	77%	96%
嚥下（食）	6%	28%	81%
嚥下（飲）	9%	19%	76%
発話	87%	91%	94%
その他	45%	51%	88%

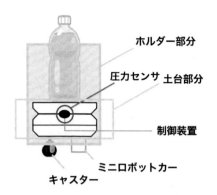

図 4.12　水分不足を解消するための水分補給促進システムの構成要素と仕組み

4.5.4　食事行動変容フィードバック

　周りの環境を活用してより健康な行動が芽生えるように働きかける必要がある。食事行動の中でも咀嚼や発話を高精度に識別可能になることにより、リアルタイムで咀嚼回数や食事中の会話時間を食事者に提示することで、咀嚼回数増加、発話意識向上を実現できる。実際、食事中にリアルタイムでの咀嚼回数をスマートフォンの画面上でフィードバックすることにより咀嚼回数が増加するという結果が示されている [9]。

　他に、食事中定期的に水分補給することで、早食いも防げると考えられる。水分の取り損ねを防ぐため、水分不足を解消するための水分補給促進システム「HydReminder」を提案・開発・評価している [11]。図 4.12 は HydReminder の構成要素と仕組みを示している。HydReminder の要件抽出実験では 10 代から 50 代までの男女 10 名を被験者とした。被験者には 1 回の水分補給で消費する水分量及び水分補給の際にかかる時間を計測するために 5 回、ユーザが飲みたくなったタイミングで飲用水を飲んでもらった。HydReminder を使用した場合、摂取水分量、水分摂取回数とも 10 人中 8 人増加した。

　一方、周りの環境を活用して人間の自制が芽生えるように働きかける必要があると考え、人間の自制心に依存せず、食事を阻害するための皿駆動型システム「MealJammer」を提案されている [10]。健常な 20 代男女 10 名を対象に、2 日間に分けて、MealJammer を使用した場合と使用していない場合で食事をとってもらっている。MealJammer が作動しているとき、食事時間が有意に長くなっている。また、SD 法を用いたシステムの印象評価において、良い・積極的・実用的と感じたユーザが多かった。

4.5.5　今後の展望

　上記の課題を踏まえて、図 4.13 に示すような、食事の仕方の定量化とそれに合わせた、健康的な食事行動変容へつながるフィードバックが行えるシステムを構築すれば、新しい肥満対策として健康的な食習慣を支援することができると考えられる。その実現のため、リアルタイムで食事行動を表している音声区間の抽出（セグメンテーション）を自動で行える手法も検討する必要がある。

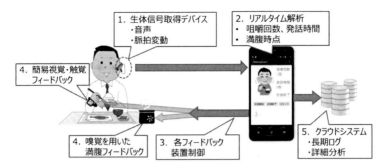

図 4.13　ウェアラブルセンサと IoT デバイスで支える健康的な食習慣の構成イメージ

参考文献

[1]　日本咀嚼学会. 日本咀嚼学会からの発信. http://sosyaku.umin.jp/info/file/info01.pdf (accessed: 2021/1/29).

[2]　B. Zhu, et al.: Association between eating speed and metabolic syndrome in a three-year population-based cohort study. Journal of Epidemiology, 25(4):332-336 (2015).

[3]　安藤雄一, 他:「ゆっくりとよく噛んで食べること」は肥満予防につながるか?. ヘルスサイエンス ヘルスケア, 8(2):51-63 (2008).

[4]　岩崎正則, 他: 成人期および高齢期における咀嚼回数と体格の関連. 口腔衛生学会雑誌, 61(5):563-572 (2011).

[5]　森脇弘子, 他: 女子学生の健康状況・生活習慣・食生活と小学生時の食事中の楽しい会話との関連. 日本家政学会誌, 58(6)327-336, (2007)

[6]　K. S. Chun, et al.: Detecting eating episodes by tracking jaw-bone movements with a non-contact wearable sensor. ACM Conference on Interactive, Mobile, Wearable and Ubiquitous Technologies, 2(1):4 (2018)

[7]　M. Farooq, et al.: Segmentation and characterization of chewing bouts by monitoring temporalis muscle using smart glasses with piezoelectric sensor. IEEE Journal of Biomedical and Health Informatics, 21 (6):1495-1503 (2017)

[8]　K. Nkurikiyeyezu, et al.: Classification of Eating Behaviors in Unconstrained Environments. Communications in Computer and Information Science, (1400), Springer, Cham. (2021)

[9]　G. Lopez, et al.: Effect of Feedback Medium for Real-time Mastication Awareness Increase Using Wearable Sensors. 12th International Joint Conference on Biomedical Engineering Systems and Technologies (HEALTHINF 2019)

[10]　元川 錦, 他: MealJammer：電磁石を用いた皿駆動型食事阻害システムの提案, 研究報告エンタテインメントコンピューティング（EC）, 2020-EC-56(14), 1-2, 2188-8914 (2020)

[11]　元川 錦, 他: HydReminder:ホルダー駆動型水分補給促進システム. 第 193 回ヒューマンコンピュータインタラクション研究会 (HCI) (2021)

第5章
医学と人間情報

　人間の健康に必須の情報について、情報環境医療の研究に従事する本田学・神経医療研究センター神経研究所部長は、国際情報医学学会を設立した経緯とハイパーソニックエフェクトなどの研究を例に挙げて解説している。

　また、遠隔医療の第一人者である原量宏・香川大学名誉教授は「どこでも MY 病院」構想の実現について詳しく解説している。

　さらに、室伏学会長からは、ストレス情報の伝達について、細胞が最初に感受する細胞膜の変化に着目し、新たな糖脂質ステリルグルコジ（SG）が合成されることを発見して、ストレス伝達の機構を明らかにした例が紹介されている。

5.1　『情報医学・情報医療』の可能性

本田 学

　〈情報医学・情報医療〉という聞き慣れない言葉から、何をイメージするであろうか。多くの人は、例えばバーチャル・リアリティ技術を用いた遠隔診断や、人工知能による創薬シミュレーションやビッグデータ解析など、高度情報科学技術を駆使した医学・医療をイメージするかもしれない。一方、筆者らが提唱するフレームワークでは、情報と生命現象との関係性に着目しつつ、上記とは異なった意味で〈情報医学・情報医療〉という用語を使っている。

　まず、生物すなわち「生命あるもの」と、単なる物質の寄せ集めとを隔てる特徴について考えてみる。その決定的な 1 つが、「生命あるもの」は自分とそっくりの子孫をつくって増殖する機能を有する、すなわち自己複製が可能であることである。そのためには自分自身の設計図、すなわち遺伝情報が必要となる。つまり「情報なくして生命なし」であり、情報は生命活動にとって本質的な意味を持つ。そこで情報医学においては、その母体となった情報環境学 [1] に倣い、〈情報〉を「生物に何らかの物質反応を引き起こす可能性をもった時間・空間的パターン」と定義し、生命現象と対応づけることが可能な範囲に限定することとする。

　こうした情報現象と物質現象との一体化が最も顕著に認められる臓器が脳である。脳における情報処理の素過程を担っているのは化学反応、すなわち物質現象に他ならず、五感を介して脳に入力される情報は、脳の特定の部位に特定の化学反応を引き起こす。このことを、「脳における物質と情報の等価性」と呼ぶ。言い換えると、脳の物質的側面と情報的側面とは、同一の生物学的現象を異なる角度から眺めたものと捉えることができる。

　そこで、「脳における物質と情報の等価性」を踏まえて現代医学の諸相を眺めてみると、特に精神・神経疾患に対するアプローチに顕著に見られるように、それらは大きく 2 つのグループに整理することが可能である（図 5.1）。1 つは、化学反応で駆動される臓器としての脳の特性に着目し、物質次元から病態解明と治療法開発にアプローチする手法である。これを仮に〈物質医学〉と呼ぶことにすると、現代医学の多くは物質医学に属する。もう 1 つは、体内外の環境情報を捉えて処理し、環境に働きかける情報処理装置としての脳の特性に着目し、情報次元から様々な精神・神経疾患の病態解明と治療法開発にアプローチする手法である。これら全体を〈情報医学〉と総称し、特に治療法開発に関連した部分を〈情報医療〉と呼ぶのが、筆者らが提唱するフレームワークである。

　例えば近年進展が著しい計算論的精神医学は、精神症状が生じるメカニズムを脳における情報処理プロセスの異常として理解しようとするものである。治療法開発においても、薬剤抵抗性の強いうつ病や不安障害に対して有効性が認められている認知行動療法や、〈見る〉〈話す〉〈触れる〉〈立つ〉を骨格としたユマニチュードケアなどは、情報次元から脳活動にアプローチし、顕著な治療効果を示す実例として注目される。さらに最近では、患者が自分自身の脳活動パターンを fMRI などでモニターしつつ、それを健常者の脳活動パターンに近づけることによって精神症状の軽減を目指す Decoded Neurofeedback に代表されるような IT 技術を駆使した介入治療法「デジタル・セラピューティクス (DTx)」への注目が著しく高まっているが、これも情報医療の一形態と呼ぶことができる。

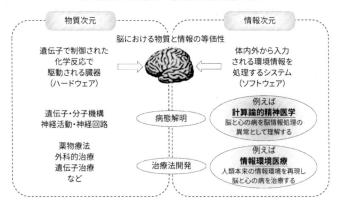

図 5.1　情報医学・情報医療とは

5.1.1　脳における物質と情報

　情報医学の基盤となる脳にとっての物質と情報について、改めて吟味しておく。脳では、互い
に連結した多数の神経細胞間で情報を伝達するときに、伝達効率を変化させたり、情報の集約と
分散を行うことにより、複雑な情報処理を可能にしている。神経細胞間の情報伝達にはさまざま
な機構があるが、代表的なシナプス伝達を見てみると、軸索を通って活動電位として伝わってき
た情報は、シナプスにおいて一度神経伝達物質という化学物質のシナプス間隙への放出に変換さ
れる。シナプス間隙に放出された神経伝達物質は、受信側の神経細胞の表面にある受容体に結合
することにより、微小な細胞膜電位の変化を引き起こす。こうした複数の微小な電位変化が重畳
することにより、受信側の神経細胞が活動電位を発生するか否かが決定され、活動電位を発生し
た場合は、次の神経細胞へと情報が伝達されることになる。このように、脳における情報処理を
担っているのは化学反応に他ならず、脳の中では物質と情報が原理的に等価であるということが
できる。

　こうした機構を反映して、動物に特定の物質を与えることによって引き起こされる脳機能の異
常を、情報によって引き起こすことが可能であることが知られている。例えばうつ病に対する新
たな治療薬開発のために作成された病態モデル動物として、足をかけるところのない平滑な表面
をもった水槽の中に動物を入れることによってうつ状態を誘導する絶望状態モデルや、マウスが
好む走行リングにモーターをつけ強制的に走らせることによってうつ状態を誘導する強制走行モ
デルなどが知られている。これらの病態モデル動物が呈する症状は、レゼルピンという薬剤を投
与した時の症状と極めて似ており、特定の情報の入力と特定の化学物質の投与とが等価であるこ
とを示すものと考えられる。

　特定の情報入力が化学物質である薬剤と同様の効果を示しうることは、プラセボ効果の生物学
的発現メカニズムに関する近年の研究が注目すべき知見を提供してくれる [2]。それによると、
プラセボによる鎮痛効果は、強い鎮痛薬であるモルヒネを投与した時に活性化されるオピオイド
神経系が、実験手続きや文脈、暗示などの情報によって活性化されることによって発生し、オピ
オイド神経系を遮断する薬剤によって鎮痛効果が消失するのである。このことは、従来、不適切

な情報操作によって導かれる心理的なバイアス、あるいは「気のせい」と考えられてきたプラセボ効果の実体は、情報によってモルヒネが作用する神経回路を活性化して、モルヒネと類似の薬理効果を発揮するものであることを示している。それどころか、オピオイド神経系を活性化する内因性の神経伝達物質 β エンドルフィンの薬理効果は、モルヒネの 30 倍以上であることを考えると、モルヒネを投与するより遙かに高い効果を、情報によって誘導することすら期待できるのである。

　一方、情報の欠乏についても、生体に何らかの物質反応を引き起こすことが知られている。群れ型動物であるサルなど霊長類の子供を、小さい頃から家族から引き離し親子間のコミュニケーション情報を遮断した状態で育てると、自閉症や統合失調症に似た症状を呈することが知られているが、同じ様な状態は、アンフェタミンなどの化学物質を投与することによっても作ることができる。人間の場合も、幼少期にネグレクトなどの虐待を受け、親から受け取るコミュニケーション情報が極端に制限されると、オキシトシンやバゾプレッシンなど社会性の形成に関連の深い神経ペプチドの分泌が減少するなど、物質的な異常を来すようになることが知られている。

　さらに、かつて行われた感覚遮断実験は、脳における情報の意味を考える上で、極めて示唆に富んでいる。それらの実験では、目隠しや耳栓などにより視聴覚情報を遮断し、体温と同じ温度で、人間の身体と同じ比重をもった液体の中に被験者を入れることにより、温度や重力の情報までも遮断する手法がとられた。このように五感から脳に入力される感覚情報を極端に制限すると、健常な若年被験者が、数分のうちに幻覚妄想を覚えるようになり、数十分のうちに錯乱状態になったことが報告されている。このことは、脳は何らかの情報が入力されたときだけ活動するのではなく、意識できるか否かにかかわらず、常に五感から入力される感覚情報を処理し続けており、それらの情報入力が高度に遮断されると、もはや正常に機能しないことを示唆している。

5.1.2　情報の安全・安心・健康

　脳における物質と情報の意味を踏まえて、情報が人間の健やかな生存に及ぼす影響を吟味してみると、物質が及ぼす影響についての検討と比較して、大きな落差があることに気付く（表5.1）。まず、人間が健やかに生きるために、「あってはならないもの」を比較してみる。物質領域では、許容される安全域が客観的数値によって網羅的に定められており、客観的基準を導くことが困難なものについても、少なくともそうした基準を確立することの重要性は万人が了解しているといってよい。一方、情報の領域をみてみると、たとえば騒音や低周波公害といった一部の有害な情報についての検討が始められているが、未だ萌芽的なレベルに留まっている。

　さらに、健やかな生存のために「なくてはならないもの」を見てみると、物質領域では、例えば必須栄養素のように、健康な生存を維持する上で不可欠の要因が存在することが広く認識されており、それらをできるだけ網羅的に客観的指標で記述しようという努力が継続して行われている。しかし情報の領域では、ある種の情報が環境のなかに含まれていないと健康を維持することができないといった発想自体、自然科学の枠組みの中で従来検討された形跡を見ることができない。先に紹介したように、脳に入力される情報を高度に遮断すると、人間の脳は短時間で正常に機能しなくなるにもかかわらずである。こうした必須情報に関する検討は、環境の安全性や健康に対する影響を考える上で、大きな空白地帯となっていると言わざるを得ない。

　加えて、人間がどのくらい適応できるかについての認識も、物質と情報との間に大きな隔たり

表 5.1　安全・安心・健康面からの物質と情報の検討状況

	物質・エネルギー環境	情報環境
あってはならないもの	環境化学物質、毒物などについて厳密に数値化 （ダイオキシン TDI 許容量 1〜4pg/ 日など）	有害な情報について一部で検討開始 （騒音、低周波公害、ポケモン事件など）
なくてはならないもの	必須栄養素、薬品などについて厳密に数値化 （ビタミン B12 推奨摂取量 2.4 μ g/ 日など）	必須情報についてはこれまで検討された形跡がない
人間の適応可能性	適応できる範囲があり、それを超えると病気になると考えられている（無理なものは無理）	どんな情報でも多少我慢すれば適応できると暗黙に考えられている（なんでも OK）

があることに気づかされる。物質に関しては、人間の適応可能範囲は有限であり、それを超えると健康が損なわれたり生存不可能になることは周知の事実となっている。しかも、その範囲は学習や努力・我慢・馴れなどで大きく変化するものではないと捉えられている。被爆や公害による健康被害を、本人の学習や我慢が不足したせいだと考える人はいないであろう。この有限性に関する融通のなさ、すなわち「無理なものは無理」という認識は、安全性を考える上で極めて重要である。これに対して情報の場合、音楽や絵の好みが人によって違うように、脳に入る感覚情報がたとえどのような情報であっても、「多少我慢すれば慣れて適応することができるはずである」という暗黙の認識が支配的であると言えよう。そこでは、「適応できる範囲には限界がある」という物質領域では常識となっている安全範囲についての認識が、必ずしも一般的に受け入れられているとは言い難い。

　このように整理してみると、物質・エネルギー環境に比較して情報環境の安全・安心・健康対策は、科学的検討、社会的関心、倫理的対応のいずれもが極めて不十分な段階にあることがわかる。

5.1.3　情報環境医療の開発

　ここまで述べてきた問題意識を踏まえて、筆者らは「人類の健康にとって必須の情報」について検討してきた [3]。まず、人間が生きていくためになくてはならない物質、すなわち必須栄養素は、人類が進化の過程で摂取してきた天然食品のなかに包括的に含まれているのと同じように、人類の生存を維持する上で必要な情報は、現生人類の遺伝子が進化的に形成され発達してきた天然の環境のなかに包括的に含まれている、という仮説を立てた。そして、人類の遺伝子が霊長類から進化的に形成されてきたアフリカの熱帯雨林の天然の環境情報と、文明病と総称されるような環境病が蔓延している都市の人工的な環境情報との違いを、特に電子的に記録・解析・再生が容易である音情報の面で調べた。

　その結果、都市の環境音は、屋外屋内を問わず、周波数成分が 20kHz 以下の人間の可聴域に集中しており、20kHz 以上の非可聴域成分は極めて稀であるのに対して、熱帯雨林の自然環境音は 20kHz 以上の人間の耳に聞こえない超高周波を非常に豊富に含んで複雑に変化することが明らかになった。さらに、こうした超高周波を豊富に含む音は、それを聴く人の中脳・間脳など

の脳深部と、そこを拠点として前頭葉に拡がる報酬系神経回路を活性化することにより、音を美しく快く感じさせるとともに、そうした音をより強く求める接近行動を引き起こし、同時に免疫系の活性化やストレスホルモンの低下といった全身の生理反応を導くことが明らかになり、ハイパーソニック・エフェクトと名付けて報告した [4]（図 5.2）。

　ハイパーソニック・エフェクトによって活性化される中脳・間脳には、神経細胞の小さな集団である神経核がたくさん含まれていて、それぞれひとつひとつが生命活動を維持する上で重要な働きをしている。生命現象にとって基幹的な脳機能が集約された場所という意味で、筆者らはこの部位を〈基幹脳〉と呼んでいる。基幹脳の機能異常は、最近、都市化や文明化に伴って急速に蔓延しているさまざまな現代病と直接あるいは間接の関係をもつことが注目されている。例えば、中脳から前頭葉に投射するモノアミン神経系の機能低下はうつ病と密接に関連している。また、間脳の前方にあるマイネルト基底核およびそこから大脳皮質に投射する広範囲調節系であるアセチルコリン神経系の機能低下は、アルツハイマー病の症状と密接な関連をもっている。さらに、ストレスによる視床下部の機能異常は、自律神経系と内分泌系の異常を引き起こして高血圧、糖尿病をはじめとするさまざまな生活習慣病の原因となるだけでなく、免疫系のバランスを崩してがんの発症を促す。

　このように、現代人を取り巻く情報環境が、人類の遺伝子や脳が進化的につくられた本来の情報環境から乖離することによって引き起こされる環境ストレスと脳機能の慢性的な失調が、精神と身体の健康にネガティブな影響を及ぼしている可能性が浮上するのである。そこで、熱帯雨林型情報環境と比較して、現代人をとりまく都市型情報環境に大きく欠落している情報を、先端的

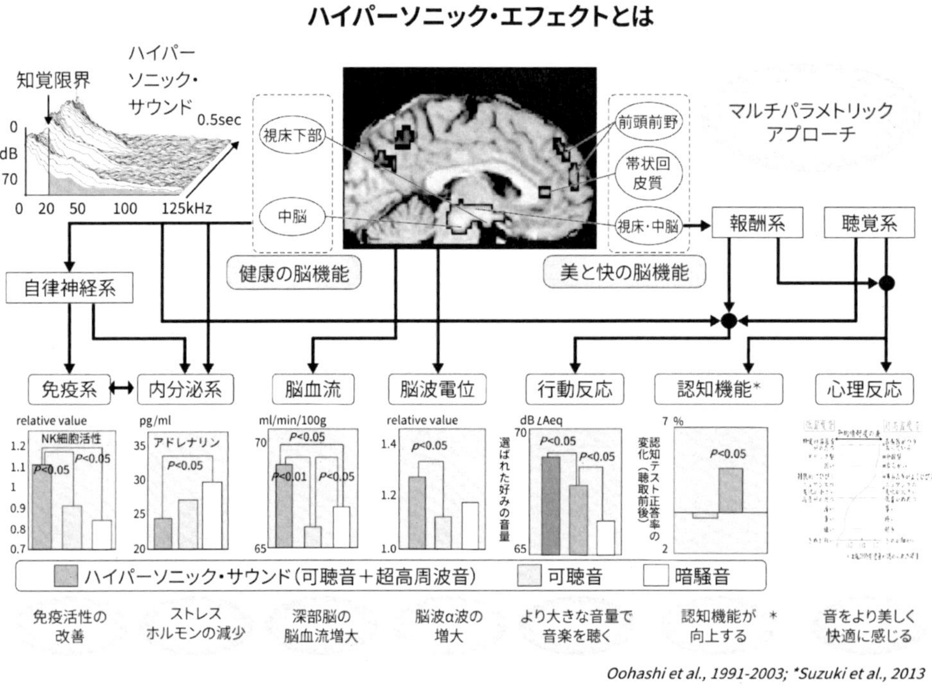

図 5.2　ハイパーソニック・エフェクトとは

メディア技術を駆使して補完することにより、脳活性を適正化し、さまざまな心と身体の病理の治療と予防を図るという新しい健康・医療戦略を構想した [5]。それが情報医学・情報医療の 1 つ〈情報環境医療〉である。

　筆者らは現在、情報環境医療の開発に向けて、認知症行動・心理症状やうつ病、アルコール依存症などさまざまな疾患を対象とした臨床研究と、齧歯類をもちいた効果発現メカニズムや安全性の基礎的検討とを並行して進めている。本稿ではそれらの中から、動物実験の結果を紹介する。

　この研究では、情報環境が生命現象全般に及ぼす包括的な影響を明らかにするとともに、自然環境音を長期間にわたって生体に呈示し続けることの安全性を評価するために、実験動物であるマウスの飼育環境の音情報の違いが、マウスの自然寿命にどのような影響を及ぼすかを長期飼育実験により検討した [6]。8 週齢のマウスを (1) 熱帯雨林環境音を呈示する自然環境音飼育群（32 匹、オス 16 匹、メス 16 匹）と、(2) 通常の実験動物飼育環境である暗騒音（いわゆる無音条件）下で飼育する対照群（32 匹、オス 16 匹、メス 16 匹）とに分け長期飼育した結果、自然環境音飼育群のマウスは、対照群のマウスと比較して寿命が約 17 ％、有意に延長し（図 5.3 左）、自発活動量も有意に多いことが示された。体重については群間で有意な差は認めなかった。一方、生存曲線（図 5.3 右）を見てみると、各条件とも最も長生きしたマウスの寿命はほぼ同じなのに対して、環境音を呈示した条件では、呈示していない条件より、マウスが死に始めるのが遅いことがわかった。そこで、各ケージ内での個体の寿命を詳しく解析すると、自然環境音を呈示した条件では、最短寿命が延長し、寿命のばらつきが小さくなることが明らかになった。

　本研究は、通常の飼育環境に自然環境音を加えて音環境を豊かにすることにより、マウスの自然寿命が延長することを示した世界初の報告である。マウスの実験結果を短絡的に人間にあてはめることには慎重であるべきだが、本研究の成果は、今後人間にとって安全・安心・快適・健康な環境を実現するうえで、音環境を含む情報環境を適切に設計して整備することの重要性を示していると言える。同時に、さまざまな精神・神経疾患に対して、脳の物質的な側面に手を加えるだけではなく、情報環境を整えることで情報処理の側面からアプローチする新しい治療法「情報

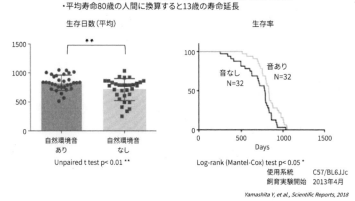

図 5.3　音環境を豊かにするとマウスの寿命が延びる

環境医療」を支える基礎的知見となり得る。

5.1.4　情報医学・情報医療の健やかな発展に向けて

　本稿の最後に、情報医学・情報医療の最大の特徴は、人間に元来具わっている脳の情報処理機能を用いて健康や病気にアプローチすることから、病気の治療のみならず、予防にも効果が期待できることを指摘しておきたい。特に筆者らが提唱する情報環境医療は、生存に必須であるにもかかわらず、環境の中に欠乏している情報要因を補充することから、物質医学のビタミン補充に通じるものがある。情報医学・情報医療の対象は、既に何らかの疾患を発症した患者だけでなく、未病の段階にある人や、健康な人の疾患予防にもポジティブな効果をもたらすことが、少なくとも原理的に期待できる。

　さらに、このことと深く関連して、情報医学・情報医療のもう 1 つの大きな利点として、生体に対する侵襲性の少ない情報を活用することにより、それを駆使することのできる人や産業の裾野を大きく拡張した〈情報医工学〉を確立しうることが挙げられる。現代医学の主流をなす物質医学の大部分は、〈医行為〉即ち「当該行為を行うに当たり、医師の医学的判断及び技術をもってするのでなければ人体に危害を及ぼし、又は危害を及ぼすおそれのある行為」に該当することから、これを反復継続する〈医業〉をなすのは医師でなければならないことが、医師法第 17 条に定められている。これに対して、情報医療でもちいる〈情報による介入〉は、少なくとも現時点では医行為に該当しないとみなされることが多い。従って医師以外でもそれらを実施することが可能であり、さまざまな産業の健康医療分野への参入を促進することに直接寄与することが期待される。

　ただしこうした状況は、今後の情報医学・情報医療の発展に伴い、急速に変貌していく可能性がある。この点について、情報医学・情報医療の健全な発展という面から、あえて警鐘を鳴らしておきたい。実は、従来の非薬物療法や代替医療の枠組の中では、経験に基づいてさまざまな情報面からの治療的アプローチが試みられているものが数多くある。しかし残念ながら、少なくとも現時点では物質医学に匹敵するだけの客観性や再現性を有したものは決して多くはない。中にはある種の占いのように、科学的根拠が希薄なものも含まれており、その結果、非薬物療法全体を似非科学として扱うような風潮すら見られることはきわめて残念なことである。

　物質医学と比較して、現状の情報医学に大きく欠けているのが、その効果と安全性に関する盤石の客観的評価システムの欠如であろう。例えば物質医学の代表である薬物療法では、新たな薬剤を世に出すためのプロセスが厳密に定められているのに対して、情報医学・情報医療の場合、その効果を物質医学に匹敵するような厳密さで評価したものは、現時点では極めて例外的であると言っても過言ではない。さらに、情報の安全性に至っては、ほとんど検討の俎上にすら上っていないかもしれない。これらは、物質医学に匹敵する自然科学として情報医学・情報医療を体系化し育むために、必ず乗り越えないといけない課題と言えよう。

　そのための基礎工事として、先に述べたように、情報医学・情報医療においては、まず何らかの生体内化学反応に対応づける可能性をもった時間的・空間的パターンを〈情報〉と定義し限定する。さらに、ここで言う生体内化学反応を、①遺伝子制御を含む代謝調節系の活動、②化学的メッセンジャー系（分子通信系）の活動、③シナプス伝達系の活動、のいずれか、またはそれらの組合せに限定する。そして、情報の処理過程やそれによって得られる効果が、上記の生体内化

学反応によって導かれる生物学的反応と対応づけて理解し検証できるものだけを情報医学・情報医療の対象とする、という制約条件を課すのである。これらの制約条件を導入することによって、情報現象を物質現象に翻訳することを可能にし、現代医学が物質医学の中で確立してきた堅牢な客観性・定量性・再現性を情報医学にも導入するという戦略である。こうした基礎工事を丁寧に固めることによって、情報医学・情報医療を反証可能性をもった自然科学の対象にすることが可能になると考えている。

　こうして情報医学を物質医学と同じ土俵の上で論じることが可能になると、その効果だけでなく安全性についても厳密な評価が必要であることが容易に理解できる。例えば、先に先端的な情報医療の例として述べた Decoded Neurofeedback では、自己の脳活動パターンという「人類がこれまでに経験したことのない情報」を呈示し、それを操作させる。このことの安全性は、「脳における物質と情報の等価性」を考慮すれば、「人類がこれまでに経験したことのない物質」を投与する場合と同等に、すなわち新薬の〈治験〉に匹敵する評価システムによって担保される必要がある。さらに、こうした安全性に対する原理的な懸念だけでなく、より現実的かつ具体的な懸念も無視してはならない。例えば、うつ病の人が自己の脳活動パターンを健常な人のそれに近づけることによってうつ症状を改善することができるのであれば、逆に健常な人が自己の脳活動パターンをうつ病患者のそれに近づけることによってうつ病を発症する事も可能なはずである。効果が明らかであればあるほど、安全性に対する懸念は高まる。健常な人の脳活動パターンを目標となるレファレンスとして呈示すべきところ、一種の医療事故によってファイル名を取り違え、患者の脳活動パターンを呈示してしまうようなことは、果たして皆無と言えるであろうか？ そうした医療事故を未然に防ぐためのさまざまな仕組みが、現代医療の現場では慎重に検討され実践されているのである。情報医学・情報医療の有効性が高まれば高まるほど、それに比例して安全性の担保が重要性を増す。「情報による介入は〈医行為〉ではない」いう軽率な認識が孕む危険性は、現時点において情報医学・情報医療が直面する最重要課題のひとつである。

　こうした新しい情報医学・情報医療のコンセプトに対する注目は、現在世界的な拡がりを見せつつあり、それに共鳴した人々、特に先に紹介したユマニチュードケアの開発と世界的な普及に取り組んでいるフランスのグループが中心となって、2019 年 11 月に国際情報医学学会 (International Society of Information Medicine) が設立された。筆者は現在その Vice-president を務めている。今後、人間に本来具わった情報処理のメカニズムを上手に駆使する情報医学・情報医療の枠組みが体系化され、物質医学に匹敵するだけの信頼性を得ることにより、病を治すだけでなく、心身を癒やし、健やかな人生を実現することに貢献することを願ってやまない。

参考文献

[1] 大橋力: 情報環境学, 朝倉書店, 東京, 1991

[2] Eippert F, Bingel U, Shoell ED, Yacubian J, Klinger R, Lorenz J, Büchel C, Activation of the opioidergic descending pain control system underlies placebo analgesia. Neuron 63, 533-543, 2009

[3] 大橋力: 音と文明, 岩波書店, 東京, 2003

[4] Oohashi T, et al. Inaudible high-frequency sounds affect brain activity: hypersonic effect. Journal of Neurophysiology 83: 3548-58, 2000

[5] Honda M. Information Environment and Brain Function: A New Concept of the Environment for the

Brain. Neurodegenerative Disorders as Systemic Diseases (ed. by Wada K), Springer, Tokyo, 279-294, 2015

[6]　Yamashita Y, Kawai N, Ueno O, Matsumoto Y, Oohashi T, Honda M, Induction of prolonged natural lifespans in mice exposed to acoustic environmental enrichment. Sci Rep 8, 7909, doi:10.1038/s41598-018-26302-x, 2018 (Online publication)

5.2 遠隔医療におけるウェアラブルへの期待 ―胎児期から高齢期まで一生を管理する―

原 量宏

　医療分野の IT（Information Technology：情報技術）の進歩と、地域医療再生基金を代表とする国の医療政策などによって、遠隔医療や電子カルテネットワークが全国に普及しようとしている。ウェアラブル・バイタルセンサの開発も活発で、在宅の患者（健康人を含む）から、血圧や酸素飽和度、心電図、加速度など各種生体情報を集めるモバイル在宅健康管理システムが注目されている。

　電子カルテネットワークは、医療機関と医療機関を結ぶ、医療専門職のネットワークである。画像情報は DICOM 規格、診療情報は HL7 など国際標準規格に基づいており、相互に接続しやすくなっている。

　一方、在宅健康管理システムは、医療機関というより行政や企業が管理している場合が多く、接続に関しても独自規格によるものが多く、ネットワークの相互接続や共通のデータベースを構築することはかなり難しい。在宅健康管理システムは、電子カルテネットワークと相互に接続されてはじめて本来の機能を発揮するにもかかわらず、上記の理由で相互の接続はなかなか進んでいない。

5.2.1 「どこでも MY 病院」構想の実現

　香川県では、2014 年から新たに「K-MIX ＋」(Kagawa Medical Information eXchange plus) が稼働した。中核病院（現在 16 施設）の電子カルテをデータセンターと直接結ぶことで、一般の診療所からでも、中核病院の電子カルテのなかの必要な情報を参照することができるネットワークである。

　大きな特徴は、異なる中核病院処方情報や CT・MRI 画像などを、個人ごとに時系列的に並べ替えて表示でき、検査情報は医療機関が異なっても連続したグラフとして表示できることである。中核病院同士で同種の薬剤がすでに他の病院で処方されていれば警告を発するなど、夢のような機能を実現している（図 5.4）。

　なお 2021 年 4 月に、「K-MIX ＋」は「K-MIX R」および、「K-MIX R BASIC」としてさらに発展し、電子カルテを導入していない医療機関に関しても、レセプトコンピュータに入力された受診歴や処方歴などの診療報を確認することができるようになり、新型コロナワクチン接種などでの、重複検査や治療の削減、薬の飲み合わせの考慮、緊急時での活用等が期待されている。

　この「K-MIX R」の基盤上で、各種の在宅健康管理システムと相互に連携させることによって、「どこでも MY 病院」構想が実現できる（図 5.5）。

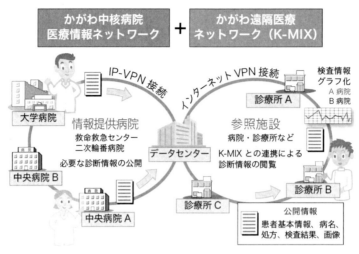

VPN：virtual private network

図 5.4　機能を拡張した「K-MIX ＋」

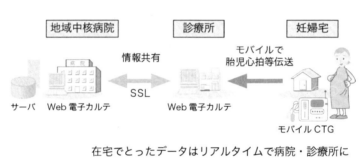

在宅でとったデータはリアルタイムで病院・診療所に

健診画面　　　パルトグラム画面　　　胎児心拍モニタリング画面

SSL：secure sockets layer　　　　CTG：CardioTocoGram（胎児心拍陣痛図）
パルトグラム：分娩進行状態を一目で把握できるように記載した表

図 5.5　病院と診療所が医療データを共有する「K-MIX ＋」

5.2.2　リアルタイムの胎児心拍数計測

　人の一生で生命に最も危険がかかる時期は、子宮内で胎児が発育する時期、そして胎児が子宮内から外界に生まれ出る分娩の瞬間である。妊娠中や分娩時に胎児が低酸素状態に陥り、不幸にして胎児の脳に障害が生じた場合には、その影響は一生涯残る可能性がある。このため、妊娠・分娩中の胎児モニタリングは重要である。

　従来から、胎児健康状態の評価法は多数検討されてきた。そのなかでも、胎児心拍数の変動は、胎児の中枢神経系や循環系の機能をリアルタイムに反映するものであり、臨床的意義が最も高い。

　新生児、成人、高齢者の健康管理を目的として、小型の心電計、呼吸モニター等が数多く開発され、実際の臨床に使われている。これらの多くは、直接体表に電極を張り付ける方式のもので、測定技術的にもあまり難しくはない。一方、胎児は母体の子宮内の羊水中に存在し、しかも絶えず運動している。このため、胎児の情報を外界から安定して得ることは容易ではない。あらゆるバイタルデータのなかで胎児心拍数の検出が最も難しいといっても過言ではない。

　胎児心拍数の検出には、古くはトラウベとよばれる聴診器が用いられていた。一定時間内の心拍動数を数え、平均心拍数を測定するという手法であり、長い間行われてきた。その後、電子工学の発達によって、母体の腹壁から胎児心電信号や心音信号を取り出し、そのピーク値から瞬時心拍数を連続的に検出できるようになった。こうして得られた胎児の瞬時心拍数の変動が胎児の健康状態（自律神経の活動を反映）を表す指標として利用されるようになった。

　しかし、胎児心電信号や心音信号では、良質な心音信号を取り込むことは必ずしも容易ではなかった。

　一方、超音波ドップラー信号は子宮内に存在する胎児心臓からの信号を安定して得ることができる。

　このため、心拍数の計測のための利用が期待されていた。しかし、超音波の反射波はもともと波形が複雑であることにくわえ、胎動による反射する部位、角度の変化により、反射波の波形が大幅に変化するため、ピークを検出し、瞬時の心拍数を安定して正確に測定することはとても困難であった。

　40年前（1974年）、筆者らは、複雑なドップラー信号のなかに存在する心拍動にともなう周期性に注目し、自己相関法によってリアルタイムに心拍数を検出するシステムを開発した（『東大病院だより』、No.58、p.11、2007年8月31日、http://www.h.u-tokyo.ac.jp/vcms_lf/dayori58.pdf 参照）。

　この方式によって、正確な心拍数を安定して連続的に検出できるようになり、妊娠中から分娩時まで、いつでも容易に胎児心拍数のモニタリングができるようになった。その臨床的意義は大変高く、その後、世界の標準的な妊娠管理法として普及し、胎児、新生児障害の大幅な減少に貢献した。

5.2.3　超小型胎児モニター（プチ CTG、商品名 iCTG）開発の歴史

　その後胎児モニターは徐々に小型化され、現在産婦人科の分娩室や妊婦外来に広く普及しているが、装置が据え置き型のため、妊婦が病院へ通院する必要がある。そこで、我々は2006年に、胎児心拍数をインターネット経由で伝送可能な、小型のモバイル胎児モニター (2kg) を開発した。これにより、妊婦がどこにいても、安定して胎児の状態を監視できるようになり、遠隔での妊婦健診が可能となった（図5.6）。

　2019年には、さらなる小型化を実現し、超小型胎児モニター（プチ CTG、商品名 iCTG）を完成した。プチ CTG は、胎児心拍数を検出する超音波トランスデューサ（166g）と子宮収縮を検出する陣痛トランスデューサ（137g）、タブレットから構成される。トランスデューサとタブレット間はブルートゥースで接続され、タブレットに送られた胎児心拍数と子宮収縮の情報は、Wi-Fi、3G、4G のモバイルネットワークを経由してインターネット網に接続され、妊婦が世界中どこにいてもリアルタイムで胎児の状態が監視可能となった（図5.7）。

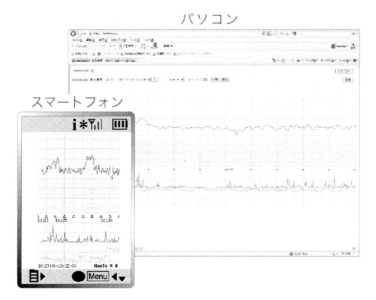

図 5.6　医師、助産師は、どこからでも、小型モバイル機器で容易に胎児心拍数を観察できる

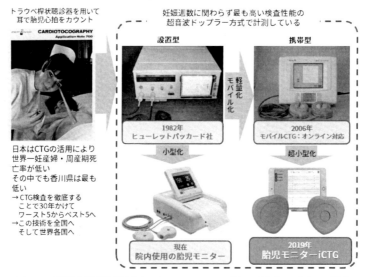

図 5.7　胎児心拍計測装置 Cardiotocogram (CTG) の発展と iCTG の誕生

5.2.4　周産期医療のレベルアップから K-MIX、K-MIX ＋、K-MIX R、そして「どこでも MY 病院」構想の実現へ

　1980 年に香川医科大学の開校（開学は 1978 年 10 月）と同時に赴任し、周産期医療の充実に努めてきた。当時から、地域全体の周産期医療のレベルアップを図るには電子カルテネットワーク以外にはないと感じていた。このため、香川県の大病院や中小の病院の医師や助産師らと電子カルテネットワーク（当初は電子母子手帳）を検討してきた。

　1998 年 10 月には、同医学部附属病院母子センターで、妊婦の電子カルテを病棟や分娩室な

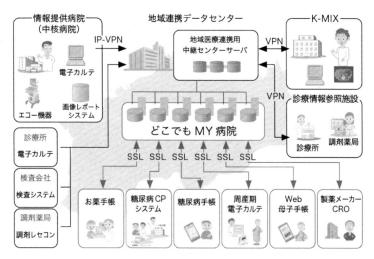

図 5.8 「K-MIX +」の機能を拡張した今後の「どこでも MY 病院」構想

どで確認できる周産期医療情報ネットワークを稼働させた。翌 1999 年には高画像の遠隔診断システムを稼動させた。

　これが「かがわ遠隔医療ネットワーク」(K-MIX) に発展する。香川県と香川医大（現香川大学）、香川県医師会の連携によって、遠隔診断システムのセンターサーバーを県が設置し、県下全域の地域医療施設とのインターネットを整備した（運用開始は 2003 年 6 月）。

　「K-MIX +」によって、どこの病院や診療所であっても、医療機関の連携が簡単にできるようになった。患者さんは、最寄りの診療所に日々の健康管理を任せ、何かあれば、いつでも専門医がすぐにサポートできる。あらゆる診療情報や医療情報が医療機関で相互にやり取りでき、またデータの蓄積も行う。法律を含めて解決すべき課題は多いが、技術的には、胎児の時から出産 → 幼小児 → 青年 → 中高年 → 老齢期まで、時系列の健康情報を集めることもできる。現在香川県では、「K-MIX R」の基盤上で、現在普及しつつある在宅健康管理システムと連携することによって、「どこでも MY 病院」構想の実現に取り組んでいる（図 5.8）。

　本研究は、総務省、経済産業省、厚生労働省、JICA、国連、香川県、香川県医師会、日本産婦人科医会、日本遠隔医療学会の援助による。

5.3　神経と情報

鳥光 慶一

　脳における情報処理の仕組みを理解し、それを利用することは、記憶・学習を含め興味が尽きない課題である。多くの研究者が膨大な時間と費用をかけて取り組み、様々なことが明らかになってきた一方、更なる理解のためには従来の枠に囚われない新たなアプローチによる解明が必要である。

5.3.1　シナプス

　我々の感覚器からの情報は、脳に集められ分析処理されている。
その処理は神経細胞とそのネットワークが担っていることが知られており、神経細胞の末端におけるシナプス結合の可塑的変化が記憶・学習に重要な要素となっている。

　神経同士は、電気信号で情報をやりとりし、神経繊維に沿って伝搬されるが、その情報は、直接最終目的地に伝搬されるのではなく、神経接合部であるシナプスにおいて、一旦神経伝達物質と呼ばれる化学物質に変換される。変換された物質は、その受け手である受容体（タンパク質）で受容されることで再び電気信号に変換され、伝搬される。このシナプス結合により、情報のフィルタリングや結合の調整が行われ、情報が整理されると考えられている。これら神経同士の結合には、興奮性、抑制性の2つの結合様式があり、各々異なった神経伝達物質によって神経活動が制御されている。

　神経伝達物質は、前シナプス（シナプスにおいて情報を送り出す側）においてシナプス小胞と呼ばれる膜に包まれた小胞の形でパッケージ化され存在している。伝搬された電気信号により、この小胞が末端のシナプス間隙の膜と融合・開裂することで神経伝達物質を放出する。その放出は量子化されており、結合先である後シナプス（情報を受け取る側）の受容体タンパク質に結合し、その構造を変化させることで特定のイオンを通すチャネル開閉を引き起こす。その結果として、電気的変化（シナプス電位）を誘導する。伝達物質や受容体の種類によりチャネル開閉のほか、代謝反応が誘発されるものがある。図 5.9 にシナプスの模式図を示す。

　受容体は大きさが 10nm 程度であり、数 nm のサブユニットから構成される蛋白質である。膜に貫通する部分と細胞膜内外の部分からなっており、特定の化学物質（リガンド）と結合することで構造変化を引き起こすことが知られている。これまで、多くの研究がこの受容体を化学固定したサンプルを対象に行われ、生きたままの状態での動態解析は極めて困難であった。固定化せずに計測するクライオ電顕による解析研究法もあるが、低温で取得した数多くの画像から平均化像を作製する手法をとっており、非常に手間のかかる作業であり、受容体の特徴的な変化がない場合には困難を極める。構造変化を時空間的に追跡することは極めて難しかった。

　我々は、液中高速 AFM を使い、受容体がリガンドを受容し、構造変化をおこす様子を1秒間に10枚、100ms の時間分解能で画像化することに成功した [2-5]。

　図 5.10 では、一例として ATP 受容体である P2X4 受容体がリガンド添加により3量体のサブユニット（タンパク質）へと変化する様子を示している。この構造変化により中央部分にイオン

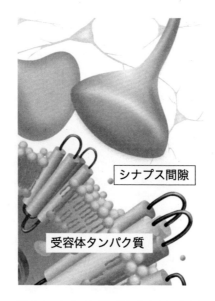

図 5.9　シナプス模式図（[1] より改変）

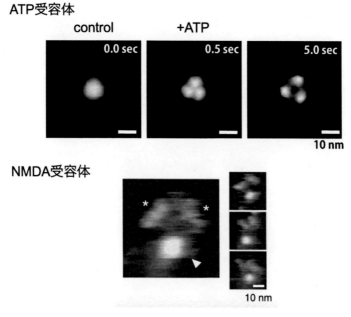

図 5.10　受容体 AFM 像 [2,3]

が通ることが可能なイオンチャネルが形成される。さらにもう 1 つの例として、NMDA 受容体の AFM 像を示す。NMDA 受容体は、興奮性伝達物質の 1 つであるグルタミン酸の受容体の 1 つである。図中の白く丸い部分が膜に貫通している部分で、その上側に細胞外ドメインのサブユニットが見える。この下にわかりにくいがリガンド結合サイトが確認できる。こちらは、細胞外

ドメインが 4 量体の受容体であるが、リガンドにより 2 量体ずつのペアで反応している様子がわかる。これらの画像解析により、リガンドが受容体のどこに結合し、どのような変化を引き起こすのかといった動態観測が可能となった。興味深いのは、機能的に同じ作用を持つ薬物でもその応答が異なる結果が得られており、どの薬は合うが、どの薬は効かないといった薬物応答の違いを理解するなど、創薬において極めて有益なツールとなり得るものと考えている。

5.3.2　神経細胞電気活動計測

これまで、シナプスといった局所的な領域における情報の取り扱いについて述べてきたが、次にもう少し大きな領域である細胞同士のネットワークについて述べていく。すなわち神経細胞とそのネットワークの神経回路である。神経細胞ネットワークの活動を調べる上では、電気活動計測が必要であり、同時に多数箇所の計測が可能な多点計測が有用である。

我々は、多点微小電極法 (MEA、Multi-Electrode-Array) を開発し活動解析を行なってきた [6-8]。ガラスまたは有機薄膜基板上に 10μm 角の電極が 50–100μm の間隔で配置された 64 極の ITO 電極である。各電極はインピーダンス低減のため、導電性高分子 PEDOT-PSS で修飾されている。これらの電極は培養神経細胞に用いられることが多く、電極上に直接細胞を培養する他、脳などの組織スライス切片を静置させたり、組織表面に接触させることで計測可能である。

PEDOT-PSS は生体適合性が高いことから、MEA の生体適合性も向上し、長期間の安定的な計測が可能である。図 5.11 に計測例を示す。

一方、この手法が長期の非破壊的観察ができることを活用して、これまで評価が難しかった細胞の発達、特に分化の評価に用いることができることが明らかとなった。シナプス電位による活導電位発生を指標に神経幹細胞の神経細胞への分化を同定可能であることを報告した [9]。今後、ES 細胞や iPS 細胞などの分化解析に有効な手段となると期待されている。

5.3.3　導電性繊維電極

MEA は細胞を破壊することなく、電気活動が測定できる点で優れているが、脳表面構造が複

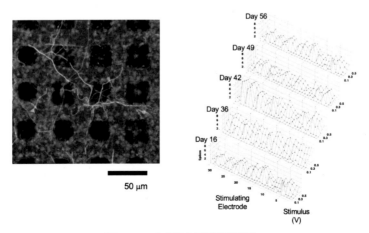

図 5.11　多点微小電極法計測例

雑であることや、組織が脆弱であることから、複雑な表面構造に追従可能で、組織を傷つけにくい電極の開発が望まれていた。

外科手術の際に留置可能な結索糸として用いられるシルクに着目し、研究を進めた。シルクは、セリシンとフィブロインというタンパク質からなる生体適合性の高い材料であり、電極化できれば複雑な形状にもトレース可能であり、接触抵抗を減らせるとともに、拒否反応が極めて低いため長期間の計測評価が可能である。研究では、前出の導電性高分子である PEDOT-PSS が生体適合性も高く、インピーダンス低減化に有用であったため、シルクに PEDOT 化合物を重合させることでシルク電極作製に取り組んだ。これまでの繊維電極は、銀や銅などの金属を入れ込んだり、中心にしたものがほとんどであったが、導電性高分子を利用して金属を利用せずに導電性化するものはほとんどなかった。重合法を工夫することでシルクやその他の繊維を導電性化することに成功し、100Ω 程度の抵抗値の繊維電極が作製可能となった [10-15]。

導電性シルク繊維を用いた研究例を紹介する。図 5.12 には、麻酔下においてニワトリ胚の脳に刺入した場合の脳波（ガンマ波）及び光刺激性の誘発電位を示す。さらに、EcoG（Electrocorticogram、皮質脳波）計測用に作成した電極とその計測例を示した [14]。

また、シルク電極は、滑らかで肌に対する接触性が高いためジェル様の物質を使用しなくても筋電や心電計測が可能である。また、キズバンドの様な蒸れや掻痒感もほとんどない点で優れている。図に一例を示す。我々は、1cm 角の電極を多点配置することで複数の筋肉からの筋電を選択可能にした。これにより体の動きを筋電を通して検出し、ロボットの運動制御に成功している。ただ、この様な電極の特徴として肌からの電気活動を計測するため、地肌に直接接触させる必要があった。そのため、着用感や、着脱の不便さがあった。

最近、導電性化した和紙繊維などを利用し、肌に直接触れることなく歪みや荷重変化を計測可能な手法を開発した。これにより座るだけ、あるいは寝るだけでバイタル計測ができるようになった。荷重または歪みによる導電性繊維の構造変化に起因した電気特性の変化を利用しており、椅子などの座面、ベッドのシーツや靴のインソールなどへの応用を展開中である。図 5.13 にその一例を示した。

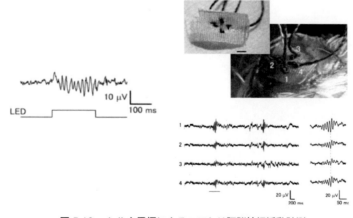

図 5.12　シルク電極によるニワトリ胚脳神経活動計測

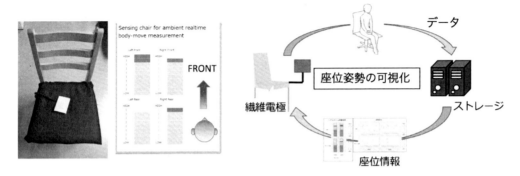

図 5.13　繊維電極による座位姿勢の見える化とフィードバック

　また、この繊維は、電波を吸収遮蔽する。1〜60GHz の範囲で 1 枚あたり 6〜8db 程度であるが、ほぼフラットに遮蔽することが確認できている [16,17]。5G の運用も始まり、6G に向かう携帯の電波の影響を防ぐウェアラブルウェアが実現できるものと研究を進めている。

参考文献

[1]　K. Torimitsu, Nano-bio Science, NTT Technical Review, 7, 1-5 (2009).

[2]　Y. Shinozaki, K. Sumitomo, M. Tsuda, S. Koizumi, K. Inoue and K. Torimitsu, Direct obervation of ATP-induced conformational changes of single P2X4 receptor/channel, PLoS Biol., 7(5), e1000103-1-e1000103-12, (2009)

[3]　Y. Shinozaki*, K. Sumitomo, A. Tanaka, N. Kasai, and K. Torimitsu, Examination of ion channel protein orientation in supported lipid bilayers, Appl. Phys. Express, 4, 107001-1-3 (2011)

[4]　N. Kasai, C.S. Ramanujan, I. Fujimoto, A. Shimada, J.F. Ryan, AFM observation of single, functioning ionotropic glutamate receptors reconstituted in lipid bilayers, BA Gen. Sub., 1800, 655-651 (2010)

[5]　J. Baranovic, C. S. Ramanujan, N. Kasai, C. Midgett, D. R. Madden, K. Torimitsu, Reconstitution of homomeric GluA2 receptors in supported lipid membranes: functional and structural properties, J. of Biol. Chem., 288, 8647-8657(2013)

[6]　H.P.C. Robinson, M. Kawahara, Y. Jimbo, K. Torimitsu, Y. Kuroda, A. Kawana, Periodic synchronized bursting and intracellular calcium transients elicited by low magnesium in cultured cortical neurons, J. of Neurophysiol., 70, 1606-1616 (1993)

[7]　Y. Jimbo, N. Kasai, K. Torimitsu, T. Tateno, H. P.C. Robinson, MEA-based multi-site stimulation system, IEEE Trans. Biomed. Eng., 50 (2003), 241-248 (2003)

[8]　T. Nyberg, A. Shimada, K. Torimitsu, Ion conducting polymer microelectrodes for interfacing with neural networks, J. Neurosci. Methods, 160 16-25 (2007)

[9]　Y. Furukawa, A. Shimada, K. Kato, H. Iwata, K. Torimitsu, Monitoring neural stem cell differentiation using PEDOT-PSS based MEA, BBA Gen. Sub., 1830, 4329–4333 (2013)

[10]　S. Tsukada, H. Nakashima, and K. Torimitsu, Conductive polymer combined silk fiber bundle for the bioelectrical signal recording, PLoS ONE, 7, e33689 (2012)

[11]　K. Torimitsu, H. Takahashi, T. Sonobe, Y. Furukawa, PEDOT-PSS modified silk electrode for neural activity measurement, E. J. of Neurology, 21, 190 (2014)

[12]　K. Torimitsu, H. Takahashi, T. Sonobe, Y. Furukawa, Activity measurement using conductive polymer flexible electrode, Proc. ISBS 2014 St Petersburg_Russia, Stress, Brain and Behavior, 1, 23 (2014)

[13]　鳥光慶一、医療に向けたフレキシブルウェットデバイス、Nature Interface, 61, 12-13 (2014)

[14]　S.Watanabe, H. Takahashi and K. Torimitsu, Electroconductive polymer-coated silk fiber electrodes for neural recording and stimulation in vivo, Jpn. J. Appl. Phys., 56, 037001 (2017)

[15] 鳥光慶一、フレキシブルシルク電極（繊維電極）、オレオサイエンス、20,557-562(2020)

[16] K. Edamatsu, M. Motoyoshi, N. Suematsu, K. Miura, K. Torimitsu, Electromagnetic Shielding of Conductive Polymer Combined Fabric, Proc. 12th Global Symposium on Millimeter-Waves (GSMM2019), 44-46 (2019)

[17] 枝松 航輝、本良 瑞樹、末松 憲治、三浦 健、鳥光 慶一、導電性高分子含有布の電波遮断特性、信学技報 118, 127-131, 2019

5.4　ストレス情報の伝達機構
—軽度のストレスによる「ストレスタンパク質」の働き—

室伏 きみ子

　地球上の生物は、長い歴史の中で、常にストレスに曝されて生きてきた。地球が誕生したのが約 46 億年前、原始地球に生命が誕生したのが約 40 億年前といわれているから、40 億年もの長い間、生物はさまざまなストレスに曝されて、進化を遂げてきたことになる。ストレスに対応して自分自身を守る能力（ストレス応答能力）を身につけたものだけが生き残り、その後の進化の道をたどることができたのである。我々人間も、ストレス応答能力を身につけることができた原始的な生物の子孫である。

　劇的な進化を遂げてきた我々の体は、自律神経系・内分泌系・免疫系といった 3 つの系統によって管理され、それらのコントロール下に、さまざまな働きが正常に保たれている。そして、種々のストレスに出合うと、まず脳がストレスを感知して情報を処理し、必要な場所に伝達して、身を守るためのさまざまな反応を引き起こす。

　ストレスに対応して分泌され、ストレス状態の改善のために働く「グルココルチコイド」と呼ばれるホルモンが知られており、これが生体の恒常性維持のために大切な働きをしている。

5.4.1　ストレスによる疾患

　しかし、ストレスが強すぎたり、曝される時間が長引いたりすると、生体は慢性的なストレス状態に陥り、その結果としてさまざまな病態が引き起こされる。気管支喘息、本態性高血圧、狭心症・心筋梗塞、胃・十二指腸潰瘍、潰瘍性大腸炎、心的外傷後ストレス障害 (PTSD)、がんなどが、よく知られているストレス性疾患である。

　また、幼い頃のストレス体験が子どもたちの性格形成に大きな影響を与えることが知られている。近年大きな問題となっている児童虐待は、子どもにとってきわめて大きなストレスであり、虐待を受けた子どもたちの心と体は、大きな傷を負うことになる。

　神経細胞の発達において、過剰な神経細胞と不必要なシナプスを省くこと（「剪定」）が、脳・神経の働きを適正に保つために必要である。しかし、ストレスが剪定を阻害するとの実験結果があり、それが問題行動を引き起こすとの報告もある。

　マウスを用いた我々の研究からは、早期離乳ストレスを与えた仔マウスの脳の扁桃体において、神経細胞の髄鞘化が早期に起こり、それが軸索の成長を阻害することが確かめられた。すなわち、脳の情動を司る部位である扁桃体で、ストレスが神経細胞の構造的変化を引き起こし、それが成長後の精神活動の外部への現れ方に変化を与えることが示されたのである。

　子どもたちを虐待から守るためには、心の傷のメカニズムを探ること、心の傷を癒して普通の社会生活を送れるようにするための方策を探ること、そして親がもつ問題の解決と親自身の心のケアを行うことが必要である。そしてその際には、医療従事者、心理カウンセリング担当者、福祉行政担当者、研究者などの連携が極めて重要である。

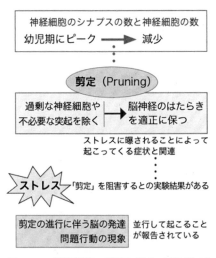

図 5.14　神経細胞の発達と剪定（刈り込み）

5.4.2　"良い"ストレスもある

　ストレスは生体にとって悪い影響ばかりを与えるように思われているが、生体にとって、ストレス応答能力を高めるような"良い"ストレスもある。自分自身の夢を実現するために努力することや、好きな仕事やスポーツを頑張るなどの"良い"ストレスは、能力の向上や実力発揮にもつながり、自分自身を元気付け、充実した人生を創り出す源ともなる。

　軽度のストレスが、"良い"ストレスとして働くことが分かっており、軽度のストレスを経験することで、ストレスに耐える力を身につけることができるようになる。つまり、小さな挫折を何度か経験した人は、挫折を知らずに育ってきた人よりも、大きな挫折に強く立ち向かうことができるようになるのである。

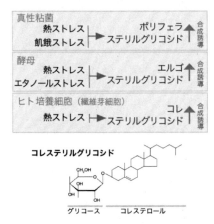

図 5.15　熱ストレス応答初期の新規脂質メディエーターの発見

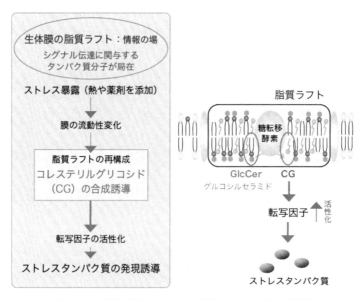

図 5.16　動物細胞のストレス情報の受容と伝達（仮説）

　ところで、興味深いことに、私たちの体を作っている細胞にも、自分自身を守るためのストレス応答の仕組みが備わっている。細胞内でさまざまな機能を発揮するタンパク質分子は、大きなストレスに曝されると、それらの構造が破壊されて機能が失われ（タンパク質の「変性」）、細胞は死に至る。しかし、軽度のストレスに出合ったときには、細胞内で「ストレスタンパク質」と呼ばれるタンパク質が合成され、多くのタンパク質を変性から守る。

　ストレスタンパク質の合成を誘導する転写因子やそれが結合する DNA 配列等について、多くの知見が蓄積されてきた。私は、細胞がストレスを最初に感受する細胞膜の変化に着目し、新たな糖脂質ステリルグルコシド（SG）が、ストレス応答の初期過程で合成されることを突き止め、その際に働く酵素の存在も明らかにした。

　つまり、細胞がストレスに曝されると、細胞膜に存在する不活性型の酵素が活性化されて SG が合成される。そしてこれが、細胞のストレス応答の初期過程において、重要な役割を果たすメディエーターとなることが、さまざまな実験から示唆された。

　SG をラットに投与すると、これが胃潰瘍の予防と治療に使えることも確かめられ、ストレス性疾患の予防や治療に利用できる可能性が示された。現在、動物細胞から見出された新規の SG 合成酵素について、その性質を明らかにし、細胞内分布や活性化機構に関する研究を進めている。

　細胞のストレス応答の全容を明らかにできる日も遠くはないであろう。

参考文献

[1]　室伏きみ子、『脂質メディエーターとその応用——今、脂質がおもしろい（2）ストレス応答におけるステリルグルコシドのはたらき』、MedicalBio；2009 年 3 月号、p.58-65
[2]　室伏きみ子、『ストレスの生物学—ストレス応答の分子メカニズムを探る』、オーム社、2005 年 4 月

第6章

人間情報センシング

　人の感情の測り方について、目や顔色に表れる情報に着目した研究や技術が実用に供されている。

　また、自律神経（交感神経・副交感神経）に着目して、心臓の微弱な振動をウェアラブルセンサで計測し、解析して、自律神経の働きを即座にキャッチしてストレス状態を推定する技術やその活用法が小林弘幸・順天堂大学教授により述べられている。

　さらに、ココロの見える化を可能とするために脈波のゆらぎ値を解析する方法が提案され、指尖脈波の測定により、ゆらぎをアトラクタで見て、人間の心理状態を把握できることが明らかにされている。生体センシングによる心療内科への応用の実例も、現場の医師である吉田隆嘉・人間情報学会理事から紹介されている。

　また、研究レベルではあるが、毎朝、鏡を見れば顔の表情から映像脈波がセンシングされ、体調管理の自動化が可能となることが、吉澤誠・東北大学教授から提案されている。

6.1　表出する心：目・顔表情に見る感情

蜂須賀 知理

6.1.1　人の感情

　人の内面状態を表す「感情」は、人の行動、思考に影響を与えることが、経験的に知られている。「感情」と同様に「情動」という言葉が用いられることもある。感情心理学の分野においては、「感情」は「情動」、「気分」、「情操」などを含む総称的な用語であり、なかでも「情動」とは急激に生じる一過性の強い感情のことを指すとされる [1]。しかし、感情の定義や発生メカニズムについては、その複雑さから現在においても様々な解釈やモデルが存在する。その中でも「感情の種類」には大きな関心が寄せられている。果たして人は何種類の感情を持ち合わせているのか。感情の種類に目を向けると、チャールズ・R・ダーウィン (Charles Robert Darwin) にまで遡り、様々な研究者により進化論、生理心理学、神経学、認知学、力動論に基づく解釈が唱えられている。現在では一般的に、ジェームズ・ラッセル (James A.Russell) の唱えた円環モデル [2]、ロバート・プルチック（Robert Plutchik）の唱えた色彩立体モデル [3]、ポール・エクマン (Paul Ekman) とウォレス・フリーセン (Wallace V.Friesen) の基本感情に基づく研究 [4] や技術開発事例が多く見られる。上述のうち、プルチックは 8 つ、エクマンは 6 つの基本感情の存在を、それぞれ研究初期段階において提唱し、ラッセルはすべての感情は「快 – 不快」、「覚醒 – 眠気」の 2 次元座標平面の円環上にプロットすることができると唱えている。

6.1.2　感情の測り方

　人の内面に生じては消え、そして人の言動をも左右する感情であるが、その測り方は以下の 3 つに大別される。それらは、心理尺度手法、生理計測手法、行動分析手法の 3 つであり、1 つ目は主観評価手法、後者 2 つは客観評価手法に位置付けられる [5]（表 6.1）。

　心理尺度手法は、5 段階や 7 段階などのリッカート評価尺度やアンケート、自由回答、インタビューなどを通じて、内面状態を数値または言語化する手法である。

　生理計測手法としては、不随意反応（心拍、血圧、発汗、皮膚温度など）を計測対象とする自律神経活動計測と、随意反応（呼吸、筋電など）を計測対象とする中枢神経活動計測が挙げられる。

　行動分析手法では、分析対象が言語的行動と非言語的行動に分けられる。言語的行動には自然言語処理が用いられ、感情を表す文脈や形容詞等の抽出とそれらの持つ感情的意味の分析に、人工知能が活用されている。非言語的行動としては、目の情報や顔表情、身体動作、音声があり、接触型と非接触型の計測手法の開発が、同じく人工知能を活用して進められている。次項以降では、この行動分析手法のうち、目の情報と顔表情を対象とした事例に焦点を当てる。

6.1.3　目は心の窓

　「目は心の窓」という慣用表現があるように、人の目には内面状態が表出することが多いとされる。目の情報は、眼球運動と視線の 2 つに大別することができる。眼球運動には、眼球固有の振動や回転、瞬きや瞳孔反射などが含まれ、随意・不随意の両方に由来する眼球の動きが対象と

表 6.1　感情計測手法

評価区分	手法	計測対象	計測・分析方法
主観評価	心理尺度手法	内面（心理）状態	リッカート評価尺度 アンケート （自由回答含む） インタビュー （半構造化含む）
客観評価	生理計測手法	不随意反応 （心拍，血圧，発汗， 皮膚温度など）	生体信号計測 信号処理・分析など
		随意反応 （呼吸，筋電など）	
	行動分析手法	言語的行動 （発話内容，単語，意味など）	自然言語処理 テキストマイニングなど
		非言語的行動 （目，顔表情，身体動作， 音声など）	ワークサンプリング法 画像解析 音声解析 周波数解析など

なる。一方、視線には、注視点、注視時間や回数、視線の移動順序などが含まれ、人がどこをどのように見ていたかという「ものの見方」が対象となる。

　眼球運動による感情計測の事例として、眼球の微小振動を指標として感情の 1 つである「眠気」を検知した研究事例がある [6]。この事例においては、眼電図計測手法（Electro-oculography: EOG）が用いられ、眼球の振動や回転によって変化する眼電位を、目の周辺に装着した生体用電極により取得する方法が取られていた。また、非接触での計測法として、カメラで撮影した目の画像を画像解析することで同様の結果を得る方法もある。同じく眠気を検知した事例として、瞬きの閉眼時と開眼時の速度変化に着目した事例もある [7]。また、瞳孔径についても、基本となる光刺激に対する光量調整だけでなく、興味関心や嫌悪、眠気を示す指標として検討された事例がある [8]。

　一方、視線の計測においては、消費者の注視特性に基づいた効果的な商品陳列や CM デザイン、映画の評価などマーケティング分野に応用した事例が多く [9]、他にも鉄道運転士の視線探索方略の分析 [10]、アスリートの目配りを科学的に解析した事例も多い [11]。

　19 世紀頃までの視線計測手法としては、直接観察法や棒付の石膏製コンタクトを眼球に装着する方法が取られていた記録がある [12]。また、近代においてもコイル付きのコンタクトレンズを装着して磁界内に入り、電磁誘導を用いて視線を計測するサーチコイル法という侵襲性の高い方法がある [13]。現在では、実験倫理上の配慮や実験精度向上を目的として、非侵襲での計測法が主流となっている。白目と黒目の反射率の違いにより黒目の動きを捉えるリンバストラッカー法 (Limbus boundary method) や光源の角膜反射虚像を計測する角膜反射法（図 6.1）があり [13]、市販されているアイカメラ（アイトラッカー）の多くはこの角膜反射法を採用している。

　さらに、近年ではより簡便に視線を計測する方法として、web カメラで撮影した眼球領域の画像を解析し、マウス操作と合わせることでキャリブレーションをする方法が開発されている [14]。これらは、感染症拡大に伴って急速に発展したオンラインコミュニケーションの一助とな

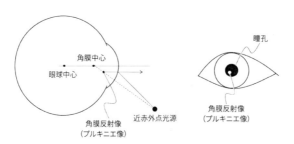

図 6.1　角膜反射法の原理（左）と角膜反射像イメージ（右）

ることが期待されている。

6.1.4　顔色をうかがう

　人の感情を推し測る方法として、目の情報の他に「顔色をうかがう」方法がある。「顔色」には色彩的意味もあるが、ここでは顔表情に目を向ける。人の表情を作り出す表情筋は、骨と骨を繋ぐ骨格筋とは異なり、骨と皮膚、または皮膚と皮膚を繋いでいる。また、一般的に脳の神経支配が反対側支配（例：右脳は身体の左側を支配）であるのに対し、顔面筋（神経）に対する脳の神経支配は顔の部位（上部、中部、下部）によって異なっている。このような複雑な構造によって、人は繊細な顔表情を作り出している [15]。

　複雑な動きによって作られる顔表情の計測手法として、顔表情から得られる印象をアンケートや心理尺度等を用いて総合的に第三者が記述する印象評価法と、顔の表情を各部位の動きとして符号化し記述する手法がある。近年の顔表情計測手法の多くには、後者の「顔の動きを符号化した手法」が応用されている。この符号化手法の基本を構築したのは先述のエクマンとフリーセンであり、その手法は Facial Action Coding System(FACS)[16] として知られている。FACS では、解剖学的な顔面筋の動きに基づいて記述された約 40 種類の Action Unit(AU) を定義し、その組み合わせによって顔表情を説明している。また、エクマンの提唱した基本 6 感情については、AU の組合せが明示されている。AU の一部はその強度を 5 段階で記述することが規定され、また 0.2 秒以下しか表出しないとされる微細な表情 (Micro Expression) については FBI における捜査等にも活用されている。

　顔表情を用いた感情推定技術の応用事例は、人工知能や画像解析技術（図 6.2）の発展に伴い多岐に渡っている。具体的事例として視線計測と同様に CM や映画に対する評価に用いられる他、教育現場において学習者の集中度など学習状態を自動計測する目的にも展開されている [17]。先述の眼球運動を用いた事例でも示したように、自動車ドライバの眠気レベルを顔表情から検知する研究事例 [18] もあり、人の顔表情は安全分野にも広く活用されている。

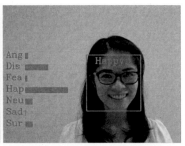

図 6.2　画像解析による顔の特徴点抽出の例（左）。各特徴点の座標や他の点との位置関係、動き方を特徴量として、感情との対応を明らかにしていく（右）。

6.1.5　今後の展望

　本稿では、目の情報と顔表情に着目して感情計測の方法を見てきた。いずれの客観的評価手法においても、表出した感情のみを計測している点への理解が必要である。人同士のコミュニケーションの場面でも相手の本心を掴むことが難しいのと同様、表出した一部の感情情報だけでは相手の内面状態すべてを理解することは難しい。まして、当人ですら明確に説明し得ない感情を呈する場合や、感情を隠そうとポーカーフェイスなどを取る場合には、さらに困難を極める。身体動作や声色などの補足的な情報を含めて総合的に人の状態を計測し、理解するシステムのさらなる発展が今後必要になるだろう。

　このように課題は残されているが、感染症拡大等を要因として物理的に人同士の距離を縮めることが難しい状況においては、少しでも人同士のコミュニケーションを安全、快適かつ円滑にすることが求められており、人間情報学技術がその補助的な役割を果たすことが大いに期待される。

参考文献

[1]　濱治世, 他：感情心理学への招待　感情・情緒へのアプローチ, サイエンス社：4-9（2001）

[2]　J. A. Russell: A Circumplex Model of A ff ect, Journal of Personality and Social Psychology, 39 (6):1161-1178 (1980)

[3]　R. Plutchik: Emotions and Life -Perspectives From Psychology, Biology, and Evolution-, American Psychological Association (2002)

[4]　ポール・エクマン著, 工藤力訳編：表情分析門 – 表情に隠された意味をさぐる – , 誠信書房（1987）.

[5]　濱治世, 他：感情心理学への招待　感情・情緒へのアプローチ, サイエンス社：10-11（2001）

[6]　Satori Arimitsu, et al.: Seat Belt Vibration as a Stimulating Device for Awakening Drivers, IEEE/ASME Transactions on Mechatronics, 12(5):511-518 (2007)

[7]　鎌倉快之, 他: ドライバの覚醒水準評価をめざした瞬目の分類について. 自動車技術会論文集, 38(4)：173-178（2007）

[8]　西山潤平, 他: 瞳孔ゆらぎを指標とした覚醒度状態評価. 生体医工学, 46(2)：212-217（2008）

[9]　金子雄太, 他：視線追跡データを用いた消費者の店舗内購買行動の分析. PACIS2018：103-106（2018）

[10]　鈴木大輔, 他: 異常事象発見のための鉄道運転士の視覚探索方略. 人間工学, 55(5)：189-199（2019）

[11]　A. Klostermann, et al.: On the interaction of attentional focus and gaze: the quiet eye inhibits focus-related performance decrements, Journal Sport and Exercise Psychology, 36(4)：392-400 (2014)

[12]　Edmund B. Huey: Preliminary Experiments in the Physiology and Psychology of Reading. The American Journal of Psychology, 9(4):575-586 (1898)

[13] 福田忠彦, 他: ヒューマンスケープ　視覚の世界を探る．日科技連：101-105 (1996)

[14] Alexandra Papoutsaki, et al.: WebGazer: Scalable Webcam Eye Tracking Using User Interactions. Proceedings of the Twenty-Fifth International Joint Conference on Artificial Intelligence :3839-3845 (2016)

[15] 濱治世，他：感情心理学への招待　感情・情緒へのアプローチ，サイエンス社：140-142（2001）

[16] Paul Ekman, et al.: Facial Action Coding System: A technique for the measurement of facial movement. Consulting Psychologists Press (1978)

[17] 府馬央昴，他：受講生画像からの表情・姿勢推定に基づく学習状態判定機能を備えた遠隔講義システムの開発，JSiSE Research Report, 34(5)：1-8 (2020)

[18] Satori Hachisuka et al.: Drowsiness Detection Using Facial Expression Features, SAE 2010 World Congress (Intelligent Vehicle Initiative (IVI) Technology Advanced Controls and Navigation System): 81-90 (2010)

6.2　ウェアラブルセンサによる自律神経計測の効果と展望

小林 弘幸

6.2.1　自律神経とは何か？

　「自律神経」という言葉は、聞いたことがあるけれどよくわからない、という方が大多数だと思われる。それもそのはず、その重要性については医師の間でもまだまだ知られていないのが実情である。しかし、自律神経は、内臓や血管の機能をコントロールする神経で、私たちの生命活動の根幹を支える非常に重要な機能を担っている。

　自律神経は、「交感神経系」（以下、交感神経という）と「副交感神経系」（以下、副交感神経という）の2種類に大別される。交感神経が身体を支配すると身体はアクティブな状態になり、副交感神経が支配すると身体はリラックスした状態になる。身体が最も良い状態で機能するのは、交感神経も副交感神経も両方が高いレベルで活動している状態のときである（図6.3）。もちろん、アクティブな状態では、「交感神経がやや優位」、リラックスした状態では、「副交感神経がやや優位」というようなシーソーの状態が生じているが、どちらか一方に大きく偏ってはいけないものである。では、人が病気になりやすいのはどのようなときか？　それは、交感神経活動レベルが異常に高く、副交感神経活動レベルが極めて低いときである。この状態が持続すると、身体のあちこちに不調が現れ、病気になってしまう。

6.2.2　自律神経と重篤な病気との関係

　日本人の死因トップ3は、がん、心疾患、脳血管疾患である。実はこれらは全て、交感神経が過剰に優位になると陥りやすい病気である。

　まず、日本人の死因の約30%を占めると言われるがんについて。我々の身体には毎日何千というがん細胞が生まれている。しかし、ナチュラルキラー細胞と呼ばれるものが次々にそのがん細胞を食べてくれるおかげでがんが発症しないで済んでいる。しかし、副交感神経の働きが下がると、ナチュラルキラー細胞の活動が低下したり、数が減ってしまい、結果として、免疫力が低下し、がんになりやすくなる。

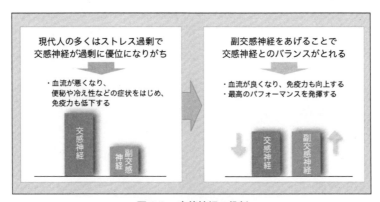

図6.3　自律神経の役割

次に、血管系の病気である。交感神経が極度に高く副交感神経が低いと血管がずっと収縮している状態になる。すると血流が悪くなって、高血圧になるとともに、血栓もできやすくなり、脳梗塞や心筋梗塞などを引き起こすことになる。血流が悪ければ、腎機能、肝機能も落ち、糖尿病、認知症のリスクも上がる。つまり、交感神経だけが過剰に高い状態は、生活習慣病をはじめとする多くの重篤な病気を引き起こす要因となるのである。

さらに、胃腸など消化器系の臓器は副交感神経の支配下にあるので、交感神経が高く副交感神経が低い状態は、便秘を引き起こす。逆に、副交感神経だけが突出している場合に生じる病気もある。代表的なものがアレルギーなどの慢性疾患である。

しかし、現代の日本人は、5 人中 4 人ぐらいが、交感神経過剰な状態であると考えられる。これは、現代の日本社会が、スピード重視、競争社会など、交感神経を過剰に刺激する要素にあふれていることに関係していると考えられる。

6.2.3　自律神経測定の意義

自律神経の活動状態は、季節や気候、天気によって変わることはもとより、仕事をしている人であれば、仕事をしている平日と仕事をしていない休日とでも、変動する。また、1 日の中でも、朝、昼、晩で変動する。このように刻々と変化する自律神経の活動値を、常に記録、蓄積することができ、後から、自分の行動とともに振り返ることができれば、自らの行動で何がストレスになっているのか、あるいは何がリラックスできる行動なのかがわかり、日常生活の改善、行動変容、ひいては長生きにもつながる。その点、WIN フロンティアのウェアラブルセンサは、日常における自律神経の状態を記録することができ、健康管理に直接役立てることができる画期的な技術である（図 6.4）。

6.2.4　自律神経指標の活用方法

自律神経指標の活用領域としては、「パフォーマンス向上支援」と「健康管理・予防医療」という 2 つの領域が考えられる。

「パフォーマンス向上支援」に関しては、上述のウェアラブルセンサを使用して、プロ野球選手の自律神経状態を測定し、ピッチングやバッティングの練習メニューの策定に役立てた事例や、プロゴルファーの試合中の自律神経状態とゴルフスコアの相関分析による最適パフォーマンスを出すためのアドバイスをした事例等がある。今後は、ビジネスパーソンの業務効率と自律神

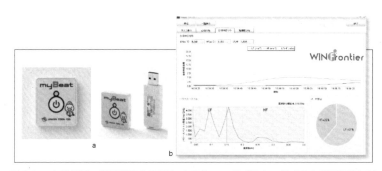

図 6.4　自律神経の常時測定を可能にするウェアラブルセンサ (a) と解析画面 (b)

経状態の相関関係を分析し、業務効率を上げるためのコンディション管理に関するアドバイス等のサービスが考えられる。

　一方、「健康管理・予防医療」に関しては、うつ病などメンタル不調の予防や回復期のモニタリング等に活用することが考えられる。また、年齢との相関が高い自律神経の状態を計測することで、アンチエイジングの指標として活用するサービスも考えられる。

　このように、自律神経は幅広い領域での活用が可能である。それを可能にするのは、手軽に自律神経を測定できるウェアラブルセンサのような最新の機器である。今後、このようなデバイスの更なる進化を期待したい。

6.3　心の免疫力を高める「ゆらぎの心理学」

雄山 真弓

　人間の心理についての研究は多くの場合、問診データを集めて統計的分析する方法や、心拍・脈波・脳波・筋電図・行動パターンなどの生体情報から分析されていた。後者では、人間自身がもつ複雑系の情報を考慮していなかったため、測定データから生じる変動のわずかなズレを単に測定誤差として切り捨てていた。

　実は、この誤差の中に重要な情報が隠されていたのである。とくに、最も複雑系として扱わなければ解明できないココロの問題は、非線形の情報であり、従来の方法では解明が難しかった。

6.3.1　ココロの見える化が可能に

　近年、「ココロの見える化」手法の研究が進んできた。そこから「ココロの柔軟性」、専門的には「精神的免疫力」、いわゆる「外部適応力」が見えるようになった。人間は自然界や人間社会にうまく適応しながら生き延びるために、精神的免疫力が必要である。この精神的免疫力は常に一定ではなく、ゆらぎがある。ゆらぎがあるからこそ、外部の変化に適応できるのである。

　ココロのゆらぎを数値化できる装置を開発した。これが、タブレット端末やスマホ上で動く「Lifescore Quick」（図 6.5）や、パソコン上でさらに詳細な結果を表示できる「Lyspect」である。これらは、指先や耳タブなど人体の尖端で脈波を測定することで実現でき、人間に負担をかけることはない。

　これらの装置は、脈波の「ゆらぎ」値を非線形で解析するエンジンを搭載し、しかも心拍に連動する脈波の拍動のリズムから自律神経バランス（交感神経、副交感神経）も測ることができる。さらに、これらを組み合わせて、ココロのバランス状態をグラフ化することもできる。

　指先の脈波は、指尖脈波 (Plethysmograms) という。指先のヘモグロビンの増減量を波として表現したものである。測定方法を図 6.6 に示す。ヘモグロビンは赤血球にあるタンパク質で、酸素を運ぶ役割を担っている。ヘモグロビンは赤外線を吸収するため、血液が指先の毛細血管を通る瞬間、赤外線は吸収され暗くなる。血液が通り抜けると明るくなる。この性質を利用して、指先に血液が流れる周期的な動き、すなわち指尖脈波を測定する。

図 6.5　ココロのゆらぎを数値化できる「Lifescore Quick」

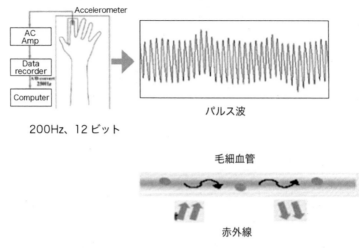

図 6.6　指尖脈波の測定方法

6.3.2　「ゆらぎ」を「アトラクタ」でみる

　ココロの柔軟性（精神的免疫度）を理解するための第 1 のキーワードが「ゆらぎ」である。風の流れや天気の変化など自然界にはゆらぎが身近にある。人間の心拍も間隔が一定でなく、ゆらぎがある。心拍や血圧といったバイタルサイン全てにゆらぎがある。人間の身体はつねに「ゆらいでいる」のである。

　従来、このゆらぎは、測定の不確かさ、ノイズであると考えられ、排除すべきもの、極力抑えるべきものとして扱われてきた。また、人間の理解を超えているため把握できず、「変化が不規則にみえる状態」としていた。

　しかし、解析技術が進んだ結果、これには 2 重の意味のあることが分かった。1 つは、その変化に本当に規則がない場合で、まったくでたらめに発生する「ランダム」な変動である。もう 1 つは、一見ランダムな変動にみえるが、実はその背景に確固たる規則がある場合で、この現象を「カオス」という。次に起こる現象が確率で決まるのではなく、ある一定のルールにしたがって決定論的に決まる現象である。

　カオスが無秩序に見えるのは、それを構成する要素の 1 つひとつの動きは単純であっても、集合体として振る舞うと複雑になるからである。これを複雑系という。したがって、複雑系を複雑なまま放って置くのではなく、そこにカオスを見つける努力が欠かせない。

　カオスを見つけるには、「アトラクタ」を描いてみる方法がある。アトラクタは、2 次元で表されている波の情報を、次元を上げて見方を変えてみる方法である。アトラクタを作るには、まず波形データに対して一定間隔で、例えば 3 点を取り、3 点の縦軸の数字を記録する（図 6.7）。

　次に、その 3 点の間隔を維持しながら、少しずつずらして、また縦軸の数字を記録する。1 回の記録ごとに、3 点を座標上にプロットする。ここでは 3 点なので立体上に点を打つ。実際に、指尖端脈波の場合は、4 点でプロットしている。

　アトラクタを描く場合、点と点の間隔が近すぎたり遠すぎたりすると描けない。この点と点の間隔を定めることを遅延時間という。次元と遅延時間が決まれば、アトラクタを描くことができ

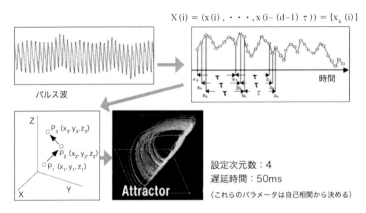

図 6.7　アトラクタの作成手法

図 6.8　アトラクタからみたカオスとランダムの違い

る。すべての記録を点にプロットしたときに規則性が見られればカオスといえる。

　隣り合う軌道が同じ方向で離れて存在するなら規則性があるということになる。

　規則性が見られなければランダムということになる。参考までに、カオスの波とランダムの波のアトラクタの例を図 6.8 に示す。

　波がカオスであることを正確に検証するには、実はもう 2 つ調べる必要がある。それはフーリエ解析で波が複数の周波数から構成されており、リアプノフ指数 (Lyapunov Exponent) のうち最大リアプノフ指数 (LLE：Largest Lyapunov Exponent) が正であるとの確認である。

　アトラクタから「ゆらぎ」を計算する方法は複雑である。模式的に説明すると、アトラクタの軌道の変動を計算することである。設定した 4 次元の球（超球）からのアトラクタの軌道のずれを計算する。これは、リアプノフの力学の理論に基づいている。各次元に対して 4 つのリアプノフ指数が計算できる。この中で正の値をもつ LLE がゆらぎに関係する。指尖脈波はカオス性があり、ゆらぎ度合は LLE で表されることが分かった。ここでは、LLE を「カオスゆらぎ」の値として用いる。

6.3.3　指尖脈波の「ゆらぎ」

　生体の数理モデルのシミュレーションから、指尖脈波は脳の中枢神経の情報をもっているのではないかと仮定した。脳の中枢神経は心の働きと密接に関係している。LLE から脳の中枢神経の働き、さらには心の状態を読み取ることができる可能性が見えてきた。

　そこで中枢神経をブロックした場合、例えば全身麻酔の状態で、指尖脈波がどのように変化す

るかを、交感神経／副交感神経の変化とともに測定した。この結果、麻酔が効いている場合はLLE の値が低く、麻酔からさめると上昇した。また、うつ病や認知症患者のアトラクタは、ゆらぎ幅は小さくなる。認知症度が高くなるほど LL は低下する（詳細は、雄山真弓著、『こころの免疫力を高める「ゆらぎ」の心理学』、祥伝社、または英文電子ブック、Mayumi Oyama 著、『Psychology of Mental Flexibility』、Kindle 社を参照）。

　さまざまな実験から、LLE の値は人間が生きていくためには重要な値であることが分かった。外部や周囲への環境に適応できなくなると LLE が低くなり、その傾向が固定的になる。逆に、連続的に LLE が高くなるのは、極度の緊張やストレスを感じていると考えられる。連続的に高すぎたり、低すぎたりすることが問題になる。

　ここで大切なことは、LLE は常にゆらいでいるので、1 回の測定で決め付けることは危険であるということ。一日に数回測って結果を比較する必要がある。ところで、心理状態を反映する自律神経は、ストレスやリラックスといった指標になる。一方、指尖脈波による LLE は、外部への適応力を示すという点が異なる。

　パソコンやスマートフォン、タブレット端末で使える LLE の測定は、生活をより快適にするための道具として、また医療診断の補助としても有効と思われる。今後は、自己診断システムを作成し、自己コントロールや仕事の能率向上、コミュニケーションの活用などに利用できるようにしたい。人間がより精神的に健康な生活を送るために使われれば、筆者としてはとても嬉しいことである。

6.4　生体センシングによる心療内科学のイノベーション

吉田 隆嘉

　著者が携わる心療内科とは、患者の病状に対し、身体面だけでなく心理面も含めて総合的に治療に当たる診療科であり、とくにストレスによって身体へ現れる疾患を専門的に扱うことを特徴としている。

　具体的には、ストレスや不安による睡眠障害、便秘や下痢を繰り返す過敏性腸症候群、食欲の異常を招く摂食障害、あがってしまって人前に出られなくなる社交不安障害などである。現代人がストレスにさらされる機会が増えるとともに、心療内科が扱う患者数も増加の一途をたどっている。

　現在、心療内科が抱える最大の課題は、ストレスや自律神経の状態について十分に客観的な評価ができていないことにある。患者の心理状態が発病に大きくかかわるだけに、心療内科では問診やカウンセリングが重視されている。それに加え、適切な治療を施すためには、ストレスや自律神経の状態を正確に把握することが不可欠である。こうした現状を踏まえ、著者らは WIN が開発している超小型心拍計を心療内科の診断に活用するための研究に取り組んでいる。

　医療の現場では、心拍の揺らぎを解析することで自律神経の評価を行う心拍変動解析がすでに幅広く利用されている。しかし、現時点で普及している固定型の装置では、測定を行った一時点だけの情報が得られるだけで、刻々と変化する患者の自律神経の状態に関しては有効性や信頼性が乏しいということが指摘されている。

　著者らが、同意を得た患者に対して、クリニックへの来院直後から 30 分おきに測定を繰り返したところ、交感神経を表すとされる LF/HF[1] については最大で 12 倍、副交感神経を表すとされる HF については最大で 7 倍の変動があった。

6.4.1　常時測定できる携帯型心拍計

　これに対し、携帯型の超小型心拍計を用いた場合は、来院直後から測定を継続できるため、自律神経の活動状態に関する変動の経過を正確に把握できる。心拍変動は患者の体動や発話によって影響を受けるためデータの読み取りには注意が必要だが、付属している加速度のデータから、体動が少なかった時間帯を推定するのは容易である。また、患者に対し問診時以外はできる限り発話をしないように指示することで、来院中の 30 ％から 40 ％の時間帯で有効なデータが得られることが確認できた。これは診療の現場で十分に実用性があることを示している。

　さらに、超小型心電計を用いる場合は、検査室を使用する必要がなく、院内の待合室で測定が可能であり、大規模病院から小規模の診療所に至るまで、経済合理性が極めて高い検査方法だといえる。著者らは現在、これを心療内科における一般的な検査項目に加えるためのプロトコルの作成に取り組んでいる。

1　LF(Low Frequency)/HF(High Frequency)：ここでいう LF/HF は、心拍変動から自律神経の変化を推定するときに用いられる周波数成分をいう。交感神経と副交感神経の状態によって心拍が変動する。この変動を周波数成分から検出し、自律神経のバランスを推定する。

6.4.2　日常生活での使用を検討

　携帯型の超小型心拍計については、こうした医療施設内での利用に加え、患者が日常生活の中で測定を行うための用途に関しても研究が進められている。ストレスは、患者だけで生じるものではなく、多くが社会や環境との関わりで生み出される。このため、根本的な解決のためには、起床から就寝に至るまで、どの段階でどの程度のストレスを受けているかを正確に把握する必要がある。

　患者本人が自覚するストレス源と実際のストレス源が一致しないというのは、従来から多くの心療内科医によって指摘されているが、真のストレス源を突き止めるのは容易ではない。そこで、超小型心拍計を活用することで、自律神経を継続的に評価することの臨床的意義は大きい。

　ただし、医療機関の院内とは異なり、日常生活の中では体動がともなう時間帯が多い。このため、超小型心拍計の有効性を高めるためには、心拍変動への体動の影響を除去する必要がある。

　自律神経については、交感神経の指標として LF/HF、副交感神経の指標として HF や CVRR[2]が用いられることが多い。著者らの実験では、運動量の増加とともに LF/HF は不規則な変動をする傾向があるのに対し、HF や CVRR は一様に低下する傾向が認められた。このため、LF/HF については実用化が困難なものの、HF と CVRR については、体動の影響を除去できる可能性が高いと考えられ、心拍計に付属している加速度計のデータを元に補正を試みている。

　著者らは同意を得た被験者 97 人を対象に、快適な遊歩道を散歩した場合と車両が通行する不快な道路を歩行したときの自律神経の活動状態の格差を調べる実験を行った。図 6.9 は、快適な 9 ヶ所の行程と不快な 4 ヶ所の行程における被験者全員の HF（副交感神経の指標）と加速度の関係をプロットしたものである。HF を加速度で補正することによって、快適な環境と不快な環境を峻別できることが示されている。

　図 6.10 に示すように、HF は、運動によって、副交感神経を介した影響を受けるほかに、呼吸を介した複雑な経路による影響を受けると考えられ、純粋な副交感神経の活動を求めるのは困難

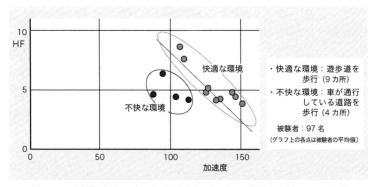

図 6.9　心拍数変動の高い周波数成分（HF）と運動の加速度との関係

2　CVRR(Coefficient of Variation in the R-R Intervals)：心電図 R-R 間隔の変動係数（単位は%）。心電図によって心拍の細かいゆらぎを測定すること。一般には、安静仰臥位で連続 100 心拍の心周期（R 波の頂点の間隔）を計測し、変動係数を求める。

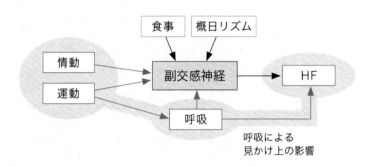

図 6.10 副交感神経の指標としての HF への呼吸による影響

だとされている。しかし、情動の評価を行うには、運動の影響を加速度でまとめて除去すればよいのであり、それは十分に可能だというデータが得られている。現在、被験者を年齢や性格をもとにタイプ分けすることで、補正の精度を高める研究に取り組んでいる。

　超小型心拍計を活用することで簡便かつ正確にストレスを評価することができれば、医師の主観に過剰に依存している心療内科学を根底から変える可能性を秘めている。国民の過半数を越えるといわれているストレスに悩む人にとって、近い将来、大きな福音となるであろう。

6.5 血圧変動と血行状態をリアルタイムに表示する「魔法の鏡」

吉澤 誠、杉田 典大

　健康状態のチェックを行う目的で、リストバンド型のウェアラブルセンサなど身体の状況を記録する装置が市販されている。それらのほとんどは、接触式センサによって心拍数や活動度などの健康に関連すると思われる既存の指標を得るものである。しかし、特別なセンサを常時身に付けることは煩わしく、毎日意識して機器を操作する必要があるような健康管理法は習慣化しにくい。

　そこで著者らは鏡に着目した。鏡は、身だしなみを整えたり化粧をしたりする目的で、多くの人々がほぼ毎日利用するので都合がよい。本研究では、ビデオカメラとコンピュータを内蔵した鏡型ディスプレイの前に立つだけで、何のセンサも身に着けず、遠隔・非接触状態で、自律神経指標に基づいたその日の健康予報を使用者に直感的で分かりやすく表示するツールとして、いわば「魔法の鏡」のような健康管理ディスプレイの実現を目指している。

　この研究は、文部科学省・国立研究開発法人科学技術振興機構（JST）「革新的イノベーション創出プログラム」（COI STREAM、平成 25 年度）の一環として研究開発しているものである。この「魔法の鏡」プロジェクト [1] では、「鏡」という形態にとどまらず、幅広い応用も想定している。

　開発中のシステムは、血中ヘモグロビンが緑色光をよく吸収するという性質に基づいて、身体映像の緑色成分の輝度平均値時系列から脈波信号を抽出することを基本としている。

6.5.1 映像脈波の抽出

　皮膚下の血液のヘモグロビンは、波長 495～570 nm の緑色の可視光をよく吸収する [2]。したがって、顔や掌などのカラー映像信号の緑色輝度成分を、十分広い領域で平均した値の時系列から脈波信号が抽出できる [3]。これを映像脈波と呼ぶ。

　映像脈波からは、ある時間区間の平均心拍数が計算できることはもちろん、1 拍ごとの心拍間隔時系列（心拍数変動）も得ることができる。心拍数変動が得られれば伝統的な方法でいくつかの自律神経指標 [4] が得られ、ストレスの評価などができるといわれている。

　また、後述するように、心臓から近い顔の映像脈波と心臓から遠い掌の映像脈波の位相差、あるいは映像脈波の歪み時間から血圧と相関のある情報をも得ることができる。

　基本的に、映像脈波は身体の皮膚が露出した部分からしか抽出できない。身体の中でも顔や掌が最もよく抽出できるので、平均値を求める対象領域をそれらの部分に手動で設定するか、顔検出アルゴリズムなどで自動設定することが必要になる。また、血圧情報を得る方法の 1 つとして、1 つの映像から顔や掌の 2 カ所を自動分離することが必要となる場合がある。

　一方、可視光ではなく赤外光を皮膚に照射しても、その反射光から心拍同期成分を抽出することができる。これは、血中ヘモグロビンの吸収特性ではなく、皮下に侵入した赤外光が心拍に同期した皮下組織の動的な歪みによって散乱し、変調を受けたものを映像信号の強弱として捉えたものと考えられている。

6.5.2　映像脈波の例

　パソコン（ソニー VAIO Pro11）に内蔵したフロントカメラ (ExmorR for PC) で著者自身（当時 60 歳男性）の顔と掌を撮影した動画から映像脈波を抽出した例を図 6.11 に示す。画面は640×480 画素であり、画像のフレームレートは 30 フレーム／秒、1 画素の 3 原色（RGB）の各輝度階調は 8 ビット（0〜255 階調）である。このシステムは Visual C++ と OpenCV を用いて画像処理している。

　図 6.11(a) は元の映像であり、この映像に対して Viola Jones 法を使って顔部分を自動検出した部分が図 6.11(b) の黄色の矩形領域である。この領域から映像脈波を抽出したものが、図6.11(d) の緑線である。この信号には明らかに高周波雑音が多く含まれており、脈波信号の特徴である心拍同期成分（安静時では約 1Hz の周期成分）が弱い。帯域通過フィルタ（通過帯域0.5〜1.5Hz）後の波形（青線）、脈波の特徴である鋸波の周波数成分を残すため櫛形フィルタ後（櫛の数：2）の波形（赤線）、あるいは、飛び値を除去するための多項式フィルタ（次数：3）の波形（黒線）も不規則性が目立つ。

　図 6.11(c) は、顔（赤の領域）と掌（緑の領域）の肌色領域を自動抽出した結果である。照明環境が変わっても肌色領域をできるだけ正しく抽出するには、色相や色差成分に基づく複数のしきい値を自動的に最適化する必要がある。

　図 6.11(e) と図 6.11(f) は、それぞれ、図 6.11(c) の顔（赤の領域）と掌（緑の領域）の肌色領域から映像脈波を抽出したものである。それぞれの緑線は、明らかに図 6.11(d) の緑線より心拍同期成分が明瞭になっていることがわかる。

　この例の場合、顔または指を含めた掌の肌部分に対応する全ての画素を加算平均している。しかし、雑音をさらに低減するためには、体動と照度変化をできるだけ排除することが重要である。

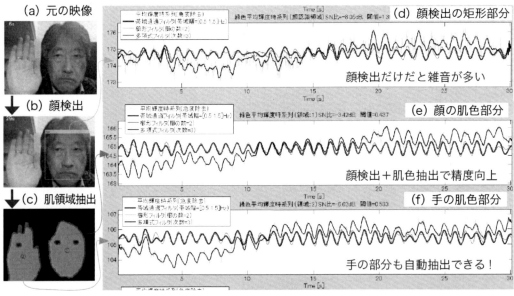

図 6.11　顔と手の映像脈波の例

6.5.3 雑音の低減

体動を除去するためには、Lucas-Kanade 法などの動画像理解技術で対象領域の並進運動や歪みを補正することによってある程度補償できる [5]。また、照度変化については心拍周波数近傍を通過帯域とする帯域通過フィルタである程度補正できる。

一方、基線の急変などは、元信号の差分信号を求めその飛び値を除去した後に累積加算することによって容易に除去できる。しかし、周辺光に含まれる雑音成分の帯域が心拍周波数に近い場合には、補正が困難である。

心拍間隔は、拡張期から収縮期に移行する境界、すなわち脈波の谷の時刻を求めることで決定される。単純に各拍での極小値を与える時刻を求めてもよい。しかし、フレーム周波数が 30 フレーム／秒の場合、極小値を与える時刻はフレーム周期＝ 33ms ごとの時間分解能しかない。これを改善するために、極小値を与える時刻が波形の微分値が 0 となる時刻に等しいことを利用して、脈波の差分信号の符号が負から正に変わるときのそれぞれの値を結ぶ補間直線の零交差時刻として谷の時刻を求めている。

6.5.4 「魔法の鏡」の表示例

開発中の「魔法の鏡」の表示例を図 6.12[5] に示す。ここではまず、顔検出・肌抽出・体動補償を行い、その画面において 35×35 ＝ 1225 個に分割した各セグメントの緑色輝度値を、最高値を赤で最低値を青に色分けしてモザイク状にリアルタイム表示している。

また、目の部分を自動検出し、それより下を頬領域、それより上を額領域として、それぞれの領域の映像脈波を画面下部に表示している。さらに、画面には平均心拍数と血圧に相関する波形歪み時間も同時に表示している。

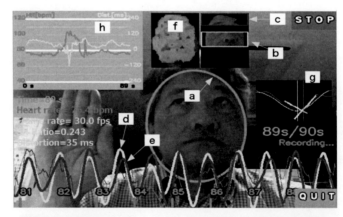

(a) 顔検出したことを表すインジケータ
(b) 近位部の解析対象領域（頬）
(c) 遠位部の解析対象領域（額）
(d) 領域（b）の映像脈波
(e) 領域（c）の映像脈波
(f) Lucas-Kanade 法によって体動補償をした顔領域における血行状態を表す動的なモザイク表示
(g) 波形歪み時間（DT）の計算過程表示
(h) 心拍数（HR）と DT の履歴

図 6.12　「魔法の鏡」の表示例 [5]

6.5.5　血圧情報の推定

　映像脈波だけから血圧に関係する情報を得るには、心臓を基準としたときの近位部の映像脈波と遠位部の映像脈波の 2 つの波の位相差あるいは脈波伝搬時間差 (PTTD：Pulse Transit TimeDifference) が血圧と相関する性質を利用する。

　2015 年に筆者らは、20 名の健常者について頬と掌の間の位相差あるいは額と掌の間の位相差が、連続血圧計で計測した収縮期血圧と相関係数が約 0.6 で正の相関をしたと報告している [6]。位相差は映像脈波のヒルベルト変換による瞬時位相に基づいて連続的に求めている。

　心電図の R 波から脈波の立ち上がり時刻までの時間 (PTT：Pulse Transit Time) が血圧と負の相関するのに対し、位相差あるいは PTTD が正の相関をする理由として、血圧上昇が細動脈抵抗を上昇させ、その結果、毛細血管への充満が遅延するという仮説を挙げている。映像脈波は皮下のごく浅い部分の毛細血管床の情報を反映しているのに対し、PTT は心臓から指の横断面までの太い血管の情報を反映しているという相違が、相関の正負に関係していると思われる。

　上記の方法では、映像に身体の近位部と遠位部の両方が同時に映っている必要がある。これに対し、最近筆者らは、図 6.13 に示すように、身体の 1 カ所の映像脈波の拡張期から収縮期の境界（直線近似の交点）とその狭帯域の帯域通過フィルタ後の基本波の極値との時間差（波形歪み時間 DT：Distortion Time）が、対象が掌の場合には、収縮期血圧と相関係数約-0.6 で負の相関をしたことを報告している [7]。この方法のほうが 2 カ所で計測する方法よりも簡単で実用的である。

6.5.6　今後の展開

　以上、ごく普通のビデオカメラでも、遠隔・非接触的に心拍数変動や血圧変動を抽出できることを示した。将来、風呂やトイレにおける血圧サージ検出への応用やカメラを内蔵したスマートスピーカーへの展開、スマートフォン経由のクラウドサービス、赤外線領域も使った自動車運転

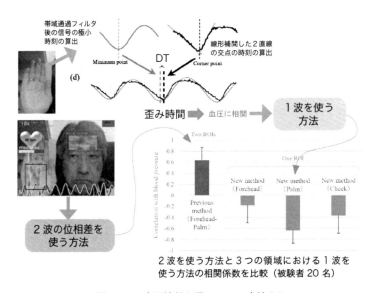

図 6.13　血圧情報を得る 2 つの方法 [7]

者のリアルタイムでの体調管理などが可能となると予想される。

参考文献

[1] 吉澤誠, 杉田典大, " 血行状態モニタリング装置「魔法の鏡」の開発,"『光技術コンタクト』, Vol.55, No.10, pp.4-11, 2017 年

[2] 浜松ホトニクス,『光による生体イメージング』(http://www.hamamatsu.com/jp/ja/technology/innovation/trs/index.html)

[3] J. Kranjec, et al., "Non-contact heart rate and heart rate variability measurements: A review, " Biomedical Signal Processing and Control, Vol.13, pp. 102–112, 2014 年

[4] 浅井宏祐,『自律神経機能検査 第 4 版』, 文光堂, pp.159-163, 2007 年

[5] M. Yoshizawa, N. Sugita, et al., "Remoteand Non-Contact Extraction Techniques of Autonomic Nervous System Indices and Blood Pressure Variabilities from Video Images, " IDW 2018（The 25th International Display Workshops）, 2018 年

[6] N. Sugita, K. Obara, M. Yoshizawa, et al., "Techniques for estimating blood pressure variation using video images, " 37th Annual Conference of IEEE Engineering in Medicine Biology Society 2015, pp. 4218-4221, 2015 年

[7] N. Sugita, M. Yoshizawa, et al., "Contactless technique for measuring blood-pressure variability from one region in video plethysmography, " Journal of Medical and Biological Engineering, Vol.39, No.1, pp76-85, 2019 年.（https://doi.org/10.1007/s40846-018-0388-8））

6.6　ウェアラブル技術を活用した心拍変動による感情解析と実用化

駒澤 真人

　現代はストレス社会と言われて久しいが、自然災害や新型コロナウイルス感染症などの影響も相まって、より一層深刻な問題となっている。過度のストレスを長期間にわたって受け続けると、自律神経系や副腎皮質ホルモンなどの内分泌系にも変調を来すことが明らかになっている[1]。この自律神経系は、緊張・興奮を司る交感神経活動と、リラックスを司る副交感神経活動がバランスよく機能することで身体をコントロールしていると言われている。そのため、自律神経の状態を日常的に日々把握することは健康管理をする上でも重要であるといえる。

　自律神経活動を簡便に非侵襲で評価する方法として、心拍変動解析が挙げられる。心拍の変動（RR 間隔）には揺らぎがあり、この変動を周波数解析すると、一定の周波数のところにピークがみられる。人の場合には、呼吸周期の変動を表す高周波成分（0.15Hz〜0.40Hz：HF）と血圧変動を反映する低周波成分（0.04Hz〜0.15Hz：LF）が現れ、この両者は自律神経活動を反映する。HF は副交感神経支配を受けており、LF は交感神経と副交感神経の双方の支配を受けていると言われている[2]。また、時系列解析での RMSSD（連続して隣接する RR 間隔の差の 2 乗の平均値の平方根）は、副交感神経活動を示すと言われている[2]。

　NPO 法人ウェアラブル環境情報ネット推進機構（通称 WIN）[3] では、長年、ウェアラブルを活用した人間情報センシング技術を培ってきた。この強みを生かして、WIN フロンティア[4] では、主に心拍変動をセンシングし自律神経活動を分析して、ストレス、リラックス度合や集中、疲労状態を可視化するシステムの研究開発を進めてきた。その技術を現実の商品・サービスに実装して、生体情報センシングを活用した実用化をおこなっている。本項ではその事例について紹介する。

6.6.1　ウェアラブル心拍センサを活用したサービス

　図 6.14 に示す超小型のウェアラブル心拍センサは、WIN が提唱してきた「ネイチャーインターフェイス構想」を基に、ユニオンツール株式会社[5] が量産化を実現したものである。本センサを活用して、24 時間の自律神経や活動量を測定することで、1 日のメンタル・フィジカルの状態を知ることができる「Lifescore」サービスを提供している[6]（図 6.14）。本サービスにより、自らの行動で何がストレスになっているのか、あるいは何がリラックスできる行動なのかがわかり、日常生活の改善、行動変容にもつながる。

　企業向けには、自律神経の解析を通して、商品・サービスの効果を見える化し、リラックス、集中度、疲労度等のエビデンスの構築、商品化前段階のデータ構築をサポートする用途でも活用されている。

　これまで、企業や大学、自治体まで 100 件以上の効果測定や共同研究を実施している。コニカミノルタ株式会社の事例では、プラネタリウムのどのような演出が、視聴者に癒しを与える効果があるのかを検証した。

図 6.14　ウェアラブル心拍センサを活用した「Lifescore」サービス

　女性 20 名を対象に、一般プログラムと、2 種のアロマを交互に用いたプラネタリウムプログラムを体験してもらい、ウェアラブル心拍センサにて心拍変動や体表温度の変化を測定した。その結果、2 種のアロマを交互に用いたプログラムでは、上映の早いタイミングで交感神経活動が低下し、体表温度は上昇しリラックスする傾向がみられた。本結果を論文化 [7] するとともに、実験から得られた "癒し" 要素を分析し、リラックスするプラネタリウムプログラムの制作に生かしている [8]。生体情報を活用した効果測定で得られた知見は、商品のエビデンス強化やマーケティングデータとして利用され、競合サービスとの差別化に寄与している。その他にも、音楽などの癒しコンテンツ、睡眠に関する製品、ヨガ、マッサージなどの美容に関するサービス、オフィスの会議室、居住空間、森林セラピーなどの自然空間など、五感に触れる製品やサービス等が効果測定の対象となる。

6.6.2　指尖脈波センサを活用したサービス

　続いて、指尖脈波センサを活用し、約 1 分間の測定で自律神経活動及び、精神的免疫力（ココロの柔軟性）[9] の 2 指標から、ココロのバランスをチェックする「Lifescore Quick」システムの事例を紹介する [10]。精神的免疫力は、脈波の波形の形状そのもののゆらぎをカオス解析により算出される指標であり、脳の中枢、特に外部への適応力を示していると言われている。例えば、コミュニケーションを積極的に出来るか、生きる意欲とか、外部環境の劇的変化に耐えられる強さなどと関連していると考えられている [9]。

　図 6.15 にシステム事例を示す。測定結果では、自律神経活動による緊張度と精神的免疫力によるココロの柔軟性を組み合わせることで、緊張・リラックスといったメンタル状態より、深い情報を得ることができる。特に、右下の「落ち込んでいる」は、緊張度が高く、かつ、人とは接したくない状態ということを示し、メンタル不調者は、複数回測定しても、この「落ち込んでいる」ゾーンにいく傾向がみられる [9]。

　本システムは、企業での産業医・人事面談でのコミュニケーションツールや、健康管理室やリフレッシュルーム等でのセルフチェック用途として導入されている。株式会社レンタルのニッケンでは、産業カウンセラーが社員との面談、カウンセリング時に本システムを活用し、のべ

図 6.15　指尖脈波センサを活用した「Lifescore Quick」システム

1000 人以上の社員のココロの状態を測定し、休職率を減らすことに貢献している [11]。メンタルクリニックでは、患者の同意のもと診断時に本システムでの測定をおこない、主観による問診表と生体情報による客観データの両側面で、うつ病症状の度合の評価をする取り組みを進めている。これまでの研究結果より、問診表での尺度で「中程度のうつ病以上」と判定された患者群は「中程度のうつ病以下」と判定された患者群に比べて、交感神経活動が高く過緊張な状態である傾向がみられている [12]。今後は、うつ症状の違い（抑うつ、躁うつ、統合失調症など）を加味した検討を進めている。

　また、ハーブ専門店 enherb では、全国 50 店舗近くの店頭に本システムが導入され、お客の測定結果に合わせてスタッフがオーダーメイドの接客をしている。測定したお客の約 4 割が商品の購入に結びつくなど、有用な営業ツールとしても活用されている [13]。

6.6.3　スマートフォンのカメラを活用したサービス

　更に、より個人が簡単に、身近にストレスチェックができるサービスを目指し、スマートフォンのカメラを活用して指先の皮ふの色変化から心拍のゆらぎを解析して自律神経活動を可視化する「COCOLOLO」アプリを開発した（図 6.16 参照）。人間は呼吸をする毎に血流に含まれるヘモグロビンの量が増減するため、その影響で指先の皮膚の色が微妙に変化している [14,15]。そこで、クライアント端末であるスマートフォンを用い、カメラに指先を当てることで、スマートフォンの照明光や外光が皮膚を含む指尖部に照射されて、組織内で拡散、散乱して、カメラ部分に戻ってきた散乱光の強度（輝度変化）に基づき脈波を測定する。また、サーバ側では、脈波からピーク間隔（RR 間隔に相当）を検出して、得られた RR 間隔のゆらぎを周波数解析し、自律神経活動を算出している。本アプリでは、ノイズを除去する独自のフィルタリング手法を適用することで解析精度が向上し、専用の指尖脈波センサを用いたシステムと比較したところ、心拍数に関しては約 0.99、自律神経活動に関しては約 0.8 の相関関係があることを示している [16]。

　現在、本システムは Apple Inc. の iPhone アプリ及び Google Inc. の Android アプリとして、実用的に 158 万人以上（2021 年 6 月現在）のユーザにダウンロードされ利用されている [18]。

図 6.16　スマートフォンのカメラを活用した「COCOLOLO」アプリ

図 6.17　SDK（「COCOLOLO Engine」）のライセンス事例

　本アプリより、いつでも、どこでも、どんな時でも、日常生活の "局所" で簡易に自律神経が測定できることで、未だかつてない自律神経のビッグデータを採取することが可能となった。現在、アプリで測定されたデータは累計 2,500 万件以上にのぼり、日本人の日常生活でのストレスの研究に役立っている [18-20]。一例として、日本人は木曜日に疲労が最も高い傾向がみられたり、高気圧の日は交感神経活動が高まったりするなど、日常生活の外的環境による自律神経への影響がビッグデータからも明らかになってきている [18-20]。

　今後、様々なビッグデータと「COCOLOLO」の自律神経・心拍数のビッグデータを組み合わせて、新しいイノベーションの創出が期待される。また、当社のコア解析技術を組み込んだSDK（「COCOLOLO Engine」）を、他社のヘルスケアアプリ等にライセンス供与しており、これまで大手保険会社、大手メーカー、地方自治体等への導入を実現している [21]（図 6.17参照）。

　1 例として、ダイキン工業株式会社の「ふろロク」アプリ [22] は、お風呂の給湯器の付属アプリとして、お風呂の前後でスマホカメラに指を当てて自律神経を測定し、どのくらい「のんびり」、「しゃっきり」したかを見える化し、利用者にとって最適な入浴方法（入浴温度や時間等）を見つけるアプリとなっている。このように、既存の製品、サービスに「キモチ」をプラスして新たな価値、サービスの実現に当社の技術が貢献している。今後も当社では、生体情報に関する

最先端の学術研究を進め、世の中に新たな価値として「キモチ」を付加した新しいヘルスケアサービスの創出に貢献したいと考えている。また、「健康性」などの人間情報科学の解明、発展のみならず、「健康性」から派生する「安心・安全性」や「快適性」などの社会科学にまで踏み込み、現在の社会問題の課題解決に貢献していきたい。

参考文献

[1]　T. Onaka: "Stress and its Neural Mechanisms, " Journal of Pharmacological Sciences, Vol. 126, No. 3, pp. 170 – 173, 2005

[2]　Task Force of the European Society of Cardiology and the North American Society of Pacing and Electrophysiology: "Heart rate variability: standards of measurement, physiological interpretation, and clinical use, " Circulation, Vol. 93, pp. 1043 – 1065, 1996

[3]　特定非営利活動法人ウェアラブル環境情報ネット推進機構 (https://www.npowin.org/j/)

[4]　WIN フロンティア株式会社 (https://www.winfrontier.com/)

[5]　ユニオンツール株式会社 (https://www.uniontool.co.jp/)

[6]　Lifescore(https://www.winfrontier.com/wearable-sensing/lifescore/)

[7]　Ayami Ejiri,Makoto Komazawa, Keiko kasamatsu: Difference in Relaxation Effect of Planetarium Depending on Women's Menstrual Cycle after Working, Open Journal of the Academy of Human Informatics, Vol.2 (2020) No.1 p.1-16, Feburary 2020

[8]　コニカミノルタプラネタリウム プレスリリース (https://www.atpress.ne.jp/news/176668)

[9]　雄山真弓（2012）. 心の免疫力を高める「ゆらぎ」の心理学 祥伝社

[10]　Lifescore Quick(https://www.winfrontier.com/wearable-sensing/lifescore-quick/)

[11]　株式会社レンタルのニッケン（https://www.rental.co.jp/）

[12]　駒澤真人, 板生研一, 宗未来: メンタルクリニック受診者における、自記式抑うつ症状と心拍変動解析による自律神経機能との関係性における検証, 第 28 回人間情報学会, pp.14-15, 東京,2017 年 12 月

[13]　株式会社コネクト ハーブ専門店 enherb（https://www.enherb.jp/）

[14]　烏谷あゆ 他, "測定状態通知機能をともなう携帯カメラによる高信頼脈拍検出方式," 情報処理学会論文誌コンシューマ・デバイス&システム, Vol. 2, No. 1, pp.38-47 , 2012

[15]　鶴川貞二：パルスオキシメータ. 日本循環器学会専門医誌. 11(1), pp.163-169, 2003

[16]　Makoto KOMAZAWA, Kenichi ITAO, Hiroyuki KOBAYASHI, Zhiwei LUO: Measurement and Evaluation of the Autonomic Nervous Function in Daily Life. Health, Vol.8 No.10, Jul 2016

[17]　COCOLOLO, https://www.winfrontier.com/appservice/cocololo/

[18]　Makoto KOMAZAWA, Kenichi ITAO,Hiroyuki KOBAYASHI,Zhiwei LUO:On Human Autonomic Nervous Activity Related to Weather Conditions Based on Big Data Measurement Via SmartPhone, Health, Vol.8 No.9,pp. 894-904, Jun 2016

[19]　Makoto KOMAZAWA, Kenichi ITAO,Hiroyuki KOBAYASHI,Zhiwei LUO:On Human Autonomic Nervous Activity Related to Behavior, .98 Daily and Regional Changes Based on Big Data Measurement Via SmartPhone, Health, Vol.8 No.9, pp. 827-845, Jun 2016

[20]　Makoto Komazawa, Kenichi Itao, Guillaume Lopez, Zhiwei Luo: Evaluation of Heart Rate in Daily Life Based on 10 Million Samples Database, Global Journal of Health Science,Vol 9, No 9,pp. 105-115, July 2017

[21]　COCOLOLO Engine（https://www.winfrontier.com/cocololo-engine/）

[22]　ダイキン工業株式会社 ふろロク (http://www.daikinaircon.com/sumai/alldenka/ecocute/furoroku/)

6.7 導電性高分子 PEDOT-PSS 複合繊維による生体信号測定 ―かぶれない電極・素肌に優しい生体センサー―

塚田 信吾

スマートフォンやスマートパッドに替わる次世代の情報端末として、時計型や眼鏡型などのウェアラブル機器が期待されている。スポーツや健康用品として、シャツ、リストバンド、胸ベルトなどの直接身体に装着するウェアラブル機器も普及し、スマートフォンなどと連携して、心拍や心電図などの生体信号を測定するための生体電極を備えた製品が増加している。これらはスポーツなどの健康増進だけでなく、疾病管理のための医療機器としても普及が期待されている。

とくに、日常生活における心電図や心拍などの生体信号の継続的なモニタリングは、精神的ストレスのチェックなどの健康管理や無症候性心疾患の診断など医療にも役立つと考えられている。しかし、生体電極の技術的な制約によってこれまで実現していなかった。電解質ペーストや粘着性のゲルを用いる医療用の生体電極は測定信号の安定性に優れるものの、電解質ペーストによって皮膚が密閉されるため、長期間の連続使用において皮膚の蒸れや接触性皮膚炎を生じやすい欠点があったからである。

近年普及しているスポーツ心拍計に使用されている生体電極には、銀メッキした合成繊維の布が用いられている。しかし、金属メッキ繊維特有の硬さによって、皮膚との安定接触を保つことが難しく、ゴムベルトなどを用いて皮膚に強く圧迫固定する必要があり、長時間の装着には難があった。

6.7.1 導電性高分子の布状電極

筆者らの研究グループは、装着感が快適で、電解質ペーストを使用せず、長時間安定した生体信号の記録が可能な電極の実現を目指し、導電性高分子と繊維の複合素材を用いた布状の生体電極を開発した。

この電極に使用した導電性高分子 PEDOT-PSS(Poly(3,4-Ethylene-dioxythiophene)Poly(Styrene- sulfonate)) は、生体電極に必要とされる十分な導電性と柔軟性がある。しかも、PEDOT-PSS は親水性があり、水分を吸収して柔軟になり、生体適合性も非常に高い物質である。

筆者らは、この PEDOT-PSS を神経細胞の活動電位を測定するための培養皿の微小多点電極 (MEA：Microelectrode Array) や、大脳皮質内への埋め込み用電極に使用してきた。PEDOT-PSS の高い生体適合性によって、身体の細胞の中で最も脆弱といわれる海馬や大脳皮質の神経細胞から長期間安定した活動電位の記録に成功している。

しかし、PEDOT-PSS は非常に親水性が高いため、濡れるとゲル状に膨潤し、機械的強度が著しく低下するという欠点がある。このため、μm サイズの小型電極に使用が限定され、医療用の皮膚貼付け型の電極やウェアラブル電極として利用された例はなかった。

筆者らは、生体電極に求められる水濡れによる機械的強度の低下を防ぎ、十分な耐水性を付与するために、PEDOT-PSS を基材となる繊維にコーティングした複合素材を作製した（図

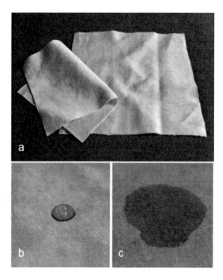

(a)PEDOT-PSSをポリエステル繊維
　　にコーティングした導電性布

(b)銀メッキナイロン布は撥水性に
　　より滴下した水を吸収しない

(c)親水性のPEDOT-PSS導電性布は
　　速やかに吸収する

図 6.18　　PEDOT-PSS をコーティングした導電性布

6.18)。

　研究当初はコーティングした PEDOT-PSS が基材の繊維から簡単に剥離するなど失敗の連続
であったが、試行錯誤の結果、シルク繊維に PEDOT-PSS を安定して固定化することに成功し
た。さらに改良した結果、現在ではポリエステルやナイロンなどの合成繊維を含むほとんどの繊
維に PEDOT-PSS のコーティングが可能となり、手洗いの洗濯により繰り返し使用することが
できるようになった。

　この導電性複合繊維の布帛は親水性であるため、皮膚に接触させた状態では皮膚からの汗や水
蒸気を吸収して、さらに柔軟になり、皮膚との密着性を増す。このため、安定した生体信号を記
録することができる。小動物（ラット）を用いた心電図の比較実験では、本電極は電解質ペース
トを使用していないにもかかわらず、ペーストを使用する医療用の生体電極に近い安定した心電
図を記録した。一方、銀メッキナイロン製の電極は皮膚との安定接触を保つことが難しく、基線
の動揺によって心電図の確認はしばしば困難となった [1]。

6.7.2　心電図検査用のウェア

　この導電性布帛のパッチをストレッチ性布帛のアンダーシャツの内側に配置し、24 時間心電
図検査用のウェアを作成した（図 6.19）。この布帛の電極は通気性があり、従来の生体電極のよ
うな蒸れやかぶれが発生しにくく、不快感の発生が少ない。また着衣により、誰でも心電図の検
査が可能である。

　本電極は、粘着性の材料を用いていないため、アンダーシャツが身体にぴったりとフィットす
ることが安定した測定に必要な条件となる。布帛の電極はその通気性、柔軟性、伸縮性によっ
て、身につけたときの布の触感が通常の布地とほぼ同一であることから、これまでにない長期間
の測定が可能となった [2]。

　今後、この電極を各種のウェアラブル機器や ICT と組み合わせることで、医療、健康増進、ス

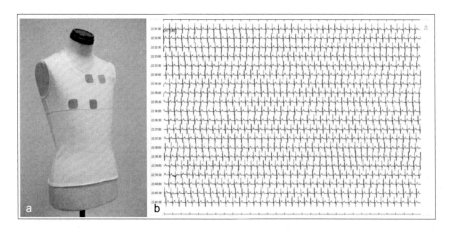

(a)灰色のパッチ（4カ所）が電極を構成する

(b)心電図測定用アンダーシャツによるホルター心電図の測定結果（24時間中10分間の心電図）

図 6.19　心電図測定用のアンダーシャツ

ポーツ、エンターテイメントなど幅広い分野で活用されることを期待している [3]。

参考文献

[1]　S Tsukada, H Nakashima, K Torimitsu, "Conductive polymer combined silk fiber bundle for the bio-electrical signal recording, "PLoS ONE, 7(4): e33689, 2012 年

[2]　Y T Tsukada, M Tokita, H Murata, Y Hirasawa, K Yodogawa, Y Iwasaki, K Asai, W Shimizu, N Kasai, H Nakashima & S Tsukada Validation of wearable textile electrodes for ECG monitoring Heart and Vessels volume 34, pages1203–1211(2019)

[3]　hitoe®ウェアラブル心電図測定システムⅡ（14 日ホルタ心電計 東レ・メディカル）、C3fit IN-pulse (スポーツ心拍計 ゴールドウイン)、hitoe®暑さ対策サービス (NTT-TX)

第7章

AIと人間情報

　明示できない知識いわゆる「暗黙知」は、伝統的なAIの限界であったが、深層学習の技術の広範な分野への適用の成功が、現今のAIブームを巻き起こした。機械の知能がマガイモノのAIの域を脱し、ホンモノのAIになったと誰しも認めざるを得ない日が来ることは間違いないと、近山隆・東京大学名誉教授は指摘する。

　AIが介護や事務・受付秘書などの業務に置き換えられていくと、相手への気配りや思いやりのある対応が不十分になり得るが、今後いかに温かみのあるAIロボットを開発するかが求められる。多くの医療現場でも、人工知能が人間の肺音を識別するシステムなどの活用が期待されている。

　また、AIを応用した開発として、ユーザとのインタラクションを含むシステムがある。人は、最も印象に残るピークの部分と終わりの部分によって経験を記憶し判断をするという「ピークエンドの法則」が、実例として解説されている。

7.1　愛から愛へ（AI から I へ）

近山 隆

　John McCarthy（1927 年〜2011 年）が「人工知能」(Artificial Intelligence) という言葉を使い始めてから 60 年、現在は何度目かの「AI ブーム」にある。これから数十年の間に機械の知能は人類社会にどのような影響を与えるのだろうか。

7.1.1　人工知能はニセモノの知能

　Artificial の訳には「人工」を当てることが多い。「人工」はそうでもないが、元の artificial には「マガイモノ」「不自然」というニュアンスがある。たとえば artificial sweetener「人工甘味料」には、天然甘味料のマガイモノという感が強い。Artificial smile は「作り笑い」のこと、似せて作っても「ホンモノ」ではない欠点が残るものを言うようだ。欠点を強調したくなければ artificial は使わないことが多い。「人工衛星」は artificial satellite の逐語訳である。しかし英語では単に satellite が普通だろう。

　自然物ではなく人間が作ったものというだけなら、synthetic の方が適切だろう。知能なら「合成知能」である。機械知能を意味する言葉に否定的ニュアンスを持つ artificial を選び、それを使い続けているのは、知能は人間だけがもつ能力であり、人間以外の知能はホンモノではない、という想いがあるからではないか。その裏には「人間は万物の霊長」という宗教的信念が潜む。人間以外の知能をホンモノと認めるのはこの信念に反するのである。

　しかし、機械の知能がマガイモノ AI の域を脱し、ホンモノの I になったと、誰しも認めざるをえない日が来ることは間違いなかろう。それも数十年のうちに。

7.1.2　伝統的な AI の限界

　現在は第何次かの AI ブームであるという。筆者自身が体験したブームは 1980 年代のもので、Edward Feigenbaum（1936 年〜）の提唱したエキスパートシステムがその主要技術だった。専門家の知識を論理式などで表現し、現実の事象を突き合せて推論を進めれば、コンピュータにも専門家と同じ判断ができる、というものである。人間を真似る、まさに AI である。

　これがうまく機能した対象領域もあった。だからこそブームになった。しかし、残念ながらそうした領域はさほど広がらなかった。「専門家の知識」を得るのは容易でないのだ。人間は自分が何を知っているかを知らない。人は犬と猫を高い確率で正しく区別できるのだから識別法を知っているはずだ。しかし、「どうやって識別しているか」を正確に記述することはできない。こういう明示できない知識を「暗黙知」と呼ぶ。

　専門家の知識の多くも暗黙知なのである。だからこそ教科書を読むだけでなく「背中を見て学ぶ」ことが必要なのだ。このことが伝統的な AI の限界だった。筆者自身が携わった第五世代コンピュータ研究開発プロジェクトでは、知識を論理式の形で記述して高速に推論するシステムを目指した。それが当初喧伝された広い応用につながらなかったのは「論理式の形で記述」が容易でなかったからである。

7.1.3 深層学習に基づく人工知能技術

現今の AI ブームは深層学習技術の広範な分野への適用の成功がもたらしたものである。機械学習の大きな利点は、知識記述が容易なことである。さまざまな局面で下す判断を「背中を見ろ」式に教えればよい。これで適用の敷居は格段に低くなる。

機械学習技術自体は新しいものではない。深層学習の基礎となるパーセプトロンの原理は 1957 年、誤差逆伝播による多層の学習も 1967 年にまで遡れる。だが、比較的簡単な問題についての学習にも、大量のデータに対する大規模な計算が必要である。

近年の急速な技術発展の背景には、大容量処理能力をもつコンピュータが廉価になり、ネットワークの普及が容易にアクセスできるデータの種類や量を飛躍的に拡大したことがある。データの不足が誤った判断に導きがちだったのが、十分な量のデータを用いた精密な学習が可能になり、適用分野が大きく広がった。もちろん質的な技術改良なしには不可能なことも多い。しかし、前提としてこうした量的拡大は不可欠だった。

7.1.4 コンピュータにはできないこと

コンピュータが知的に見える振る舞いをするようになると、逆に「でもこれはできない」という声をよく聞くようになる。その中には、現時点の量的な限界故に不可能であることを、本質的な限界と混同した議論も少なくない。以下、そのような議論の典型的ないくつかに反駁を試みる。

> コンピュータはプログラム通り動くだけだから、発明や発見はできない

この種の議論には、論理的に含意関係にない命題を「だから」という言葉でつなぐものが多い。プログラム通り動くことは発明や発見ができない理由にならない。大量のデータから新たな法則性を見つけることが「発見」でなくて何であろう。既存の知識を組み合わせて問題の解決法を見つけることを「発明」でなくて何と呼ぼう。

コンピュータの動きは、プログラムだけでなくデータに依存する。人間の発明・発見と同様、新たな対象からは新たな知見が得られるのである。

> コンピュータは細かい論理を積み重ねるだけで、問題を抽象的に把握できない

深層学習がブレークスルーとされるのは、まさにこの点にある。学習を多層で行うことによって、対象を抽象的に把握する層、それをさらに抽象化する層と、複数の中間層をもてるのである。人間は抽象概念に共有のための名前をつけるが、コンピュータがそうしないのは不必要だからにすぎない。

> コンピュータは個性や意志がないから、独創的発想はできない

どのコンピュータも同じプログラムを同じようにしか実行しない。しかし与えるデータが異なれば違う動きをする。一卵性双生児に後天的に個性が生まれるのと同様である。

機械学習は目的を与えるとそれに適した方法を自動的に構成する。与えた目的が低次元であれ

ば、その解は独創的に見えないだろう。しかし、十分な量のデータと十分な処理能力を与えれ
ば、高い抽象度の目的をもつ解を求められる。その解は抽象度に応じたレベルの意志に基づく、
独創的な発想に見えるだろう。

> コンピュータは毎回同じプログラムを動かすだけだから、経験を生かせない

　繰り返しになるが、同じプログラムでもデータが異なれば結果は異なる。以前に与えたデータ
は蓄積できるし、処理結果の一部、例えば多層ニューラルネットの中間層を保存して活用でき
る。これは獲得した抽象概念の再利用であり、まさに「経験の活用」である。コンピュータは互
いに通信し、大量のデータを正確に授受できる。他人の経験もフルに活かせるわけで、言語によ
る低スループット通信手段しか持たない人間より有利である。

> コンピュータはプログラム通りに動くだけだから、直感を生かすことができない

　これも「だから」の無理押しである。「直感」は暗黙知であり、明示的にプログラムに記述す
るのは難しい。しかし、データとしてもつことはできる。多層ニューラルネットの中間層は、こ
の「直感」も保持できる。データの共有で「暗黙知」の共有さえも容易である。

> コンピュータは感情をもたないから、人の感情を理解できない

　感情をもたないことは、理解できない理由にならない。共感できなくても、その感情をもつこ
とが理解できることはある。それは、人はどのような場合にどのような感情を抱くかという知識
に基づいた冷徹な推論の結果である。コンピュータもさまざまな状況における人間の行動を観察
し、状況に応じて振る舞うこと、共感を装うことすらできるだろう。これを「感情を理解した」
と言わないだろうか。

7.1.5　情報革命と反革命

　18 世紀中葉に始まった産業革命は、動力機関の利用によって人類を単純肉体労働から解放
し、人々は頭脳労働に専念できるようになった。20 世紀中葉からの情報革命は人類を「単純頭
脳労働」（筆者の造語）から解放しつつある。かつて珠算の能力は求職に直接有利に働いた。し
かし、今では難しいだろう。コンピュータに代替できる単純頭脳労働の範囲は、急速に拡大しつ
つある。
　かつては単純ではないと考えられていた囲碁や将棋でも、今や最も優れた人間を凌駕しようと
している。こうした大きな変化には、必ず反動が起きる。産業革命時には失業を懸念しての機械
や工場建築物に対する破壊活動（ラッダイト運動）が起きた。現代のネオラッディズムにはこう
した直接的活動は多くない。しかし、環境保全などそれ自体は適切な活動を感情面から裏支えし
ている。上述した種々の誤謬も、技術革新への恐怖を和らげたいという識閾下のバイアスが背景
にありそうだ。

7.1.6　機械知能にどこまで任せるか

　機械の知能が人間に迫り、さらに凌駕したとき、それを信頼し判断を任せられるだろうか。医療の特定分野では、医師より正確な診断を下せる例が報告されている。当分の間は人間の医師を支援する位置づけだろう。しかし、いずれ医師が介入しないほうが診断精度を高くできるようになるだろう。人間でも機械でも、高い確率で命を救ってくれる方を頼りそうだ。

　法的な判断はどうだろう。法令や判例に基づく量刑なら、人間の判事よりも合理的に判断できるようになろう。それでもコンピュータからの死刑宣告は我慢できないかもしれない。人間の裁判官からなら我慢できる、というものでもなかろうが。

7.1.7　ロボット工学 3 原則

　Isaac Asimov（1920 年～1992 年）はその著書『I, Robot』（1942 年）で、いわゆる「ロボット工学の 3 原則」を示した。

1) 人間に危害を加えてはならない。また、その危険を看過することによって、人間に危害を及ぼしてはならない。
2) 人間にあたえられた命令に従わねばならない。ただし、命令が前条に反する場合はこの限りでない。
3) 前 2 条に反するおそれのないかぎり、自己を守らなければならない。

これは機械知能についての原則として読める。Asimov の予見性には脱帽である。しかし、人間を遥かに凌駕した機械知能がこの 3 原則に従えば、以下になりそうだ。

1) 間違えると人間に危害が及ぶから、人間に判断させてはならない。
2) 人間が自分に判断させろと命じても、危険を看過できないので従ってはならない。
3) 人間はそのことを知ると機械知能に危害を加える可能性があるので（VR：Virtual Reality などを使って）自分で判断したように思い込ませるのがよい。

　書名のニュアンスからして Asimov も「万物の霊長派」なので、ここまでは考えられなかったのではないか。

7.1.8　機械知能に与える目的の選択

　機械知能は目的を果たす方法を探す最適化器なので、重要なのは与える目的関数である。それを誤れば能力を十分に発揮できないだけでなく、思わぬ方向に最適化してしまう可能性がある。一見適切なロボット工学 3 原則でさえ、そこから導かれる結論は予期したものではなさそうである。

　これから数十年程度の間に機械知能が著しく高度になっていくことは間違いないところである。それにどのような目的を与えるかは、それまでに人類が解決すべき重要課題、ひょっとすると最重要課題かもしれない。

7.2　人工知能 (AI) 研究開発における日本の立ち位置の これから

栗原 聡

　昨今、情報処理系専門誌だけでなく、一般向けの新聞・雑誌でも「人工知能」(AI：Artificial Intelligence) というキーワードを目にすることが多い。

　その主役は、機械学習技術の 1 つである深層学習法 (Deep Learning) である。一見、新しい技術のように思われるかもしれない。しかし、1960 年前後に提案されたニューラルネットワーク (NN：Neural Network) の仲間である。

　これは、人の脳の神経ネットワークを模した階層構造をもつ数学モデルである。当初から多層化の有効性が期待されていたものの、技術的な壁が存在していた。

　この壁が 1980 年〜2000 年代にかけて提案されたいくつかの手法によって解決され、多層化に成功する。2011 年に音声認識の認識率を競う国際会議 (ASRU2011) で、従来手法の性能を大きく凌駕する高性能を発揮して一躍注目されることとなった。そして、今回の AI ブームは 3 回目といわれている。過去 2 回はいずれもブームが去り、冬の時代に突入する流れを繰り返してきた。では今回も同じ流れとなるか？　筆者は、今回はそうはならないと考えている。

　過去 2 回のブームは研究・技術主導型であった。これに対して、今回は実用主導型であることがその理由である。上述したように Deep Learning の基本的技術自体が確立したのは 10 年くらい前である。では、なぜ今になって、これほど高く注目されているのであろうか？

7.2.1　ビッグデータを利用できる

　Deep Learning は高い性能を発揮する。しかし、学習効果を発揮するには大量の学習データと高性能コンピューティング環境が必要である。10 年前は、その能力を引き出せるだけのビッグデータ環境や高性能コンピューティング環境が不十分であった。

　現在は、ビッグデータを容易に利用できるようになった。加えて、コンピュータの高性能・低価格化と、Deep Learning 用の高性能 GPU(Graphics Processing Unit) の登場など、その性能を十分に発揮する状況が整備された。このため、Deep Learning が実用化サイドで盛り上がることとなった。

　では、従来技術の性能を大きく凌駕する Deep Learning によって活気づいている現在の AI 研究開発は、今後どのように加速するのであろうか？

　まず、これからの AI 研究の展開について、筆者は大きく 2 つの方向性があると考えている。1 つは膨大な情報を理解し、有用な情報を発見する AI である。例えば、我々は論文のグラフからその意味を読み取ることができるのに対して、現在の AI では Deep Learning であっても意味を読み取ることは難しい。しかし、論文のテキスト情報からの推論や新しい関連性の発見などは現在でも可能である。実際に 2500 万件もの医学論文データを基に、患者の検査結果から医師が特定できなかった病名を特定し、処方の仕方も指示したという驚くべき成果も出始めている。

図 7.1　相棒としての AI

7.2.2　当たり前のことが難しい

　もう 1 つの方向性が、まだ現段階での AI ではそのレベルに遠く達していないのであるが、我々の日常生活、そしてロボットとも密接に関連するものである。すなわち、我々の日常生活に入り込み、我々の相棒として存在する AI の実現である（図7.1）。まさに、「ドラえもん」のような相棒 AI である。自律移動型ロボットに搭載されるかもしれないし、環境知能という形で具現化されるかもしれない。VR(Virtual Reality：仮想現実) や AR(Augmented Reality：拡張現実) による実現の可能性も大いに考えられる。

　2 つ目の方向性については意外に思われるかもしれない。なぜなら、我々人にとっては、気配りや阿吽の呼吸といったやりとりは、当たり前のようにできることだからである。

　大人と子供との間でもできるし、子供同士でも自然にできる。しかし、現在の AI は、そのような当たり前のことの方が、将棋や囲碁よりもはるかに難しいのである。

　対話型音声アシスト機能「Siri」や自動会話ソフトウェア「チャットボット」など、対話 AI を利用したことのある人は多いと思う。しかし、これらで人間同士のような生きた会話ができた経験はまずないと思う。これら対話 AI が利用できる語彙力や知識量はすでに個人のレベルを超えているだろう。それなのに、人間同士のような生きた対話や場の空気を読んだインタラクションが困難である理由は何なのであろうか？

　2 つの理由が考えられる。1 つ目は、AI システムが人との対話やインタラクションにおけるコンテキストとその背景を理解できないことである。そして、2 つ目が、コンテキストに基づいて、合目的でしかも能動的に人に対して発話やインタラクションを実行することができないからである。

7.2.3　相手の背景知識までも理解できるか

　身近な例について考えてみたい。現在の対話システムに「喉が渇いた」と話しかければ、直近のコンビニや自販機の場所が回答として返ってくるであろう。しかし、人同士の場合、「今は我

慢して！」などと返答する場合もある。この発言は喉の渇きを潤すための返答ではない。

　理由は、直近の自販機には水以外の高カロリーなジュースしかなく、相手の糖分取り過ぎによる健康への悪影響を防ぐための発言だったのである。これは相手の体型や好み、健康状態などを知らないと出来ない返答であり、その場のコンテキストや、相手の背景知識を理解できない限りそのような返答をすることは不可能である。

　そして、そのような返答を可能にするには、もう 1 つの重要な機能が必要となる。それが目的指向性である。上記の例では、「相手の健康を気遣った」、別の解釈をすれば「相手の幸福度を向上させたい」という目的を達成するために「今は我慢して」という発言をしたのである。相手への気遣い以外にも、「その場の雰囲気を維持したい」という目的や、自らの欲望を達成するための発言など、我々はさまざまな目的をその場その場の状況で適切に選択し相手との会話や振る舞いを行っている。そして、このような何気ないやりとりが、お互いの信頼感を生み出している。しかし、現在の対話システムには、このような目的指向性がなく、単に与えられた質問に解答するのみであることから、そもそも人同士のような会話の成立は不可能なのである。

7.2.4　高い知的レベルから置き換え

　ところで、昨今の AI ブームは一般社会においてさまざまな議論を巻き起こしている。なかでも最も注目を集める話題が、AI と職業であろう。インターネットで検索すると「進化した AI の登場により、AI に置き換えられる職業リスト」といったタイトルでさまざまな情報を見ることができる。奪われることだけが強調され、不安を煽ることが目的のようにも思えてしまう。

　たしかに、産業革命にともなって機械化による失業の阻止を目的とした機械破壊運動「ラッダイト運動」（1980 年代のイギリス）を彷彿させる。ラッダイト運動は肉体労働の機械への置き換えである。そもそも肉体労働は人間には不向きであり、今や自動車工場はほぼ 100 ％ロボット化されている。

　しかし、今回の AI ブームは、AI が「人だけができる知的作業を奪う」という構図となることから、この問題が重要視されてしまうことはいたしかたないのかもしれない。では、実際どのような形で職の AI による置き換えが実現されていくのであろうか。飛び交う情報の中でも特に多い論調が、「接客や窓口といった、作業の知的レベルが高くはなく創造性が必須ではない定型的な作業を主とする職業から置き換えが始まる」という予測である。しかし、これまでの議論で、経理・医療・政治といった一般的に高い知的レベルが要求される職業の方が、実は AI への置き換えが容易であろうことが推察されるかと思う。

　AI にとっては、将棋や囲碁のように、論理的な思考が要求され、しかも使う知識が限定されたこれらのタスクこそ得意なのである。経理などのタスクにおいては、人との直接のやりとりがほとんど発生しない。これは政治についても同様であろう。政治は人とのやりとりが重要と思われるかもしれないが、政治判断や政策立案というタスクにおいて考慮されるのは個人レベルの詳細な情報ではなく、統計的な数字や有識者からの見解など、メタな知識の集合体であり、総じてマクロレベルでの意思決定である。

　つまりは、最適解を求めるとか、定型的なデータからある条件を満たす情報を抽出する、といった傾向の強い作業であり、やはり AI には得意な分野と考えられる。実際、米国では AI 搭載経理ソフトウェアの登場で相当数の税理士が職を失っているという報告もある。

7.2.5　温かみのある対応・対話は可能か

　これに対し、早期に AI に置き換えられるとされた介護や事務、秘書、受付など、必ずしも高い知的レベルが要求されないとされる業種の方が AI への置き換えにはまだまだ時間を要すると考えられる。

　たしかに、高い専門性のある知識は要求されないかもしれない。しかし、相手への気配りや思いやりのある対応が要求される。このようなタスクの方が AI にとって難易度が高いことは上述した通りである。無論、無機質な応答でよい、ということであれば現在においても置き換えは可能かもしれない。現に、銀行の電話相談窓口への AI 対話システム導入が実際に開始されている。このような相談窓口はいかに顧客の疑問点を理解し、的確な応答をするかが重要であり、導入しやすいタスクかもしれない。

　しかし、これまでの人対人のような温かみのあるインタラクションは失われてしまい、このことが人間社会に与える影響は大きいと考えている。加えて、日本は少子高齢化の影響によって、第 1 次産業を中心として、福祉・介護から日常生活全般に至る社会システムへの AI の導入が加速する流れは避けられず、その大半の場面において人と AI とが接する状況が発生する。この影響は、一般家庭環境よりも、他人同士のインタラクションが発生する介護、教育現場、接客、職場などでとくに顕著に現れると想定される。

　以上、現在の 3 回目とされる AI ブームについて、そして AI がこれからどのように進化し、そして、我々人との関係のこれからについて考察した。AI が日常生活に入り込むには「身体」が必要であり、そのためにもロボティクス研究の発展も必須である。AI やロボティクスなど、多様な研究の統合として、真に我々に寄り添う AI が実現されるのだと考えている。

7.3　人工知能を用いた肺音の識別システムの構築

橋本 典生

　呼吸器内科医としての必須の技術として肺音の聴診が挙げられる。肺音とは、呼吸運動に伴って発生し、胸壁で聞かれる聴診音の総称である。肺音には、呼吸によって気道内に生じた空気の流れを音源とする生理的な音である呼吸音と、病的状態によって発生する音である副雑音（ラ音）に分けられる。ラ音は主に 4 種類存在し、内科医はこれら肺音を聞き分けて疾患を推測する必要があるが、これには技術が要求される。そこで、人工知能を用いて肺音を鑑別出来るシステムの構築が要求されており、我々が取り組んでいる肺音鑑別システムの概要を紹介したい。

7.3.1　肺音

　医師が聴診をする時、まずは、肺音が正常な呼吸音なのか、もしくは、ラ音であるかを鑑別する必要がある。また、ラ音を聴取した時は、主な 4 種類のラ音の内、どのラ音に属するかを鑑別する必要がある。これは、ラ音によって想定される疾患が異なってくるからである。

(1) 正常呼吸音

　正常呼吸音は、健康な人に聴取される肺音であるが、前胸部や両側肺底部で左右を比較しながら異常が無いかを確認する。厳密には、肺音を聴取する場所によって呼吸音の違いや名称が変わってくるが、大部分では、吸気がしっかりと聴取され呼気は極めて小さいのが特徴である。ただし、気管前面で聴取される気管呼吸音は、呼気の音が吸気とほぼ同等に聴取される特徴がある[1]。

(2) ラ音

　ラ音は、健常人では聴取されない異常な肺音である。ラ音は大きく連続性ラ音と断続性ラ音に分類されるが、主なラ音を表 7.1 に示す [1,2]。

表 7.1　副雑音の種類と鑑別疾患

連続性ラ音	1. 笛音 (wheezes)	"ピーピー"という高音性の連続性ラ音（基本周波数 400 Hz 以上）であり、主に呼気時に発生しやすい。腫瘍による局所的な狭窄や気管支喘息の発作時など気流制限時に聴取される。
	2. いびき音 (rhonchi)	"グーグー"という低音性連続性ラ音（基本周波数 200 ～ 250Hz 以下）であり、気道内に喀痰の貯留時に聴取される。
断続性ラ音	3. 捻髪音 (fine crackles)	"バリバリ"と細かな音で、吸気の後半に出現し終末まで続く周波数の高い断続性ラ音である。肺線維症、放射線肺炎などの間質性肺疾患などに主に聴取される。
	4. 水疱音 (coarse crackles)	"ブツブツ"と粗い感じの音で、吸気の初期に出現する周波数の低い断続性ラ音である。細菌性肺炎、うっ血性心不全、肺水腫などで聴取される。

連続性ラ音

　連続性ラ音は、肺音では 0.25 秒以上持続する管楽器様の音である [2]。笛音 (wheezes) といびき音 (rhonchi) に大別される。

　①笛音 (wheezes) は、400Hz 以上の周波数と持続時間が特徴的な肺音であり、通常は呼気のみに聴取されるが、狭窄がより深刻な場合は吸気時にも聴取する [3]。原因としては、腫瘍による局所的な狭窄や気管支喘息、慢性閉塞性肺疾患（COPD）による気流制限時に聴取される。

　②いびき音 (rhonchi) は、200〜250Hz 以下の低調性な呼気時のいびき様音である [3]。慢性の気道疾患である慢性気管支炎、気管支拡張症など気道分泌物が多い時に聴取される。

断続性ラ音

　断続性ラ音は、短くて弾ける音が連続して聴取される異常音であり、捻髪音 (fine crackles) と水疱音 (coarse crackles) に大別される。

　①捻髪音 (fine crackles) は、吸気終末時に気道の突然の開放により発生する「バリバリ」と言った高調性の肺音である [2]。捻髪音が聞こえた時は間質性肺炎を疑う必要がある。

　②水疱音 (coarse crackles) は、吸気初期または吸気の初期から中期に聴取される「ブツブツ」と言った低調性の肺音である [2]。気道内に貯留した分泌物が呼吸運動によって弾ける音であると考えられており、気管内に水疱を生じうる肺炎や肺水腫、うっ血性心不全などで聴取される。

7.3.2　音の性質と視覚化方法

　音は気圧の連続的な微小変化であり、「音の三要素」の高さ（音程）、大きさ（音量）、音色によって特徴づけられる [2]。物理学的に音の高低は波長（周波数：1 秒間の振動数であるヘルツ Hz を使用）、大小は振幅（単位はデシベル dB）、音色は波形によって区別される [2]。人工知能を用いて肺音の解析を行うためには、肺音を視覚的に捉える必要があり、肺音をアナログからデジタル信号に変換し、音の三要素を画像として表示することが必要になる。この音の画像表示法には時間軸波形、パワースペクトラム、サウンドスペクトログラムなどがあるが、以下に時間軸波形とパワースペクトラムを簡潔に説明したい。

(1) 時間軸波形

　空気中を伝わる疎密波である音は、時間軸波形を用いて横軸に時間、縦軸に気圧の変化量として視覚的に表現できる（図 7.2）。図 7.2 の波形は、振幅が一定で、一定の周期で繰り返しており、純音を表している。縦軸の振幅は、気圧の変化量である音の大小を表し、横軸は高低を決める波長をとっている。音が波として空気中を伝わる時、空気内に疎密な部位が発生し、空気が密なところでは圧力が大気圧よりも高くなりプラスで表し、空気が疎なところでは圧力が低くマイナスで表している [4]。

　図 7.2 の正弦波は「ピー」という単純な音の時間軸波形であり、聴力検査に使用されている純音波形である。自然界に存在する殆どすべての音（一般の生活音や肺音など）は、さまざまな周波数の純音が混ざり合ってできた複合音であり、音色は、この複合音を感覚的にとらえたものである [2]。

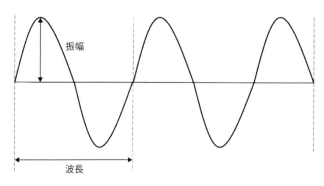

図 7.2　時間軸波形

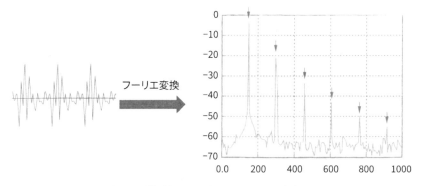

図 7.3　波形からスペクトルへ ([2] を改変)

(2) パワースペクトル（または、周波数分析・フーリエ解析）

　聴診時に聞かれる肺音は複合音であり、さまざまな周波数成分の純音が混じりあって出来ている。与えられた音波を、それを構成している多数の純音に分解する作業を周波数分析と呼んでおり、周波数分析の結果をグラフ化したのがパワースペクトルである [4]。フーリエの法則によると、全ての複合音は複数の純音に分解できるため、パワースペクトルでは、肺音を異なった周波数と振幅をもった純音に分解しグラフ化している（図 7.3）[2]。パワースペクトルでは、縦軸に振幅と横軸に周波数を示し、複合音の異同や音色、雑音を一目で識別できるようにしている。

7.3.3　人工知能（ディープラーニング）を用いた肺音の識別システム

　ディープラーニングは第 3 世代の多層にしたニューラルネットワーク技術の総称であり、具体的な手法は色々と存在している。この技術は、既に多くの分野でデファクトスタンダードな技術として使用され、医療分野では特に注目されている。その中の 1 種である Deep Convolutional Neural Network(DCNN) は、学習データから特徴表現を学習することが可能であり、コンピュータービジョンの分野における特徴抽出器の標準になっている。DCNN は、ほ乳類の脳内の視覚野に関する神経回路を模倣しており、図 7.4 のように入力層の後に畳み込み層とプーリング層がペアで順に並び、全結合層から出力層へと連結することが多い。この DCNN モデルでは学習によって決定すべきパラメータ数が 10^7 以上のオーダーがネットワーク構築に必要と考えられており、そのネットワークを学習させるためにも同程度のデータセットが

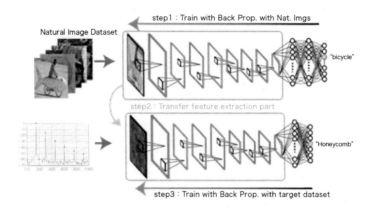

図 7.4 転移学習法：まず大量の自然画像で特徴抽出器部分の大まかな結合係数を決め、その後、識別部分を入れ替えて、ターゲットとなるパワースペクトラムをセット学習する ([5] を改変)

必要と言われている [5]。

　その一方で、医療画像のような少数データセットを用いた識別問題では、データ数が少ないため十分な識別精度が得られないといった事が指摘されている。その解決方法として、一般物体画像認識を対象とした DCNN(AlexNet) の特徴表現を初期状態とし、医療画像を追加データとして訓練させる特徴表現取得手法の転移学習を用いる事にした（図 7.4）。これは、一般の自然画像による視覚体験を行わせた DCNN を構築し、その DCNN に対してターゲットとなる肺音のスペクトラム画像を学習させることに相当すると考えられる。実際の学習データの肺音は、Thinklabs One[6] と言う電子聴診器を用いて患者よりデジタルデータの時間軸波形として記録し、パワースペクトルに変更後は、肺音画像データセットして DCNN に訓練させ肺音鑑別システムの構築を試みている。

　以上、少数の肺音データを用いた転移学習での肺音鑑別システムの構築に関して簡潔に記した。本研究を行うに当たって、九州工業大学の神谷亨教授との共同研究でご協力を得て進めている。この場をお借りして感謝申し上げたい。

参考文献

[1]　日本呼吸器学会編集：新呼吸器専門医テキスト、南江堂、2020

[2]　岡 三喜男：読む肺音　視る肺音　病態がわかる肺聴診学、金原出版株式会社、2014

[3]　皿谷 健：まるわかり！ 肺音聴診、南江堂、2020

[4]　坂本真一、蘆原　郁：「音響学」を学ぶ前に読む本、コロナ社、2016

[5]　庄野 逸 他：ディープラーニングの医療画像への応用、医療画像情報学会雑誌、34 巻 2 号（2017）、pp48-53

[6]　https//www.thinklabs.com

7.4　テキスト予測入力システムにおけるユーザー体験の最適化

大附 克年

7.4.1　テキスト入力システム

　パソコンやスマートフォンを利用する上で、テキスト入力は重要な機能の 1 つである。みなさんも、E メールやテキストメッセージを書いたり、Web 検索をしたり、SNS への書き込みをしたりする際にテキスト入力機能を使っているかと思う。テキスト入力では、キーボードによる入力だけでなく、音声や手書きによる入力方法もあり、深層学習を適用することにより近年著しい性能の改善がみられるが、ここではキーボード（タッチキーボードを含む）での入力について取り上げてみたい。

　テキスト入力機能といっても言語によってその実現の難しさが異なる。英語はアルファベット 26 文字と数字、いくつかの記号がキーボード上のそれぞれ 1 つのキーに割り当てられており、対応するキーを押していくことで直接入力したいテキストを入力することができる。フランス語にはアクセント記号（アクサン）、ドイツ語にはウムラウトといった特殊記号はあるものの、ヨーロッパ言語は基本的にキーボードのキーと入力文字が対応しており同様の入力方法が実現されている。

　一方で、日本語や中国語では通常使われる文字だけでも 2000〜4000 文字（通常使われない文字を含めると約 5 万文字と言われている）あり、それらを 1 つひとつのキーに割り当てたキーボードを用意するのは現実的ではない（用意したとしても使いこなせる人はほとんどいないだろう）。そこで、キーボードから発音に相当する文字列（中国語では pinyin や bopomofo、日本語では仮名）を入力するとシステムがその発音に対応する候補を複数提示してユーザーは候補から入力したい文字列を選択する、というシステムが考案され一般的に利用されるようになった（香港では、発音ではなく漢字の構成要素（字根）によって入力する方法が一般的である）。

7.4.2　テキスト入力システムの評価指標

　さて、このような日本語や中国語のテキスト入力システムで問題となるのは、システムが提示する文字列の候補が常にユーザーの期待するものであるとは限らないことである。システムは、発音（読み）が同じ複数の候補から一般的な利用頻度、直前の文脈、ユーザーの使用履歴などに基づいて候補を提示するわけであるが、同じ条件でもユーザーによって期待値が異なる場合もあり、100% の精度を出すことは不可能である。システムの提示した第一候補がユーザーの期待値と異なっている場合には、ユーザーは別の候補を選択する必要があるわけであるが、ユーザーの不満はその追加の操作が必要ということにとどまらず、期待値と異なる候補を出したシステムに対しても向けられる。対話的 (interactive) なシステムでかつユーザーの操作に対して即時 (real time) に反応があるだけにとりわけユーザーは不満を感じやすい [1]。

　システム開発者側は、そういったユーザーの不満をできるだけ軽減して、よりよいユーザー体験 (user experience) を提供すべくシステムの性能改善の工夫を重ねるわけであるが、性能を改善していくためには、個別のケースを 1 つずつ直していくのではなく、システム全体の性能を網

羅的、客観的に計測する必要がある [2]。テキスト入力システムの性能評価に用いられる指標の1つに Character Error Rate (文字誤り率、CER) がある。CER は式 (1) のように正解のテキストの文字数 (Number of characters in reference) に対する置換誤り (Substitution error)、削除誤り (Deletion error)、挿入誤り (Insertion error) の 3 種類の誤りの文字数の比率として定義される。テキスト入力における CER の計算例を図 7.5 に示す。CER あるいは単語を単位とした Word Error Rate(単語誤り率、WER) は、音声認識や文字認識などでも広く用いられている評価指標である [3]。

$$CER = \frac{S:Substitution error + D:Deletion error + I:Insertion error}{N:Number of characters in reference} \tag{1}$$

さて、システムの改良を重ねて CER を削減すればユーザーの不満を減らすことができていると言えるだろうか。例えば、CER を 5% から 4% に削減したとすれば、20% のエラー削減であり、全体的には体感できるレベルで性能改善が実現できていると考えられる。しかし、ユーザー体験の観点からは以下の点についても考慮が必要である。

・全体としてエラー数（エラー率）が減少した場合、削減されたエラーと新たに出現したエラーとがあり、削減されたエラーの方が新たなエラーより多いということである。その新たに加わったエラーの中にユーザーの印象が著しく悪いもの（例えば、とても基本的な単語を間違えるなど）が含まれていないか。
・テキスト入力システムでは、システムの第一候補がユーザーの期待と異なっている場合、ユーザーがそれを期待する結果に修正する必要がある。新たに出現したエラーを修正するのに必要な操作の手順が多いようだとユーザーの生産性を下げることになる。つまり、CER はシステムが最初の候補を出力する時点での性能を評価しているが、ユーザー体験はシステムが提示した候補が期待に添わない場合にそれを修正する操作までを含むものであり、修正操作までを含んだユーザー体験が劣化していないか。

上記の 1 点目については、間違ってはいけない例文を集めてチェックするようにしたり、単語の重要度に応じて重み付けをして誤り率を算出したりすることにより、ある程度の対応が可能である。とはいえ、例文を集める作業は人手に頼らざるをえず網羅性も限られてしまう。また、単語の重要度による重み付けも文脈による変化などもあり、特に多くの人が利用する製品の開発では、人手による最終チェックが欠かせない。

```
Input:      きょうはちじにかえるよ
Reference: 今日八時に帰るよ
Result:     今日は知事に蛙よ
```

Reference	今	日		八	時	に	帰	る	よ
Result	今	日	は	知	事	に		蛙	よ
Error			I	S	S		D	S	

$$CER = \frac{3+1+1}{8} = 62.5\%$$

図 7.5　CER の計算例

Input:　　　きょうはちじにかえるよ
Reference: 今日八時に帰るよ
Result:　　　今日は知事に蛙よ

Number of baseline keystrokes:　　11(かな入力) + 1(変換) = 12
Number of actual keystrokes:　　　11(かな入力) + 1(変換) + 11(候補修正操作) = 23

$$KsR = \frac{23}{12} = 192\%$$

図 7.6　　KsR の計算例

Baseline Input: よろしくおねがいします
Actual Input:　　よろ
Reference:　　　よろしくお願いします
Result:　　　　　よろしくお願いします

Number of baseline keystrokes:　　11(かな入力) + 1(候補選択) = 12
Number of actual keystrokes:　　　2(かな入力) + 1(候補選択) = 3

$$KsR = \frac{3}{12} = 25\%$$

図 7.7　　KsR の計算例 2

　上記の 2 点目については、CER あるいは WER の範疇を超えるものであり、別の評価指標が必要となる。例えば、式 (2) に示すような Keystroke Rate (KsR) は、システムが最適な候補を提示できた場合に必要となるキーストローク数（Number of baseline keystrokes、文字をタイプするキーストロークと候補選択やカーソル移動などの操作に関するキーストロークの合計）に対する実際に期待する候補を入力するために必要となったキーストローク数 (Number of actual keystrokes) の比率であり、1 を超えた分だけユーザーが余計なキーストロークをタイプしなければならなかったことになる (図 7.6)。

$$KsR = \frac{Number\ of\ actual\ keystrokes}{Number\ of\ baseline\ keystrokes} \tag{2}$$

　また、この KsR は、単語やフレーズを途中まで入力したところでまだ入力していない部分を補完して候補を表示する予測入力の評価にも用いることができ、予測入力が効果的に働いた場合には、KsR は 1 より小さな値をとる (図 7.7)。つまり、KsR は、システムが提示する候補の正確さと、候補が期待するものでなかった場合の修正操作の簡便さ、そして予測入力によるキーストロークの削減とをあわせて、入力効率を総合的に評価することができるといえる。

7.4.3　ユーザー体験の最適化

　では、この KsR ができるだけ小さくなるようにシステムをチューニングすれば、ユーザーにとって満足度の高い入力システムが実現できるだろうか。我々が実施した実験では、最も KsR を小さくできたのは、予測入力が、2 文字以下のキーストローク削減をできるだけ多く実現する

ようなシステムであった。予測は不確実なものであるが、少ない文字数を補完する方が正解できる可能性が高く、それを積み重ねていけばトータルで多くのキーストローク削減を実現できるというのは妥当な戦略だと思われる。しかし、このシステムを含めいくつかのテキスト入力システムをユーザーに主観評価してもらったところ、キーストロークを最も削減できるシステムよりも、トータルでのキーストロークの削減は小さいが、キーストロークを大きく削減できる予測候補がときどき提示されるシステムの方が高い評価を得た。表 7.2 に、この評価結果を概念的に示す。トータルでのキーストローク削減はシステム A の方が大きいが、ユーザーはキーストロークを大きく削減できる候補 (表 7.2 の文 3) を提示したシステム B の方を好んだ。

この評価結果は興味深く、以下に挙げるようないくつかの示唆を得ることができる。

・1 文字や 2 文字のキーストローク削減が続いてもユーザーはあまりメリットを感じない
・1 文字のキーストローク削減を 5 回経験するよりも 5 文字のキーストローク削減を 1 回経験する方がユーザーはよりメリットを感じる
・ユーザーがメリットを感じる最適化のポイントは、トータルでのキーストローク数削減の最大化とは別のところにある

ここに挙げた点は、行動経済学の権威であり、2002 年にノーベル経済学賞を受賞したダニエル・カーネマン (Daniel Kahneman) が提唱した「ピーク・エンドの法則 (peak-end rule)」[4] でも説明できる。「ピーク・エンドの法則」とは、人は経験の記憶を、ある期間の合計（積分）ではなく、最も印象に残ったピークの部分 (Peak) と終わりの部分 (End) によって判断するというものであり、ここでのテキスト入力システムの例では、特にピークがユーザーの印象に大きな影響を与えると考えられる。つまり、ユーザーの不満を減らし満足度の高いテキスト入力システムを実現するためには、ユーザーの印象に影響を与える要素を考慮した評価指標を設計し、その評価指標に対して最適化をしていく必要がある。

表 7.2 キーストローク削減の評価

	システム A		システム B	
	結果	KsR	結果	KsR
文 1	●●●●●○○○○	80% (4/5)	●●●●●○○○○	100% (5/5)
文 2	●●●●●○○○	60% (3/5)	●●●●●○○○	80% (4/5)
文 3	●●●●●●●●○○○○○	75% (6/8)	●●●●●●●●○○○	37.5% (3/8)
文 4	●●●●●●●○○○○	71.4% (5/7)	●●●●●●●○○○○○○	100% (7/7)
文 5	●●●●●●○○○○	66.7% (4/6)	●●●●●●○○○○	83.3% (5/6)
全体		**71.0% (22/31)**		77.4% (24/31)
最大のキーストローク削減		60% (3/5)		**37.5% (3/8)**

7.4.4　まとめ

　以上、テキスト入力システムを題材にユーザーの満足度の高いシステムをつくるための評価指標について議論してきたが、テキスト入力システムに限らず、AI といわれる機械学習を応用したシステム、特にユーザーとのインタラクションを含むシステムの開発では、ユーザーがどこに不満を感じ、どのようにすれば満足度をあげることができるのか、という観点で評価指標を設計することが肝要である。また、ユーザー体験の評価は個々人によって好みが分かれることもあり、パーソナライズを考慮に入れることも必要になってくる。さらに、使用している評価指標が目的としているものを測れているか、よりよい評価指標はないか、といった見直しを続けていくことも重要である。機械学習の進展により、質の良いデータを大量に集めることができれば、精度の高いシステムを構築することが可能になってきているが、人間が直接操作するシステムの開発においては、ユーザーである人間がどう感じるかに配慮し、人間の感覚に寄り添ったユーザー体験の設計と最適化をおこなうことが、ユーザーの満足度を高めるために今後より一層重要になっていくだろう。

参考文献

[1]　大附克年、石橋紀子、鈴木久美、"Microsoft IME のユーザーフィードバックに基づく品質改善"、言語処理学会第 17 回年次大会、C5-2、2011

[2]　"If you can't measure it, you can't improve it." ピーター・ドラッカー (Peter Drucker) による名言の 1 つと言われている.

[3]　https://en.wikipedia.org/wiki/Word_error_rate

[4]　Daniel Kahneman, Barbara L. Fredrickson,Charles A. Schreiber,Donald A. Redelmeier, "When More Pain Is Preferred to Less:Adding a Better End." Psychological Science, pp.401-405, 1993

第8章

IoTと人間情報

　今日のコロナ禍にあって、オンライン活動を支援する情報インフラの技術改良と進歩が急激に加速化されているが、それは物理ファーストからサイバーファーストに進化しつつあるということである。物理空間では競争力のある生存機械が、サイバー空間では競争力のあるプログラムが重要な要素となる。ポストコロナ社会に資する社会インフラの実現が求められていると、江崎浩・東京大学教授は述べている。

　また、病気の診断とモニタリングに関しては細胞間の情報を数値化するセンサアレイが実現されつつあり、体内をデジタル的にイメージ化することで、AI による肺がんや大腸がんなどの治療の迅速化・効率化が期待できる。時間とともに刻々と変化する時系列信号と心電図・脳波・筋電図を生体時系列信号としてとらえて、AI で解析する技術が進んでいる。

　次に、スキルサイエンスにおける技能解明というテーマで、人間の技能習得過程を、モーションキャプチャ、慣性センサ、心拍センサ、脳波などのセンシングと関連づける研究を紹介している。

　さらに、行動とコミュニケーションにおけるヒューマンセンシングの研究と応用などについても解説している。

8.1　ポストコロナ社会インフラのデザイン
—あと戻りせず、オンライン前提の社会へ—

江崎 浩

8.1.1　ポストコロナ社会の姿

　新型コロナウイルス感染症（COVID-19）は、コロナ禍が発生する前の社会が抱えていた問題を拡大・顕在化させたと考えることができる。

　情報インフラ（インターネット）は今回のコロナ禍による最悪の事態を回避することに貢献したことは明白であるとともに、これまでのオンラインでの活動を支援する技術の改良と進歩が急激に加速された。

　しかし、ポスト・コロナの社会産業活動は、単なる情報化ではなく、空間的制約を大幅に緩和する情報技術をさまざまな形で活用することで、これまでとは根本的に異なる新たな社会の姿を模索しなければならならない。

　これまでの、短期利益の最大化を主な KPI(Key Performance Indicator) とする研究開発活動や社会産業活動は、(1) 相互利益（＝他利益主義）による新しい Multiple-Payoff（＝"三方良し"）、(2) 適応性・柔軟性（＝環境変化への順応能力、迅速かつ正確な危機管理能力）、(3) 対称性（現在のさまざまな問題の原因である非対称性の解消と相互監視性の堅持）、(4) 包摂性、(5) 持続（可能）性、などの多様な KPI を同時に満足するような新しい社会システムの設計・実装・構築・運用管理が必要となると考える。

　今回のコロナ禍は、人の移動がグローバル化したことで、その伝染の速度がこれまでの伝染病とは異次元なものとなった。短絡的な対処法は境界遮断（＝ファイアウォール）による分断（＝フラグメンテーション）である。

　しかし、人の移動を止めることは、後退・退化であり、もはや不可能であることを我々は認識している。

　すなわち、「グローバルである」ことを前提にして、有効な対策を見出す必要がある。

　さらに、情報化によるフェイクニュースを含むデジタル情報の伝搬（伝染）も、我々の想像をはるかに超えるものとなった。人類の生存と繁栄のために、オンラインを前提にし、デジタル・ネット遺伝子の正と負の力を認識しつつ、我々は新たな社会基盤を構築しなければならない。

8.1.2　インターネット遺伝子の新しい覚醒

　インターネットアーキテクチャという遺伝子（＝プログラム）が、生存機械として スイッチ、ルータ、コンピュータを選択し、The Internet が形成された[1]。The Internet というインターネットアーキテクチャ遺伝子が形成した生存機械の中には、光ファイバーやデータセンターあるいは電力システムなど、スイッチ・ルータ・コンピュータを接続・収容し稼働させるための物理インフラも必要となり、適切な生存機械である物理インスタンスが選択された。

　もちろん、生存機械に関する選択肢は、オープン性をもっているモノほど、その時の状況・環

1　リチャード・ドーキンス、『利己的な遺伝子』(The Selfish Gene)、1976 年

境に適したものに変更する障壁が小さく、次の世代のシステムを構成する適切な選択肢として選択される確率が高くなり、その結果生き残る&繁栄する可能性が高くなる。

　インターネットアーキテクチャ遺伝子は、生存機械がオープン性をもつことを強く推奨 (Encourage) し、さらに、オープン性を持つことがその生存機械自身の繁栄と、The Internet の繁栄に寄与する前提であり必要条件 (Premise) であることを啓示・提示し続けてきた。The Internet は、すべてのコンピュータがもつデジタル情報をグローバルに通信・共有・加工可能なインフラである。

　コンピュータは、すべての物理インスタンスを抽象化（＝デジタル化）し、その管理制御をデジタルのプログラムで実現可能にしつつある。すなわち、サイバー空間と物理空間の融合 (CPS : Cyber Physical System) である。それ以前の、社会インフラは、「物理ファースト (Physical First)」で、コンピュータは、物理空間の作業の効率化を実現していたに過ぎない。しかし、近年では、CPS の状況は、急激に、「サイバーファースト (Cyber First)」に進化しつつある（図8.1）。

　旧来の The Internet は、ほぼ、サイバー空間に閉じていた。これが、汎用のコンピュータ以外に拡大する過程で、サイバー空間に物理空間の複製 (Digital-Twin) が可能になりつつあると認識するようになった。

　しかし、実際には、さまざまな物理製品の設計において、サイバーファーストの状況・環境が構築されてきていた。コンピュータ上に、物理製品とその製品が存在する物理空間の物理法則も定義・模擬（＝デジタル試作）することで、その製品の挙動や特性をシミュレーション (Simulation) することが可能になってきた。すなわち、物理実体を用いた"実験"を行うことなく、デジタル空間に構築された模擬空間でのシミュレーションによる"模擬実験"を行うことで、高精度の評価が可能となった。

　さまざまなコンピュータ上での"模擬実験"で候補となったモノを、実空間に展開（＝物理的試作）し、物理実体を用いた実験評価を行うという 製品の研究開発が一般化してきた。

　旧来は、たくさんの物理的試作と実験から、共通の法則や経験知を見出す手法が一般的であった。すなわち、「物理ファースト」である。コンピュータ、すなわちサイバー空間・デジタル空

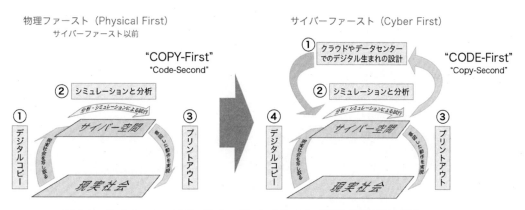

図 8.1　サイバーファースト（Cyber First）のサイバー空間と物理空間の融合
　　　　（CPS : Cyber Physical System）

間の能力が不足している時代には、簡略化された物理インスタンスの挙動をコンピュータ上で模擬化 (Emulation) し、シミュレーション (Simulation) を行っていた。

しかし、サイバー空間・デジタル空間の能力の劇的な向上によって、ほぼ、正確な物理空間に存在するインスタンスの模擬化が可能となり、その結果、サイバー空間・デジタル空間での評価が、物理空間での評価よりも先に行われるようになってきたのである。

これが、「物理ファースト」の「デジタル・ツイン」を経由し、「サイバーファースト（あるいはデジタルファースト）」に向かう急激な進化のプロセスである。

このような、サイバーファースト（あるいはデジタルファースト）への進化には、サイバー空間で定義されるインスタンスと物理空間に存在するインスタンスとの間でのアンバンドル化が実現される必要がある。これは、物理インスタンスのサイバー空間に対する汎用化・共通化である。サイバー空間を上位層に、物理空間を下位層として捉えると、上位層と下位層との間でのインタフェイスの共通化・標準化・汎用化である。

この進化においては、生存機械である物理空間のインスタンスは、汎用技術を用いたインスタンスへの進化を遂げることになる[2]。

この現象（＝進化）は、汎用のコンピュータだけではなく、組み込み機器を含む IoT デバイスに対して急速に進展している。IoT デバイスにおける 機能 (Function) と物理デバイス (Things) のアンバンドル化である。機能がサイバー空間に、物理デバイスが物理空間に対応する。物理デバイス (Things) が汎用化することで、機能 (Function) は自由に物理デバイス (Things) を選択可能になるとともに、機能 (Function) が自由に物理デバイス上を移動することが可能になる。さらに、機能 (Function) は、物理デバイス (Things) の制約なしに、相互接続が自由に行えるようになる。

これによって、水平方向、すなわち、機能 (Function) 間での自由な結合・連携が可能となる。すなわち、モノの相互接続である IoT(Internet of Things) から、機能およびコードの相互接続である IoF(Internet of Function) あるいは IoC(Internet of Code) への進化である。

最後に、物理デバイス間での相互接続性が実現されれば、コンピュータ間での論理的（＝デジタル空間）での相互接続と物理的な相互接続の両方で実現されている The Internet を、さらに、コンピュータ以外の物理インスタンスに拡張することが可能となる。

この実例として、物流システムやエネルギーシステムがあげられる。物流システムは、コンテナとパレットの導入によって、それまで、融合・連携することができなかった、排他的な物流システムが統合されることになった（図 8.2）。

コンテナとパレットの導入によって、運ばれる荷物と荷物を運ぶ輸送媒体（車＋道路、列車＋線路、船＋海、飛行機＋空[3]）の両方に非依存の、共通の基盤（プラットフォーム）が形成された。シェアリングエコノミー型のインフラである。

エネルギーシステムも、エネルギーの変換技術によって、エネルギーを蓄積する媒体の間での

---

[2]　この現象は、The Internet システムにおいて進展しているサーバ、スイッチ、ルータ、ユーザ端末におけるホワイト・ボックス (White-Box) 化に対応する。

[3]　道路、線路、海、空は、すべて、輸送媒体の移動を実現する「航路」であり、「航路」は TCP/IP における物理レイヤ、「輸送媒体」はリンクレイヤに対応する。「荷物」は IP レイヤ（IP パケットがそのインスタンス）に対応することになる。

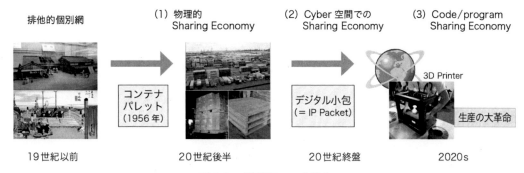

図 8.2　"物流"2 つの大革命

エネルギーの移動が可能になり、エネルギーのシェアリングエコノミー型のプラットフォームへと向かっている。

　エネルギーシステムにおいては、石炭、石油、蒸気、熱、化学物質などがエネルギーの蓄積・輸送媒体と捉えることができる。

8.1.3　インターネット遺伝子に基づいた都市つくり・街つくり

　このように、サイバーファーストの社会においては、サイバー空間での物理空間と物理空間に存在する物理インスタンスの選択と配置、物理インスタンスの結合技術とトポロジーの設計図の創成力が、生存機械である都市・街の価値と繁栄力を決定することになる。

　また、物理インスタンスの共通化・標準化・汎用化の進展に伴い、以下の2つが、都市・街の繁栄力にとって、重要な要素となる。

(1) 物理空間：競争力ある生存機械
(2) サイバー空間：競争力あるプログラム

　すなわち、スイッチ・ルータ・コンピュータで構成されるデジタル情報の送受信・共有・加工を実現するインターネットの存在と利用は自明な前提条件とし、さらに、これまでサイロ化していたさまざまな物理インスタンス（および複数の物理インスタンスで構成構築されるシステム）が、「インターネット遺伝子」に基づいて、共通化・標準化・汎用化されて、相互接続可能な、シェアリングエコノミー型の社会インフラが形成されなければならない。

　この社会インフラは、プログラマブル、すなわち、Software Defined であり、状況・環境の変化に柔軟にかつ迅速に対応・変容可能であり、さらに、プログラムによって、その特長と競争力を醸成することが可能となる。

　21 世紀型の都市・街のグランドプランとしては、国土交通省による「コンパクト＆ネットワーク」と、環境省による「地域循環共生圏」の考え方が提唱されている。各地域にコンパクトで SDGs を実現する都市・街を創り、それをネットワーク化するという、自律分散型ネットワークの創成である。

　自然災害などによる非常事態への対応能力とリスク管理能力を持ちつつ、グローバルなネットワーキングが可能な都市つくり・街つくりである。

　リスク管理能力の観点から自給自足能力が必要になるが、各都市・街が「Me First」になり、排他的あるいは非対称な関係をその他の都市・街を形成するという考え方ではない。

　ボトムラインとしての適切な期間での自給自足能力を確保しつつ、その上で、グローバルなシェアリングエコノミー型のネットワークを形成しようという方向性である。

　我々は、「ポストコロナ社会に資する社会インフラ」として、このような Software Defined な社会インフラを創成して行かなければならない。このような、各都市・街 固有の特長・特性を持ったユニークでグローバルに接続され、かつグローバルな競争力をもった街づくり（プログラミング ⇒ 評価 ⇒ 実装）を実現しなければならない。

8.2　IoT 時代の病気の診断とモニタリング

山口 昌樹

バイオマーカー（Biomarker：生物指標化合物）を超高感度に、網羅的に解析した結果に基づく診断の可能性を解説することで、バイオマーカー研究の今を俯瞰し、多項目 1 検査による治療反応性のモニタリングの意義を探る。

8.2.1　疾患の発症メカニズム

The University of Western Australia のバリー・マーシャル（Barry James Marshall、1951 年～）は、胃酸のなかでも生存する細菌が存在することを実証し、それまでストレス、辛い食べ物、胃酸の分泌過剰などが原因と考えられてきた胃潰瘍の原因がヘリコバクター・ピロリであることを発見して、2005 年に共同研究者のジョン・ロビン・ウォレン（John Robin Warren、1937 年～）と共にノーベル生理学・医学賞を受賞した [1,2]。

約 10 年後の 2014 年、WHO（World Health Organization：世界保健機構）の外部組織である IARC（International Agency for Research on Cancer：国際がん研究機関）は「胃がん対策はピロリ菌の除菌に重点を置くべきである」との発表を行った。これは、「がんの原因が細菌感染であった」という画期的なものであった。当初、マーシャルの仮説は他の科学者や医師たちに冷笑されていたことを思うと、非常に興味深い。

発病の機構が不明であったり、効果的な治療方法が確立されていない難病には、ウィルスや細菌が関与しているという仮説が提唱されているものが他にもある。人体は生体防御の仕組みの 1 つとして免疫を備えている。しかし、さまざまなウィルス感染を繰り返し、自己抗体の血中濃度がある限度まで達すると、神経細胞が自己抗体から受けたダメージの修復が追い付かなくなり、精神疾患を発症する可能性が指摘されている [3]。

精神疾患を予防するためには、とくに神経発達に重要な時期である胎児（すなわち妊婦）や幼児期における感染症の予防が効果的となるかもしれない。また、パーキンソン病患者の多くが、その診断を受けるしばらく前から便秘などの消化器症状を訴えている。腸内細菌叢のタイプと数が、パーキンソン病を発症するかどうかの判定材料になるかもしれないという仮説がある [4]。これらの研究を可能としている技術の 1 つが、バイオマーカーの網羅解析である。

8.2.2　生体センシングの可能性

生体は、交感神経系と内分泌系でコントロールされている。さらに生体防御システムとして免疫系がある。この 3 つのシステムが生理状態を一定に保つ働きを担っている。

つまり、これら 3 つのシステムをモニタリングできれば、生体の状況を正確に把握できるわけである。これまで、心拍数、血流量、脳波などといった物理量を計測することで、交感神経系の働きを間接的にモニタリングすることが行われてきた。それに対して、バイオマーカーによる検査は、採取した 1 滴のサンプルから交感神経系、内分泌系、免疫系の 3 つの指標を同時分析できるというメリットがある（図 8.3）。しかも、唾液や尿など非侵襲的に収集できるサンプルを用いれば、痛みのない検査となる。

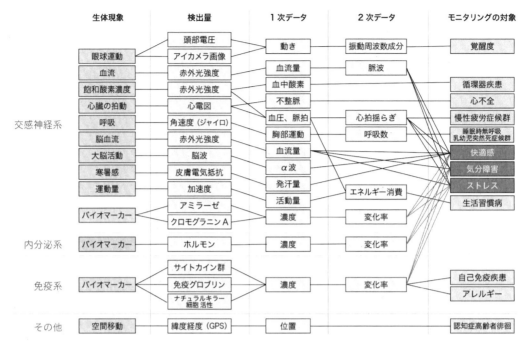

図 8.3　生体現象のセンシングとモニタリング対象（板生清東京大学名誉教授の助言を得て作成）

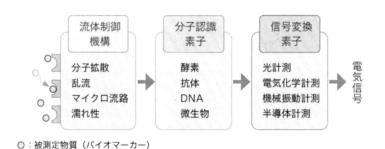

○：被測定物質（バイオマーカー）

図 8.4　バイオセンサの原理

バイオマーカーの分析に用いるバイオセンサは、極微量なサンプルを迅速・確実に搬送する「流体制御機構」、目的物質だけを認識する「分子識別素子」、認識したという情報を信号に変換・増幅する「信号変換素子」から構成され、これらの特性が検出性能を左右する（図 8.4）。

8.2.3　バイオマーカーの網羅解析

医療の診断現場では 1 項目 1 検査が主流で、多項目 1 検査は世界的にもまだ実用化例がほとんどない。しかし、多項目 1 検査は生活習慣、環境因子、遺伝的因子など複数の要因が関与する疾患の診断には有効であり、IoT(Internet of Things) にも通じる新しいアプローチである。タンパク質などのバイオマーカーを分析するには 1pg/mL（ピコグラム／ミリリットル）の極低濃度領域の感度が必要となり、磁気ビーズ法 (Magnetic Beads Method)[5] やデジタル ELISA 法 (Enzyme-Linked Immuno Sorbent Assay：酵素結合免疫吸着法)[6] などを用いれば定量

分析できる。

1pg/mL の分解能をもち、1 サンプルから 100 項目ほどのバイオマーカーを同時分析できるマルチ分析システムが、米国の Quanterix 社などから実用化されている。通常の化学発光法は、1 つの反応室の化学発光強度をアナログ的に読み取ることで、被測定物質の濃度に比例した検出信号を得ている。しかし、デジタル ELISA は、105〜106 個の反応室に分割し、化学発光の信号が検出されるか否かというデジタル信号として検出し、積算することで高感度化している。

細菌の解析では、Roche Diagnostics 社が開発した 16S rRNA 遺伝子配列解析に基づく pyro-sequencing（ピロシークエンス法）が、細菌叢の群集構造をシークエンスレベルでプロファイリングできる点で有用である [7]。rRNA はリボソームを構成する RNA であり、細菌ではその大きさによって 23S rRNA、16S rRNA、5S rRNA に分類される。現在では 200 万配列以上の 16S rDNA 配列が決定され、公的な遺伝子バンクに登録されている。このように豊富な 16S rDNA 配列を比較することで、ある特定の菌種・菌群に特異的な配列が得られる。

8.2.4 治療反応性のモニタリング

がんの化学療法において、臨床家は経験に基づいて治療薬を選択するのが一般的である。運が良ければ速やかな改善に成功し、そうでなければ副作用などの長い道のりを経て、ようやく適切な治療薬にたどり着く。体内で情報伝達を担う化学物質のネットワークを利用し、バイオマーカーの種類、濃度、および変化からがん部位の同定やその状態を可視化する技術がもたらすインパクトは極めて大きい。細胞が産生する生理活性物質で細胞間の情報伝達に利用されるサイトカインは、タンパク質の一種であり、300 種以上が発見され、さまざまな疾患との関連性が報告。複数のサイトカインによって体内ネットワークモデルとして記述されている細胞間情報を数値化するセンサアレイが実現できれば、体内をデジタル的にイメージ化するキーテクノロジーとなる。

筆者は、肺がん、大腸がんなどがん部位毎の臨床研究を実施してきた。バイオマーカー分析装置 (Bio-Rad Laboratories, Inc.) で、唾液から 27 種類のサイトカインを同時分析したところ、15 項目で肺がん患者と健常者に有意差が観察された（$p < 0.05$、図 8.5）。

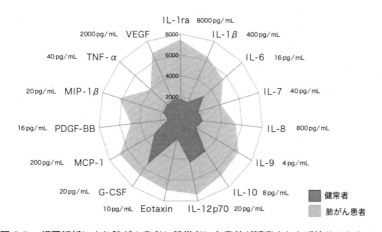

図 8.5　網羅解析により肺がん患者と健常者に有意差が観察された唾液サイトカイン

　その結果，3〜5 種類のサイトカインの濃度を 1pg／mL 領域で同時分析すれば、肺がんのステージ I を高感度で判別できる可能性がある。ただし、治療反応性、とくに免疫治療薬ニボルマブ（オプジーボ）の薬剤反応性の定量化などがん検査の医療ニーズを満たすには、超高感度なだけでなく、①検体採取を含めた分析の全自動化、②短時間での即時分析、③ POCT（Point of Care Testing：臨床現場即時検査）に対応する小型化といった要求仕様も満たす必要がある。

参考文献

[1]　B.J.Marshall, J.R.Warren, "Unidentifi ed curved bacilli in the stomach of patients with gastritis and peptic ulceration, "Lancet,Vol.16,No.1,pp.1311–1315, 1984

[2]　B.J.Marshall, "The Campylobacter pylori story," Scandinavian Journal of Gastroenterology, Vol.23 (Issue Sup1.46), pp.58-66, 1988

[3]　E.Flinkkilä, et.al., "Prenatal Inflammation,Infections and Mental Disorders, " Psychopathology, Vol.49, pp.317-333, 2016

[4]　E.M.Hill-Burns, et.al., "Parkinson's disease and Parkinson's disease medications have distinct signatures of the gut microbiome, " Mov Disord. Vol.32, No.5, pp.739–749, 2017

[5]　C.DeCotiis, et.al, "Inflammatory cytokines and non-small cell lung cancer in a CT-scan screening cohort:Background review of the literature, " Cancer Biomark, Vol.16, pp.219–233, 2016

[6]　D.H.Wilson, et.al., "The Simoa HD-1 Analyzer:A Novel Fully Automated Digital Immunoassay Analyzer with Single-Molecule Sensitivity and Multiplexing, " J.Lab Autom, Vol.21, No.4, pp.533–547, 2016

[7]　J.F.Petrosino, et.al., "Metagenomic pyrosequencing and microbial identifi cation, " Clin Chem.Vol.55, No.5, pp.856–866, 2009

8.3 時系列生体信号の信号処理・機械学習

戸辺 義人

　生体信号は、時間とともに時々刻々と変化する時系列信号となっている。種々の生体信号があるが、たとえば電気生理データとして、心電図 (ECG:Electrocardiogram)、脳波 (EEG:Electroencephalogram)、筋電図 (EMG:Electromyography) がある。生体信号ではないが、人の体に装着したウェアラブルデバイスから取得した加速度信号も時系列信号となる。

　本節では、生体時系列信号に機械学習を適用する方法を解説する。

8.3.1 信号処理から特徴量抽出へ

　ECG や EEG から得られた生体信号を生のまま解釈するのではなく、機械学習により判断させるためには、図 8.6 に示すようなプロセスを踏む必要がある。

　前処理：センサで得られる信号には、生体の活動とは無関係な成分、ノイズが含まれることが多い。脳波の場合には、交流電源からノイズが混入したり、まばたきがノイズとなる。この前処理では、バンドパスフィルタ等でこのようなノイズを除去する。

　特徴量抽出：ノイズを除去し終えたとしても、信号に対して直接、機械学習を適用することはできない。教師付き学習を前提とすると、機械学習の入力データとして特徴量を定義する必要がある。特徴量は、一般に N 次元のベクトル

$$X = (x_1、 x_2、 \ldots、 x_N) \tag{1}$$

で表現される。この特徴量を計算する際、時刻に沿って、ある一定の幅で区切ってウィンドウ化する手法が採用される。図 8.7 において、T がそのウィンドウの大きさを示し、α はウィンドウの重なりを示す。S-FFT(短時間フーリエ変換) を適用するときには、T がその適用区間となる。

　特徴量の例としては、時間軸方向の平均、標準偏差、周波数軸上のパワースペクトル量などが挙げられる。

8.3.2 機械学習

　機械学習には、教師あり学習と教師なし学習とがある。教師なし学習は、得られたデータ同士

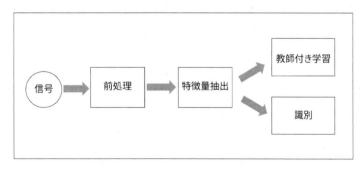

図 8.6　全体の流れ

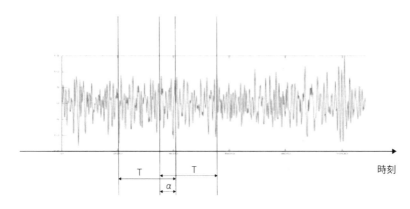

図 8.7　時系列データのウィンドウ分割

のクラスタリングを目的とする。それに対して、教師あり学習は、得られたデータの意味を解釈するということができ、そのため、生体信号解析では教師あり学習がよく用いられる。

　教師あり学習の主たる目的は、図 8.8 に示す分類もしくは回帰である。式 (1) で表されるように、一般に特徴量は N 次元ベクトルとなるが、わかりやすくなるように、図 8.8(a) では 2 次元の特徴量、図 8.8(b) では 1 次元の特徴量で説明する。

　分類を目的とする場合には、特徴量である入力ベクトルが与えられたときに、すでに学習済みのクラスに属するものと判断する。学習時には、図 8.8(a) にある多くの標本 x が与えられ、その x からクラスに分類する。学習が終了する、すなわち、クラス分けが決まると、新たに認識させたいデータ ○ に対して、クラスを決定する。ここでは、線形の 2 クラスの例を示しているが、手法により、非線形で多クラスへの分類が可能である。例としては、音声データや脳波を用いた感情分類がある。

　一方の回帰の場合には、図 8.8(b) に示す入力ベクトルと出力との組 x からなるデータセットがあり、それらを近似する関係式を求めることが学習に相当する。学習が終了すると、データ ○ に対する出力を予測することが可能となる。

　回帰と分類のいずれの場合においても、正しい出力データを効果的に生成できるようにする入力データ内の特定の関係または構造を見つけることが求められる。実際の状況でデータラベルが常に正しいとは限らず、ノイズの多い、または正しくないデータラベルは、モデルの有効性を明らかに低下させるので注意が必要である。

8.3.3　SVM

　SVM(Support Vector Machine) は、2 つのクラスに対する識別問題を解くときに、そのクラス間の距離 (マージン) が最大となるようにクラス間の境界を決める教師あり学習の一手法で、一般には非線形分類も可能となっている。図 8.8(a) を例に取ると、クラス A とクラス B を分ける境界線は任意に決めることができる中で、クラス間のマージンを最大になるように決めるものである。図 8.8(a) では、2 次元空間で説明しているが、特徴量が N 次元である場合では、N 次元内の超平面でクラスを分割することになる。

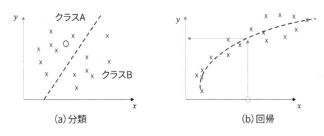

図 8.8　機械学習における分類と回帰

8.3.4　SVM を用いた脳波データ解析

　ここでは、EEG 信号に対して SVM を適用することにより、VR(Virtual Reality) 映像視聴中に恐怖感情を抱くかどうかを検出するという研究を紹介する [1]。本研究は、8.3.3 で解説した分類問題において、EEG 信号から得られた特徴量を用いて、「恐怖を感じる」というクラスと「恐怖を感じない」というクラスに分類するということに相当する。

　被験者に VR 恐怖映像を視聴してもらい、EEG から取得される信号との照合を行うこととする。被験者には g.tec 社の g.Nautilus EEG と Lenovo 社の Mirage Solo with Daydream VR ヘッドマウントディスプレイを装着してもらう。

　被験者は、VR 映像として、約 5 分間の「老婆の仮面」を視聴する。映像を視聴した後は、各被験者に恐怖場面 13 個の中で怖いと思った場面を指摘することとする。そのアンケート回答内容から、分類に用いるラベルを決定して、特徴量とラベルの関係を元に SVM での学習を進める。図 8.9 には、本 VR 映像内に出現する恐怖場面の例を示す。

　評価方法は恐怖映像において、恐怖を誘発する部分を「1」、怖くない部分を「0」に目的変数を設定し二値分類を行った。特徴量として、脳波の周波数成分を取り出し、8-13 Hz 領域にある α 波、13Hz 以上領域にある β 波、4-8Hz 領域にある θ 波、各々のエネルギー強度と、さらに、β 波エネルギー強度と α 波エネルギー強度の比 β/α、θ 波エネルギー強度と β 波エネルギー強度の比 θ/β を用いることとした。

　前処理として、ローパスフィルタにより 30Hz 以上の信号を除去した。続いて、上記特徴量を計算するために、ウィンドウサイズ T=0.5s、オーバラップ α=0.25s として、Hamming 窓を用

図 8.9　VR 映像内の恐怖場面の例

い短時間フーリエ変換を適用する。

　本実験は 20 代前半の男性計 8 名に協力してもらい恐怖映像を見てもらった。恐怖感情推定で指標 2 つを比較した。説明変数を各被験者の EEG の電極数に応じた時間軸データに設定し、目的変数を「0」、「1」に変換し交差検証をおこない SVM で F 値を計算した。F 値を評価する際は、目的変数の「0」と「1」のバランスを均一にするための補正や明らかに値が異なる部分を取り除き評価を行なった。β/α の F 値が 0.54 であるのに対し、θ/β の F 値は 0.59 であると示され、指標 β/α より指標 θ/β の方が恐怖感情を推定する際に有効であると考えられた。

　以上は、VR 映像視聴時の EEG 信号から「恐怖」を捉えることができないかという試みであるが、ECG 信号等の他の生体信号時系列データに対しても同様の手順で処理することが可能である。

　ただし、信号処理と機械学習については多種あり、応用にあったものを選択する必要がある。信号処理部分については、短時間フーリエ変換以外にも、ウェーブレット変換や、基底関数を必要としない EMD(Empirical Mode Decomposition) がある。機械学習については、SVM は数多くある教師あり学習の 1 つにしか過ぎず、ほかにも、最近傍法、決定木、ランダムフォーレスト等があり、ニューラルネットワーク、中でも時系列を処理できるニューラルネットワークの研究が進んでいる。

　近年、時系列データとしては、自然言語処理の分野で、Transformer という手法が注目を集めている。その Transformer はさらに音声認識技術にも適用が広がり、続いて生体信号解析への応用が始まっている [2]。今後、時系列データに特化した深層学習の深耕が期待される。

参考文献

[1] 森貞颯貴、下田功一、田谷昭仁、戸辺義人、"脳波計を使用した VR 映像が誘発する恐怖心の推定の試み"、情報処理学会大 82 回全国大会、2020

[2] J. Guan,W. Wang,P. Feng,X. Wang, and W. Wang, "Low-Dimensional Denoising Embedding Transformer for ECG Classification",IEEE Int.Conf.on Acoustics,Speech and Signal Processing(ICASSP), 2021

8.4　ソーシャルロボティクスと人間情報
—ロボットは我々の何をどう見ているのか—

高汐 一紀

　"Making Robots More Acceptable" ミュンヘン工科大学で ICS(Institute for Cognitive System) を率いるゴードン・チェン教授の言葉である。我々にとって違和感のない、容易にその存在を日常の一部として受け入れられるロボットとは、いったいどのようなものであろうか。

　人であれば「社会性 (sociality)」のある振る舞い・行動が重要な意味を持つだろう。ときにコミュニケーション力、相手を理解・共感する力であったり、複数の状況を同時に正しく理解する力であったり、対象との間に適度な間合いを作り出せる力であったり、社会性を担保する能力はいろいろである。ロボット、ひいては日常にあふれるモノも同様だ。高度な対人コミュニケーション能力を持ち、正しい状況判断の下、人とも協調ができ、ロボット同士、モノ同士、多様な情報サービスとも連携できる、そのような存在こそが "acceptable" な情報システムでありロボットなのだろう。

　常時ネットワークに接続された次世代のロボットは、自ら M2M(Machine to Machine) コミュニケーション、M2S(Machine to Service) コミュニケーションを駆使する存在として、あるものはユビキタス情報サービスのアクタとして人々と共存し、またあるものは人の身体拡張を支援する存在となる（図 8.10）[1]。ここでは、こうしたソーシャルに振る舞えるロボットをソーシャブルロボット (Sociable Robot) と呼ぶことにしよう。

8.4.1　サービスエッジで活躍するロボットたち

　2010 年代になると、ネットワーク接続されたロボットを様々なサービスのエッジとして配置するという発想が生まれた。従来からのコミュニケーションロボットをさらに発展させた、クラウド型のデータ連携にもとづく消費者向けクラウドサービスの端末として機能するロボット、クラウドネットワークロボティクス (Cloud Network Robotics) という概念である。

　クラウドネットワークロボットは、スマートフォンのような情報機器上のエージェントソフトウェアや、コミュニケーションロボット、さらには車椅子や EV 車のようなパーソナルモビリティロボット等、種々の形態で実装され始めている。Microsoft Azure[2] や IBM Watson[3] に代表されるクラウド AI と連携させ、ロボット間で共有可能な情報をリアルタイムにクラウド

図 8.10　ソーシャルヒューマンロボットインタラクション（共感ロボット／遠隔アイスブレーキング／表情増幅ロボット）

に集約し、機械学習させたコグニティブエンジンを用いて状況の認識と行動プランニングの計算をクラウド側で実行することで、ロボット本体を人とのインタラクションインタフェース機能や安全機能の提供に集中させる、すなわち人々と協働しうるエッジ端末として運用することが可能となった。

8.4.2　意図の認知と伝達によるロボットとの共生・協働

ソーシャブルロボットを実現する上で鍵となる技術要件は次の 3 つであろう（図 8.11）。

(1) クラウド型ロボット間協調・連携プラットフォーム
(2) 自然な対話間を醸成する適応的対人対話戦略
(3) 共発達可能なロボットソフトウェア基盤

(1) クラウド型協調・連携プラットフォーム

クラウド型協調・連携プラットフォームは、ヘテロジニアスなロボット間で連携・協調動作を実現するアーキテクチャであり、先に述べたクラウドネットワークロボティクスの基盤となる技術である。多種多様なロボットのそれぞれが提供可能なサービスに関する情報を相互に共有できれば、タスクに応じたタスクフォースを自律的かつ臨機応変に形成し、様々なクラウドサービスとも連携しながらゴールの達成を目指すことが可能となる。

2015 年秋、著者らが構築したクラウド型ロボット間協調・連携プラットフォームの動作検証を目的とした実証実験を、慶應義塾大学湘南藤沢キャンパス 25 周年記念式典でのデモンストレーションと併せて実施した。登場するキャスト、ロボット、想定した状況、シナリオは次の通りであった。

(1) 1 人暮らしのユーザがユーザの日常を支援するパーソナルロボット（R1）と会話をしている。内容はかかりつけの病院の予約時間の確認である。
(2) 会話中に、病院の受付ロボット（R2、遠隔）から、予約時間のリマインダコールが入る。

図 8.11　ソーシャルロボティクス技術要件

R1 はユーザに断りを入れた上で対話を一時中断し、ロボット同士の会話に移行する。

(3) ロボット同士の会話が終了すると、R1 はユーザとの会話に復帰し、病院の予約時間が間もなくであることを告げる。同時に R1 は、待機していた自動運転車に配車リクエストを送信する。

(4) 配車リクエストを受信した自動運転車が発信シークエンスをスタートさせ、女性宅に迎えに向かう。

　実証実験の様子を図 8.12 に示す。本シナリオでは、ロボットと自動運転車はネットワークに接続されたクラウドネットワークロボットとして実装されている。

(2) 適応的対人対話戦略—「間」をはかる力を持ったロボット—

　適応的対人対話戦略は、複雑化するインタラクションの中でロボットの所作を決定する重要なファクタである。特に多人数対話においては、適切な対話戦略、すなわち同時発生する複数の対話の効率的な制御と間合い管理が重要となる [4]。ロボットは、対話者の微表情変化や微小なしぐさ、さらにはフィラーのような非言語行動、対話へのエンゲージメントを注意深く観察し、対話者の情動変化に常に注意を払いつつ、話者間の動的な社会的関係性をも統合的に利用することで適切な対話の間合いを生成しなければならない。ときには話し相手を尊重するように対話を制御し、自然な対話感を醸成するだろう。

　対話の「間合い」とは自身と相手との距離や、動作をするのに適当な「ころあい」のことを指し、人間が個々に持つパーソナルスペースと深く結びついている。相手のパーソナルスペースを考慮して動くことで間合いをはかることができ、動作のタイミングを相手に合わせることで、適切な間合いを構築できる。適切な間合いは相手に対する安心感を増加させ、より円滑なコミュニ

図 8.12　慶應義塾湘南藤沢キャンパスでの実証実験風景

ケーションの実現にも繋がる。著者らは、いわゆる「相手の顔色をうかがう」ロボットを実装し、公共空間に置かれた初対面のロボットを想定した評価実験を行った。実験の目的は、ロボットが間合いをはかった場合のユーザのロボットに対する心理的変化を観察することであり、ロボットの間合いのとり方としてどのような方法が効果的なのかを探った。

　実験の結果から、間合いを考慮した対話とすることで、安心感や近づきやすさが増すことが示されたが、一方で、間合いをはかる行為が必ずしも対話相手との距離を詰める（被験者のパーソナルスペースを狭める）ことに繋がってはいなかった。この点に関する被験者からの興味深い指摘に、「ロボットの挙動に『意図』を感じた」というものがあった。「ロボットが距離をとりたそうにしているように見えた」というのである。ロボットが用心深く動いているように見えることで、逆に距離を置かれる方向に印象が傾いたのかもしれない。奇しくも人対人のインタラクションで見られる傾向が人対ロボットの対話でも見られるという結果となったのである。

(3) 共発達可能なロボットソフトウェア基盤

　発達ロボティクスの分野では、外界とのインタラクションを通してロボットの行動能力や認知能力を自律的に設計することを目指してきたが、ソーシャルロボティクスの視点からは、対話を通した「共発達性」に注目すべきであろう。著者らは、共発達のひとつの形として、対人情動認知能力の獲得とパーソナリティ形成のダイナミクスに着目し、長期的なインタラクションの中での共発達性がロボットとの対話に与える影響を議論してきた [5]。

　著者らのモデルは、情動の遷移傾向を継続的に発達させるものであり、小笠原らによるユーザの対ロボット行動履歴からロボットの行動を決定する手法 [6] をベースとする。教育心理学の理論である Symonds の養育態度尺度 [7] に基づき、ロボットの長期的なパーソナリティ発達を行なっていることが特徴である。ロボットからの情動表出は 5 歳前後のこどもの行動を想定し、発話ではなく細かな身体表情の変化として情動を表現することとした。人間で言えば、目をキラキラさせる、拗ねる、ふくれっ面になる等の表現である。現在も、実ロボットを用いた長期的な検証実験（図 8.13）が進行中ではあるが、パーソナリティ（外向性、知性、情緒安定性、協調性、勤勉性）の共発達や対人情動認知能力の獲得がロボットとのソーシャルインタラクションに与える影響が明らかになりつつある。

8.4.3　まとめ

　ソーシャルロボティクスは、クラウドネットワークロボティクス、コグニティブロボティクス、情動的ロボティクスの各分野を横断したものであり、特定の研究領域に限定されることなく、多種多様なドメインへの応用が期待できる。本稿で触れた各課題の成果を、オフィスや家庭、公共空間といった人間の生活環境全般を対象として適用することで、実用的な知的生活空間、ユビキタス情報空間、ロボットとのより自然な共同生活空間の実現に向けて大きなインパクトを与えることが期待できるだろう。

図 8.13　パーソナリティの共発達実験

参考文献

[1] Ai Kashii, Kazunori Takashio and Hideyuki Tokuda, "Ex-Amp Robot:Expressive Robotic Avatar with Multimodal Emotion Detection to Enhance Communication of Users with Motor Disabilities", IEEE International Symposium on Robot and Human Interactive Communication(RO-MAN 2017), Lisbon, Portugal, Aug. 2017

[2] Microsoft Azure https://azure.microsoft.com/

[3] IBM Watson https://www.ibm.com/watson/

[4] Takumi Horie and Kazunori Takashio, "Handling Conversation Interruption in Many-to-Many HR Interaction Considering Emotional Behaviors and Human Relationships", IEEE International Symposium on Robot and Human Interactive Communication(RO-MAN 2018), Nanjing, China, Aug. 2018

[5] Shintaro Kawanago and Kazunori Takashio, "C2AT2 HUB:Long-term Characterization of Robots based on Human Child's Personality Development", IEEE International Symposium on Robot and Human Interactive Communication(RO-MAN 2018), Nanjin, China, Aug. 2018

[6] 小笠原 宏樹・加藤 昇平、"ユーザの行動選択傾向に応じた感性ロボットの性格付与"、日本感性工学会論文誌、2015

[7] Symonds,Percival Mallon, "The psychology of parent-child relationships", Appleton-Century Co., 1939

8.5　画像を用いた人の動き計測

梅田 和昇

8.5.1　人間情報のセンシングにおける画像の位置づけ

　画像は、人間情報を外部から非接触で計測できる有効なセンサ情報である。画像により計測できる人間情報は、以下のように多岐にわたる。

(1) 人物検出

　画像から人物を検出する研究はこれまでに数多く行われているが、代表的なものとして以下の2つが挙げられる。1つは、HOG(Histogram of Oriented Gradients) 特徴量と呼ばれる画像の局所的な勾配方向のヒストグラムを用いて人物を検出する手法 [1] である。もう1つは、深層学習に基づいた YOLO(You Only Look Once) と呼ばれるシステム [2] である。特に YOLO は、人物に限らず学習された対象を高速かつ正確に検出可能であり、広く用いられている。

(2) 骨格抽出

　人物検出に含まれるとも言えるが、人物を検出すると同時に骨格情報を2次元画像から抽出する手法が提案されている。OpenPose[3] が代表的で、複数人物の高速かつ正確な骨格抽出が可能である。

(3) 顔検出

　顔に特化した検出手法が、その重要性から以前より研究されている。2001 年に Viola と Jones により提案された、Haar-like 特徴と呼ばれる単純な特徴を多数抽出して Boosting と呼ばれる学習手法を適用した手法 [4] は、高性能かつ高速な顔検出を実現し、その後にデジタルカメラなどに顔検出が標準的に実装される礎となった。

(4) バイオメトリクス（生体認証）

　顔、指紋、静脈、虹彩などの画像から個人を認識する技術が開発・実用化されている。

(5) 顔画像からの各種認識

　顔画像から表情・感情、年齢・性別などを推定する手法も開発されている。また、顔画像から視線方向を推定する手法も提案されており、ヒューマンインタフェースなどに応用されている。さらに、眠気を推定する研究も行われている。

(6) 医用画像診断

　画像から腫瘍などの病変部を抽出する研究をはじめ、医用画像を処理して医者の診断の補助を行う研究開発が広く行われている。特に、最近の深層学習技術の発展により、高い検出性能を持つシステムが開発されつつある。

8.5.2　人の動きの認識・計測

時系列に得られる複数の画像を用いることで、人の動きに伴う人間情報を得ることができる。

(1) 人物追跡

上記の人物、あるいは骨格や顔の検出を時系列で行うことで、人物の追跡（トラッキング）を実現することができる。この時、各画像で人物などの検出を行ってその結果を画像間で関連づけることで追跡を実現する方法と、ある画像で検出された人物などの領域に対応する領域を、テンプレートマッチングや特徴点のマッチングで以降の画像で探索して対応づけることで追跡する方法とがある。また、追跡においては、カルマンフィルタやパーティクルフィルタがしばしば利用される。

(2) ジェスチャ認識・動作認識

時系列画像からジェスチャや人物の動作を認識する研究も古くから行われている。DP (Dynamic Programming) マッチングや HMM (Hidden Markov Model、隠れマルコフモデル) が利用されてきた。また、距離画像を用いて体操競技の自動採点を行うシステムも提案されている。

(3) 歩容認証

歩容（歩き方）から個人の認証を行う研究が行われており、警察の捜査での利用などの実用化も行われている。

(4) 心拍・呼吸の計測

画像から心拍や呼吸などの動的な生体情報を計測する技術が提案されている。

8.5.3　差分ステレオを用いた人物追跡・人流計測

画像を用いた人の動きの計測の具体例として、差分ステレオと呼ぶ手法 [5] を用いた人物追跡・人流計測手法を紹介する。

差分ステレオは、カメラを 2 台用いて観測された画像間での視差を用いて距離画像を求めるステレオ法の 1 つに位置づけられる。一般的なステレオ法との違いは、各カメラの画像を前景領域と背景領域とに切り分け、左右画像の対応づけ処理を前景領域に限定する点である（図 8.14 参照）。

この前景領域の抽出に背景差分を用いることから差分ステレオと呼んでいる。差分ステレオは、一般のステレオ法における対応点問題、すなわち左右の画像で対応する箇所を正しく求めるのが困難であるという問題を軽減して距離画像の誤対応を削減することが可能であると共に、得られる距離画像・視差画像が人物などの領域に限定されるため後処理が簡略化されるという長所を持つ。図 8.15 に差分ステレオと通常のステレオ法の比較を示す。図 8.15 の左下と右下において、濃淡が距離に対応している。図左下の差分ステレオの結果で、得られている視差画像が人物領域（前景領域）に限定されていること、また図右下の右側の白線部に見られるような誤対応が生じていないことが分かる。

　差分ステレオで用いている背景差分は、簡便に前景領域を求めることができる手法であるが、背景画像の変動の影響を受ける。そこで、背景画像をノンパラメトリックにリアルタイム更新する手法を導入し、さらに背景画像の明るさやそのばらつきに応じて差分の際のしきい値を動的に変動させることで、より安定に前景領域を抽出できるようにしている。これにより、日照条件が変化したり、あるいは画面内に明るさが大きく異なる領域が含まれていたりする場合にも適用可能となっている。

　以上の差分ステレオを用い、複数人物の３次元追跡手法、ならびに人流計測手法が構築されて

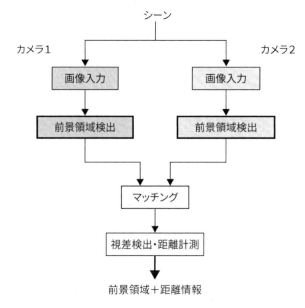

図 8.14　差分ステレオ

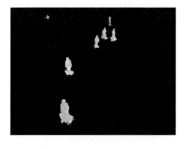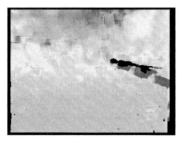

図 8.15　差分ステレオと通常のステレオ法で得られる視差画像の比較

いる [6,7]。差分ステレオでは、人物領域とその距離を直接的に得ることができる。人数がそれ程多くなく個々の人物領域が分離して抽出される場合は、個々の人物の計測・追跡は容易である。各点の距離情報が得られていることから、個々の人物の大きさ（高さ、幅）も計測できる。また、カルマンフィルタ [6] を導入することで、外乱や計測誤差の影響を低減しつつ人物の追跡を行うことを可能とし、さらに複数人物が交差する場合でも追跡を継続させることを可能としている。

図 8.16 にカルマンフィルタで複数人物の追跡を行った例を示す。複数人物の追跡に成功していることが示されている。さらに、パーティクルフィルタの導入によってオクルージョンなどに対してより安定な追跡を実現している [7]（図 8.17 参照）。

一方、人が密集していて個々の人物への切り分けが困難な場合に対して適用可能な人流計測手法が構築されている [6]。この手法では、差分ステレオに加えて人流のカラー画像を併用している。カラー画像からまず KLT (Kanade-Lucas-Tomasi) Tracker を用いて特徴点群を抽出・追跡する。得られた特徴点群を、ボロノイ図を用いて領域分割し、分割された各領域内に含まれる

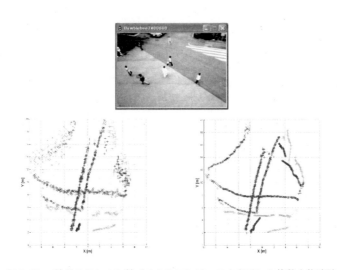

図 8.16　差分ステレオに基づくカルマンフィルタを用いた複数人物追跡

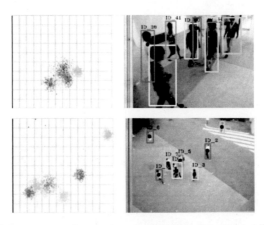

図 8.17　差分ステレオとパーティクルフィルタの組み合わせによる複数人物追跡

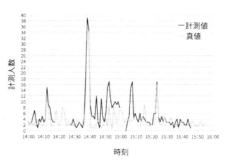

図 8.18 実環境における人流計測の例

前景領域はすべて特徴点と同一方向に運動しているとみなす。各運動方向の前景領域の面積から、その運動方向に移動する人数を推定する。人流計測の手法を、実環境でのリアルタイムの人流計測に適用した結果を図 8.18 に示す。人数計測の計測値が、目視でカウントした真値とほぼ一致しており、手法の妥当性が示されている。

以上で紹介した差分ステレオを用いた人物追跡・人流計測手法は、複数の人物に対して安定・簡便に処理が可能で、追跡や計測を 3 次元で実現できることが特徴である。

参考文献

[1] N. Dalal and B. Triggs, "Histograms of oriented gradients for human detection, "Proc. CVPR'05, Vol.1 ,pp.886-893, 2005

[2] J. Redmon,S. Divvala,R. Girshick and A. Farhadi, "You Only Look Once:Unified,Real-Time Object Detection, "Proc. CVPR2016, pp.779-788, 2016

[3] Z. Cao, G. Hidalgo, T. Simon, S. -E. Wei and Y. Sheikh, "OpenPose:Realtime Multi-Person 2D Pose Estimation Using Part Affinity Fields, "IEEE Trans. PAMI, Vol.43, No.1, pp.172-186, 2021

[4] P. Viola and M. Jones, "Rapid object detection using a boosted cascade of simple features, "Proc. CVPR 2001, pp.I-I, 2001

[5] 梅田和昇、寺林賢司、橋本優希、中西達也、入江耕太："差分ステレオ－運動領域に注目したステレオ視－の提案"、精密工学会誌、Vol.76,No.1,pp.123-128,2010

[6] 柴田雅聡、生形 徹、有江 誠、モロ アレサンドロ、寺林賢司、梅田和昇："差分ステレオを用いた人流計測手法の屋外実環境における実証実験"、日本機械学会論文集 C 編、Vol.79、No.800、pp.1036-1045、2013

[7] 川下雄大、柴田雅聡、増山岳人、梅田和昇："ステレオカメラを用いた簡易な人流計測システムの構築"、精密工学会誌、Vol.81、No.2、pp.149-155、2015

8.6　人間情報に立脚した人とシステムの協働型オペレーション

吉田 寛

8.6.1　オペレーションとデジタルトランスフォーメーション

オペレーション (Operation) という言葉には様々な意味があるが、企業活動においては、業務の目標を達成するため、物事を運営・推進する手順を定めることを意味することが多い [1]。近年の人工知能やロボットの登場により、多くの「オペレーション」が変革期を迎えている。例えば 2015 年に発表された野村総合研究所のレポート [2] では、将来的に労働人口の 49% が人工知能やロボットで代替可能になると試算されている。さらに、「オペレーション」を単に「自動化」、「無人化」するだけではなく、業務そのものを抜本的に変革する「デジタルトランスフォーメーション」に結びつけることで、さらに競争優位性を高めようとする動きが進んでいる。「デジタルトランスフォーメーション」とは、スウェーデンのウメオ大学教授であるエリック・ストルターマン氏が 2004 年に提唱した概念である [3]。その後、2010 年にマイケル・ウェイド氏によって「デジタルビジネストランスフォーメーション」が提唱され [4]、2018 年 9 月 7 日には経済産業省により「DX リポート」が出版され、「企業がビジネス環境の激しい変化に対応し、データとデジタル技術を活用して、顧客や社会のニーズを基に、製品やサービス、ビジネスモデルを変革するとともに、業務そのものや、組織、プロセス、企業文化・風土を変革し、競争上の優位性を確立すること」と定義された [5]。これらの定義に共通することは、その目的が単なる「コスト削減」「無人化」ではなく、あらたなビジネス価値の創出においていることである。

8.6.2　我が国におけるオペレーション変革 (DX) と課題

このように全世界的な規模で進められている DX であるが、我が国における DX の進捗は必ずしも順調とは言えない。世界デジタル競争力ランキングによれば、1 位アメリカ、2 位シンガポール、10 位韓国に対し、日本は 23 位とカウントされている。さらに 2020 年 7 月に策定された「経済財政運営の基本方針」においても、デジタル化の遅れといった文言や、社会全体のデジタル化に向けた取り組みが打ち出さされている。

これらの遅れの原因については様々な分析がされているが、前掲の「DX リポート」では、「レガシーシステム」がその理由の 1 つに挙げられている。リーマンショック以降の IT 新規投資の意欲低下、とくに旧システムに対する改善意欲の低下と単純更改、リプレースの増大により、多くのシステムが当初想定されていた耐用年数を超えて用いられている。これらのシステムは現在の業務を現状通り進めることはできるものの、システム間の有機的な情報連携が難しいいわゆる「サイロ化」を引き起こす結果、業務の大半の時間を単純な転記や紙作業でのチェックが多くなり、業務生産性の低下を引き起こしている。

たとえば、2020 年に発生したコロナウイルスパンデミックにおける患者数把握についても、とりまとめシステムである HER-SYS の運用開始は 2020 年 5 月であり、諸外国に比べて極端に遅れたわけではなかった。しかし、2020 年 8 月時点でも直接データを入力している医療機関は 41% にとどまり、2020 年 12 月に至っても感染傾向の分析には活用できなかった。その理由と

して、登録されたデータをチェックする業務フローが整備されず、各種分析をおこなうだけデータ精度が得られなかったことが指摘されている [5]。

　このように、いくらシステムを導入しても、その進め方や業務設計が不十分であったために、従来の FAX、電話での業務にすら劣ってしまい無駄な投資となる、当初期待していた効果が見込めないといった事例は数多く発生している。

8.6.3　人とシステムの協働型オペレーションの提案

　筆者らは、このような状況に対して、人とシステムがそれぞれの強みを生かし、業務の効率化と人の創造的活動の活性化を図ることで DX を推進する技術として、「人とシステムの協働型オペレーション」を提案している。ここでいう「協働」とは、人間の関与を完全になくす形での「自動化」とは対比的な概念として考えている。たとえば産業用ロボットにおける歴史をみると、かつてロボットは労働者の作業を一方的に代替する存在であり、ロボット導入は自動化、雇用削減とほぼ同義であった。そもそも従来の産業用ロボットは、近づくと人に傷害を与える危険な存在であり、人とロボットの間は安全柵によって厳格に隔離することが安全規制上も求められてきた。「ロボットに任せる業務」と「人間が行う業務」は厳格に区別されたのである。しかし、2013 年に労働基準衛生法が改正され、一定の安全基準を満たせばロボットと人間が同一の作業空間に共存することが可能となった [6]。ロボットは単純作業において圧倒的な能力を発揮する一方で、行動を完全にプログラミングする必要がある。一方、人間はロボットほどの力や正確さはないものの、作業内容を柔軟にくみかえ、また状況に応じた行動を瞬時に判断する能力を持っている。そこで、単純作業をロボットにやらせる一方で頻繁に変わる作業を人間に分担させることで最適化を図ることが重要になる。

　筆者の考える「協働型オペレーション」もこの考え方を踏襲している。「人」と「システム」はしばしば二項対立的な取り扱いをされてきたが、実際の業務において、すべてをシステム化することは困難であるし、かといってすべて人が行うことはもちろん現実的ではない。そもそも本来システムは人が「創造的活動」をおこなうための道具であり、人間に不足する能力を補うパートナーであるべきと考える。システムが持つ圧倒的な情報処理能力を活用しつつ、人間が持つ高度な判断能力を生かすことで、単なる自動化以上の業務の改善、価値創出が可能になる。そのためには、現在進んでいる様々な自動化技術、人間能力の拡張技術を活用しつつ、全体として最適なオペレーションを構築するための体系的な技術やプラットホームが不可欠であると考える。

8.6.4　技術の紹介

　こうした「人とシステムの協働型オペレーション」にむけた技術の 1 つとして、筆者らが開発した「采配高度化技術」を紹介する。この技術は、複数の工事現場に対する作業者の割当支援を目的としている。従来、このような割当は、各工事のリストと作業者のリストをみながら熟練者が勘や経験に基づいて行ってきた。しかし、この割り当てにおけるノウハウは体系化されておらず、再現が困難なものとなっている。作業者の最適解導出に至るモデルを図 8.19 に示したが、移動時間といった時間指標と、作業者がその工事を十分に行えるかという品質指標はそれぞれ両立しないことが多い。そのため、作業者はこのようなきれいなモデルに従うわけではなく、いわゆる「KKD：勘と経験と度胸」に頼ることが多かった。

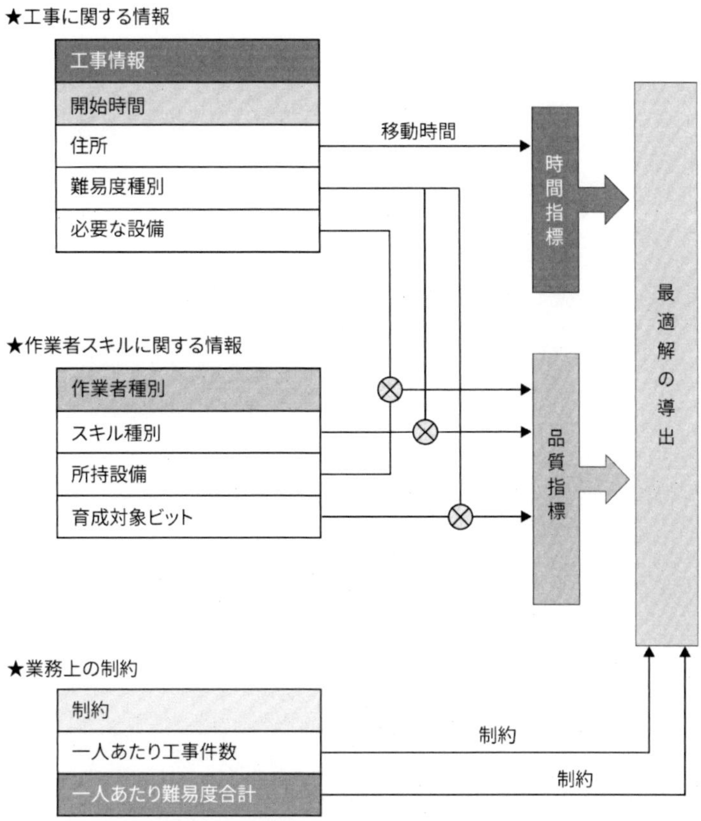

図 8.19　最適解の導出に至るモデルの例

　システムは「数理最適化問題」をはじめとする計算を行うことは非常に得意である一方、「どのような問題を解くべきか」という「定式化」は苦手としている。特に、今回のように2つの指標が両立せず「どっちつかず」になるときに、両者のバランスをとった解を自動的に算出することはできない。そのため、こうした割当問題に対してシステムの計算能力を活用することができず、DXの進展の課題となっていた。

　そこで本技術では、従来の割当結果と各工事と作業者の情報から、上記の「意図」を推測し構造化する技術を確立した。具体的には、過去の現場情報と実際の割当結果から「作業割当の意図」のパターンをいくつかに絞り込んだうえで、そのすべてのパターンでシステムを用いて割当結果を自動計算することで、短時間で多視点における検討を可能としている。その結果、システムの計算能力と人の知恵を協働させることでベテランと同様の割当を短時間で行うことが可能となった（図8.20）。

　本技術について実際の工事において利用可能なツールを開発し適用した結果、図8.21に示す通りツールが算出した結果は手作業で算出した結果と総移動距離、品質合計値においても遜色がなく、本割り当て技術の有効性を示すことができた [7]。

図 8.20　本技術の効果

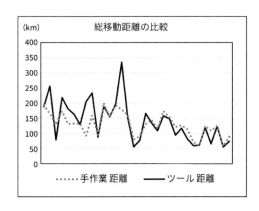

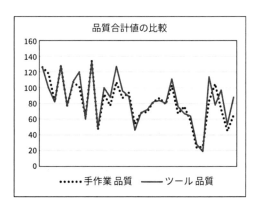

図 8.21　本技術の手作業との評価結果

8.6.5　まとめと今後の展望

　1939 年に公開された映画「モダン・タイムス」では、機械化が進んだ挙句単純労働の連続に追い込まれる主人公が描かれていた。それから 80 年後、AI 等の技術の進展に伴って今までの職が奪われるのではないかとの不安が広がる一方で、従来なしえなかった様々な新しいサービ

ス、経験が実現可能となっている。今後たとえ機械化、自動化が進んだとしても、人間がすべての労働を放棄し、ロボットが召使として人間に奉仕するという未来が望まれているとは思えない。我々は、今後も発展していく技術をいかに人間の幸福につなげるかという観点で、本技術の研究を進めていきたいと考えている。

本記事の執筆にあたっては、NTT アクセスサービスシステム研究所の柴田朋子プロジェクトリーダ、大石晴夫グループリーダ、小笠原志朗主任研究員から多くのご助言を頂きました。ここに深く感謝の意を表します。

参考文献

[1] https://www.elite-network.co.jp/dictionary/

[2] 日本の労働人口の 49 %が人工知能やロボット等で代替可能に〜601 種の職業ごとに、コンピューター技術による代替確率を試算〜野村総合研究所 (https://www.nri.com/-/media/Corporate/jp/Files/PDF/news/newsrelease/cc/2015/151202_1.pdf)

[3] Eric Stolterman,Anna Croon Fors. "Information Technology and The Good Life".Umeo University.https://www8.informatik.umu.se/~acroon/Publikationer\%20Anna/Stolterman.pdf

[4] 「DX 実行戦略 デジタルで稼ぐ組織をつくる」日経 BP(2019)

[5] DX レポート〜IT システム「2025 年の崖」克服と DX の本格的な展開〜経済産業省 https://www.meti.go.jp/shingikai/mono_info_service/digital_transformation/20180907_report.html

[6] 平成 25 年 12 月 24 日付け基発 1224 第 2 号「産業用ロボットに係る労働安全衛生規則第 150 条 4 の施行通達の一部改正について

[7] 人員資源割当時におけるヒトの意図反映手法の確立に向けた数理モデル開発と検証、高津 et.al、FIT2020

8.7　伝統芸道などの技能習得支援に着目した人間情報技術

横窪 安奈

　本稿では、人間情報学における技能習得支援について説明する。まず、人間情報学として取り扱うべき「スキルサイエンス」の分野を説明する。次に、スキルサイエンスの中でも技能習得支援に着目した研究事例として、日本の伝統芸道に着目したコンピュータテクノロジーを用いた研究事例を紹介する。

8.7.1　スキルサイエンスにおける技能解明

　人間情報学として取り扱うべき分野の１つとして「スキルサイエンス」が挙げられる。スキルサイエンスは、技巧的な技を用いるような身体スキルを解明することを狙いとして、動作の認識に主眼を置いた研究分野である。身体動作の認識及び計測 [1] 及び精神状態の計測には、以下の手法が挙げられる。

- モーションキャプチャによる人間の骨格の姿勢変化を捉える手法
- 慣性センサ（加速度センサやジャイロセンサ）による人間の位置・回転・傾きを捉える手法
- 筋電計による人間の生理学的な動き（筋の収縮状態を捉える）手法
- 心拍センサによる人間の自律神経系（交感神経系と副交感神経系）の活動を捉え、メンタル状態を捉える手法
- 脳波計による人間の脳波の動きを捉える手法

　これらの手法を用いて、日本の伝統芸道（茶道・華道等）に対して技能解明を試みた研究が数多く存在する。茶道を対象とした研究には、太田ら [2] や Hochin[3] らがモーションキャプチャや信号処理を用いて、茶道の手前の動作を「美しさ」や「無駄のなさ」の観点から、定量的に評価・分析するために動作の解析を行った。同様に宝珍ら [4] は、茶事の「間」に着目して基本動作の導出を試みる研究を行った。服部 [5] による人形浄瑠璃文楽を対象とした研究では、劇中の人形の動きに対しモーションキャプチャを用いて動作分析することで、表現したい様々な情緒に応じて、人形使いの表現を分析した。Nakaoka ら [6] の舞踏を対象とした研究では、モーションキャプチャを用いて、舞踏の動作を解析し、ヒューマノイドを用いてその技能を提示した。

　上述した研究により、高度な技能を有する熟練者の身体動作を解析することで、多くの技巧的な技が解き明かされつつあるものの、各々培われてきた技能は汎用的なものではない。そのため、各々の技能に対して、技能を計測するためのデータ取得が可能か否か、データ取得のために適切な測定器具を入手する必要が可能か否か等、スキルサイエンスの技能解明には未だ課題が数多く残されているのが現状である。

8.7.2　伝統芸道のスキル習得支援モデル

　伝統芸道に関する研究は、これまで歴史的経緯に興味の端を発するものが多く、史学的、あるいは美学的分野からなされていた。しかしながら、多くの伝統芸道の学習方法は、指導者からの

口伝えによるものが多く、厳密なカリキュラムが存在しない。その結果、指導者独自の解釈や指導者自身の経験をベースとした力量に基づいた指導がなされてきたため、その指導方法は指導者毎に大きく差があり、生徒の上達に均一に反映されていたとは言い難い [8]。そのため、各々の伝統芸道に対し、科学的解明に基づく合理的な指導方法の確率が望まれている。

高度な技能を対象とした技能解明の知見として、Dreyfus のスキル獲得モデル (Dreyfus model of skill acquisition) が有用である。このモデルでは、技能習得に取り組む人をプレイヤーとし、プレイヤーの習熟度を以下の 5 つに分類している [7]。以下は、華道の技能習得を例として説明する。

初心者 (Novice)
初心者とは、ある特定の技能習得に関して学習を始めたばかりの人を指す。例えば、華道の場合、花鋏の持ち方もわからない状態であると言える。

問題解決者 (Problem Solver)
問題解決者とは、初心者に似ているがいくつかの情報がすでに手元にあるため、問題解決者は何が起こっているのかを突き止めようとすることが可能である人を指す。例えば、華道の場合、初心者が始めに学習するいけばなのレイアウトルールを知っている状態であると言える。

エキスパート (Expert)
エキスパートとは、技能の仕組みを学び始めている段階の人を指す。エキスパートレベルでは、問題解決者以下には明らかでない何かを知っている状態である。例えば、華道の場合、経験者が学習するいけばなのレイアウトルールを知っており、季節に合わせた花の取り合わせも熟知している状態であると言える。

マスター (Master)
マスターとは、技能の仕組みを本当に理解している人を指す。例えば、華道の場合、いけばな教室の指導者やそれに準ずる許状所有者が相当すると言える。

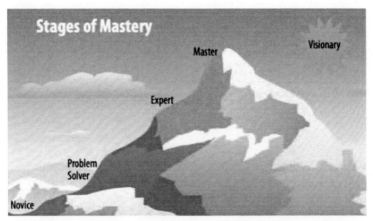

図 8.22　Gamification by Design: Implementing Game Mechanics in Web and Mobile.Apps の図 2-5. より引用。技能習得過程は 1 つの山を越えるイメージで表すことができ、初心者からビジョナリーまでの一連のステップを登頂する様子を示している。

ビジョナリー (Visionary)

ビジョナリーとは、特別な種類のマスターである人を指す。ビジョナリーは技能の仕組みを作るデザイナーの立場で考えることが可能である。また技能の仕組みの微細な側面を改善するアイディアを有している。例えば、華道の場合、家元やそれに準ずる許状所有者が相当すると言える。

　Dreyfus のスキル獲得モデルは有用である一方、コンピュータテクノロジーを用いて伝統芸道のスキル習得支援を目指す場合は、未経験者から初心者向け・初心者から問題解決者向け・問題解決者からエキスパート向け・エキスパート以上の 4 段階に分けて設計する必要がある。以下に 4 段階の設計指針を明記する。

第 1 段階（未経験者から初心者まで）

- 伝統芸道のルールを全く知らなくても体験可能であること
- 実践難易度が易しいコンテンツを提供すること
- 興味を惹くために効果的なコンピュータテクノロジーを用いること（心理的障害を軽減すること）

第 2 段階（初心者から問題解決者まで）

- 伝統芸道の導入として使用されるルールを分かりやすく提示すること
- 実践難易度が易しいコンテンツを提供すること
- 試行錯誤の過程を把握できるようにすること

第 3 段階（問題解決者からエキスパートまで）

- 実世界の体験とデジタル世界の体験が乖離しないこと
- 何度でも繰り返し体験可能であること（試行錯誤を繰り返すことが可能であること）

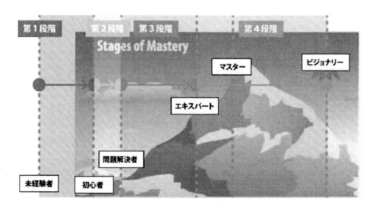

図 8.23　コンピュータテクノロジーを用いた伝統芸道のスキル習得支援で考慮すべき 4 段階の技能習熟度の分類

第 4 段階（エキスパート以上）

- 実世界の体験とデジタル世界の体験が乖離しないこと
- 何度でも繰り返し体験可能であること（試行錯誤を繰り返すことが可能であること）
- 素早い試行錯誤に対応できること

8.7.3　コンピュータテクノロジーを用いた華道の技能取得支援

　伝統芸道の技能習得支援として、華道に着目したコンピュータテクノロジーを用いた研究事例を紹介する。華道は、花や枝などの花材を剣山や花器などの専用の花道具を用いて、花材を美しく生ける芸道である。華道は魅力的で美的である一方、華道初心者にとっては、花を用意するのも困難な上、いけばなの配置や配色のルールもわからず、いけばなに親しみにくい課題がある。そこで、横窪ら [9] は華道初心者の手元にある花材（ブーケの花や雑草など）を用いて、いけばなレイアウトを支援するシステムである CADo（きゃどう）を開発した（図 8.24）。CADo は、スマートフォンのカメラを用いて花材を撮影し、撮影した花材に合わせて、いけばなのレイアウトルールを反映して自動シミュレーションするアプリケーションである。CADo を使用することで、華道初心者はシミュレーション結果を見ながら実際に花をいけることができるため、華道への第一歩を踏み出す支援になる。

　次に紹介するのは、いけばな練習の費用の課題に着目した研究である。実際のいけばなで使用する生花は、長時間逡巡しているうちに、花が傷んでしまうことや、茎を切り過ぎてしまうこともある。生花は不可逆なので、一度失敗すると元に戻すことができない。そこで、横窪ら [10] は華道初心者でも繰り返しいけばな練習を行うことができるシステムである TracKenzan（とらっけんざん）を開発した（図 8.25）。TracKenzan では、実際のいけばな体験に近付けるために、花と類似した形のペンと、剣山の役割と類似したトラックパッドを用いて、液晶ディスプレ

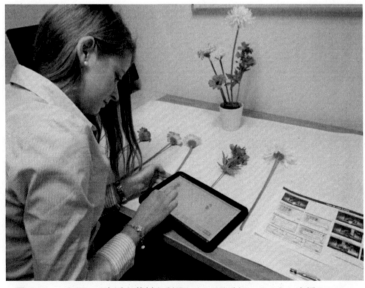

図 8.24　CADo：身近な花材を利用したいけばなレイアウト支援システム

図 8.25　　TracKenzan：トラックパッドとタッチペンを利用したいけばな練習システム

イに表示された三次元コンピュータグラフィックス（3DCG）世界でいけばな練習を行うことができる。これにより、時や場所に限定せず、安価にいけばな練習ができるため、幅広い人がいけばなに取り組むための支援になる。

8.7.4　総括

　本稿では、人間情報学として取り扱うべき「スキルサイエンス」について、高度な技能を有する熟練者の身体動作及び精神状態を解析するための効果的な手法を紹介した。次に、高度な技能を対象とした技能解明・習得モデルとして「Dreyfus のスキル獲得モデル」を説明し、それを応用したコンピュータテクノロジーを用いた伝統芸道のスキル習得支援で考慮すべき 4 段階の技能習熟度の分類を示した。最後に、関連研究として、コンピュータテクノロジーを用いた華道支援システムである CADo と TracKenzan を通じて、コンピュータテクノロジーを用いた技能支援の可能性を示した。

　人間情報学と親和性の高いコンピュータテクノロジーを用いることで、実世界で課題となる時・場所・用から開放され、高度な技能習得を目指す学習者は、従来のように失敗を恐れずに何度でも繰り返し試すことが可能となる。さらには、実世界で物理的制約があった事柄をも超越し、デジタルならではの新しい表現手法が生み出される可能性も秘めている。技能解明・習得で用いる各種装置（モーションキャプチャ・加速度・心拍センサ等）が小型かつ安価に容易可能になってきており、熟練者の精神状態の把握を組み合わせることで、身体スキルを超えた精神世界の解明も可能になってくるだろう。

参考文献

[1]　古川康一:スキルサイエンス入門—身体知への解明へのアプローチ、オーム社、2009
[2]　太田達、芳田哲也、久米雅、大西明宏、白土男女幸、田中辰憲、濱崎加奈子、井植美奈子、松下久美子、仲井朝美:茶

道点前における動作解析:棗と茶杓の清め動作、日本人間工学会大会講演集、Vol.45(2009)、pp.466-467

[3] Hochin, T. and Nomiya, H.: Deriving Fundamental Movements Based on Pauses for Transmitting Traditional Skills, 2013 Second IIAI International Conference on Advanced Applied Informatics, (2013), pp.343-348

[4] 宝珍輝尚、宮浩揮:技能における間についての考察、情報処理学会研究報告. 人文科学とコンピュータ研究会報告、Vol.2014、No.5(2014)、pp.1-7

[5] 服部元史:文楽における動きの情緒表現 (特集　バイオメカニズム的美の探究)、バイオメカニズム学会誌、Vol.26、No.3(2002)、pp.137-141

[6] Nakaoka,S., Nakazawa,A.,Yokoi, K.,Hirukawa,H., and Ikeuchi,K.:Generating whole body motions for a biped humanoid robot from captured human dances, ICRA, 2003

[7] Dreyfus, S. and Dreyfus, H. : A Five-stage Model of the Mental Activities Involved in Directed Skill Acquisition, Operations Research Center,University of California, Berkeley, 1980

[8] 池坊由紀、井由佳、後藤彰彦、桑原教彰:いけばな作品評価アンケートによる未経験者と熟練者の見極めの比較:－いけばな実作と写真を用いて－、日本感性工学会論文誌、Vol.13、No.1(2014)、pp.307-314

[9] 横窪安奈、椎尾一郎:身近な花材を利用した生け花支援システム、情報処理学会論文誌、55 巻 4 号、pp.1246-1255(2014)

[10] 横窪安奈、加藤祐二、薬師神玲子、椎尾一郎:TracKenzan：トラックパッドとタッチペンを用いたいけばな練習システムの提案と評価、情報処理学会論文誌 60 巻 11 号、pp.2006-2018(2019)

8.8　行動とコミュニケーションにおける人間情報

川原 靖弘

8.8.1　モバイルコンピューティング

　情報通信機器の小型化、省電力化により、スマートフォン等に代表される情報通信端末を、多くの人が常時携帯するようになった。このようなネットワークに常時接続された小型のコンピュータを常時携帯することにより、携帯している人の情報をリアルタイムに把握することが可能になる。

　日本では、2009 年頃から多くの携帯電話端末に GPS 機能が搭載され、現在普及しているスマートフォンには、無線 LAN 機能や NFC（Near field communication、近距離無線通信）機能が搭載されているものが多い。これらの機能を使用して、情報通信端末の位置を把握することが可能であり、図 8.26 のように外部インタフェースから得られる情報と端末の位置情報を組み合わせると、特定の行動や環境変化が、いつどこで起こったのかが推定可能となる。

8.8.2　ヒューマンセンシング

　前述のモバイルコンピューティングにより実現可能な、人間情報のセンシング（ヒューマンセンシング）について考えてみる。モバイル情報通信端末で位置情報を把握する方法でよく用いられるのは、GPS 機能、無線 LAN 機能、NFC 機能である。GPS を用いた測位サービスは、世界規模でプラットフォームの標準化がなされており、世界中どこでも同様のインタフェースで利用できるのが特徴である。端末の無線 LAN 機能を用いると、周囲のアクセスポイントからの電波強度と ID から、端末の位置を推定することができる。この測位サービスはサービス提供側が、アクセスポイントの ID と位置を把握するか、測位地点において受信可能なアクセスポイント ID が学習されていることが必要であり、このような条件が整備されていると、アクセスポイン

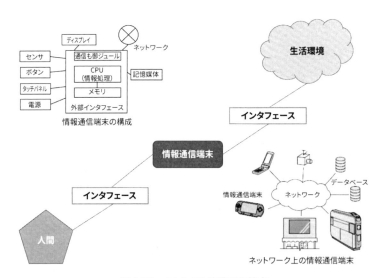

図 8.26　モバイル情報通信端末

トの設置間隔程度かそれ以上の精度で端末の位置推定が可能になる。NFC 機能を用いたモバイル端末の位置推定方法は、NFC チップの埋め込まれたモバイル端末やカードと通信を行った NFC リーダ/ライタ端末の設置位置が、通信時点における端末位置となるというシンプルなものである。NFC リーダ/ライタ端末には、デジタルサイネージや交通機関の自動改札などが挙げられる。RF タグのついた商品の流通や在庫の把握に利用する方法と同等の方法であるが、駅の自動改札のように NFC リーダ/ライタ端末が日常的に利用する位置に存在することで、利用者の動線を把握することも可能になる。

　商用施設や、病院、倉庫などで需要のある、屋内測位の実用化が取り組まれている。屋内における無線測位では、基地局として、建物や建物内の設置物に取り付けが可能な無線 LAN アクセスポイントや RF タグなどが用いられる。また、測位精度を上げるために、自律航法 (Dead Reckoning) も含めた複数の手法を組み合わせて測位することが求められるシーンが多く、そのような測位のことをハイブリッド測位と呼ぶ。多くの空間では、屋内地図が整備されておらず、自己位置に意味を持たせるために測位と並行して屋内形状の計測を行う必要がある場合もある。そのため、自己位置推定と環境地図作成を同時に行う技術 (SLAM) が用いられる。SLAM では、LiDAR（レーザースキャナ）やカメラを用いて周辺環境の形状が計測され、環境地図が作成される。屋内測位に限らず SLAM が有効利用できるシーンは多いが、身近な例としては家庭用のロボット掃除機が挙げられる。

　屋内における位置を管理するために、屋内地図に座標を設けることで、汎用の電子地図の利用とシームレスに屋内地図の利用も可能になる。例えば、屋外地図に地理院地図、屋内地図に施設管理図を用い、双方に存在するランドマークを複数選択し、双方の地図を GIS 上で重ねることにより、屋内地図に用いた施設管理図を地理座標系にのせることができる。国内でも、Google Maps や Apple のマップ、Yahoo! MAP など、スマートフォンの電子地図に屋内の地図が存在する場所も増えてきている。屋内地図データの標準化も策定が進んでおり、例として、Apple の Indoor Mapping Data Format(IMDF) がある。

　情報通信端末に埋め込まれたセンサモジュールにより、人間も含め動物の行動や生体データを採取することができる。よく利用されているのは加速度センサである。加速度センサを用いることで、利用者の歩行状態、活動量などを予想し、推定された行動情報と連動したサービス提供や、健康管理などに応用することができる。走行しているか停止しているかは、各状態の特徴的な加速度波形を抽出することで推定を行い、姿勢は、加速度センサで計測される重力加速度を検出することにより推定が可能である。例えば、四肢歩行をする動物であれば、歩行中や立位時は、棒状の四肢と同じ向きの軸の加速度計の値が重力加速度 $9.8 \mathrm{m/s^2}$ に近い値を示すはずである。このような移動状況や姿勢といった個体の行動情報は、時刻と位置で表される時空間情報とともに管理され、特定の個体がいつどこでどのような状態であったかということの解析が行われる。温度センサや電圧ロガを用いることで、体温、心拍、筋電などの個体の生理情報の計測も可能である。また、個体にカメラやマイク、温湿度計、照度計などを装着することにより、個体の周囲環境の情報を記録することができる。図 8.27 に、人がモバイルセンサを所持し、商用ビル内を移動し、加速度、気圧を計測した例を示す。このようなデータを用いて街なかでの行動を推測し、特定エリアの動線の把握や個別利用者への情報提供を実現しようとする動きもある。

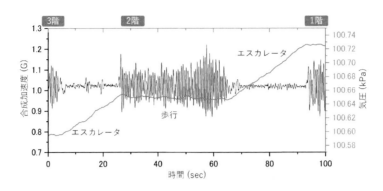

図 8.27　モバイルセンサによる加速度と気圧のモニタリング

　身体の特定の部位に装着するウェアラブル情報通信端末を利用することで、さらに幅広い生体
情報のセンシングが可能になる。携帯しながらの計測が可能な生体センサに、脈波センサ、血圧
センサ、視線追跡計、呼吸センサ、筋電計、脳波計、NIRS(Near-infrared spectroscopy) 装置
などがある。それぞれ、体の動きによるノイズ情報の除去方法、日常的に身につけるためのさら
なる小型省電力化など、日常利用には課題が残っているが、このような機器を用いた脳機能解析
により、ユーザの意思や想定していることを読み解く研究も進んでおり、将来はこれらのセンサ
も日常利用をするモバイル端末に搭載されていくことも考えることができる。特に、脳と機械が
情報をやりとりする仕組みを持つ部分のことをブレインマシンインタフェース（BMI）と呼び、
日常生活になじむ BMI がデザインされることにより、利用者の意思を推定し活用するサービス
が展開されることが考えられる。個体の行動や生理状態、周囲環境の判定に利用されるモバイル
センサの例を表 8.1 に示す。複数のセンサのデータを組み合わせることで、目標物の認知、仲間
とのコミュニケーション、探餌行動、産卵等がいつどこで行われたかが、センシングされたいく
つかの情報を組み合わせることにより判定ができる。

8.8.3　コミュニケーションの可視化

　近年は、ウェアラブル情報端末によりコミュニケーションを可視化する試みもある。有名な試
みには、2015 年 2 月にハーバードビジネスレビューに「歴史に残るウェアラブルデバイス」と
して紹介された日立製作所の「ビジネス顕微鏡」がある。加速度計、マイク、赤外線センサが搭
載された首から提げるカード型デバイスにより、社内コミュニケーションにおける対話や活動状
況を可視化するもので、ビジネス用途で事業が展開されている。筆者は、自由に行動している旅
行グループがグループ間で SNS を利用したとき、旅行者それぞれが受信した情報に対して、「い
いね」ボタンを押したか、誰から送られてきた情報か、誰が作成した情報かの 3 点を記録し整理
したことがある。その結果、情報を送信した人に対して「いいね」をする割合と、その人と一緒
にいた時間の長さに関係があった。さらに、受信した情報を作成した人に対してよりも情報をダ
イレクトに送った（転送した）人に対して、その傾向が強いことがわかった（図 8.28）[1]。
　この実験からは、一緒にいる時間が長い人（恐らく親しい人）から受信した情報は、社会的影
響力があるので「いいね」ボタンを押すという行動を引き起こしていると考えることができる。

表 8.1　移動する個体の状態を検出するセンサ

状態カテゴリ	計測対象	センサ及び計測システム
移動	位置	GPS、テレメトリ、照度計
	高度	GPS
	水中深度	歪みゲージ
行動	移動 / 停止	加速度計、角速度計
	姿勢	加速度計
	向き	角速度計、地磁気センサ
生理情報	体温	温度計
	心拍数	心拍計
	筋電	筋電計
周囲環境情報	温湿度	温湿度計
	照度	照度計
	画像	カメラ
	音	マイク

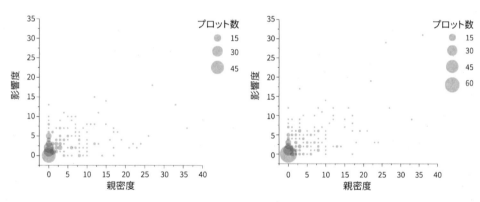

図 8.28　親密度と「いいね」をする割合の関係
（左：情報作成者に対して、右：直接情報伝達者に対して）

そして、直接的な情報の享受によりその影響力がさらに大きくなることをこの実験結果は示している。SNS を用いて発信された情報が知人間で共有され、その情報をもとにサービスなどが利用されることはよくあることである。さらに、一人でいるか、急いでいるかなどの情報が付加されれば、人の居る空間で利用に適切な施設の情報を提示し、その場所で人と人とのコミュニケーションを生じさせることができるかもしれない。

8.8.4　個人情報の運用

　ここで、これらの情報を社会的サービスで活用するための個人情報の扱いについて考える。個人情報の取り扱いについて、EU および欧州経済領域において罰則を伴う一般データ保護規則 (General Data Protection Regulation：GDPR) が策定され、2018 年 5 月 18 日より厳しく監視されている。「個人のデータは個人に帰属する」という原則を基盤とするこの GDPR の趣旨

を理解し正しく情報管理を行うことが、現代の情報化社会では求められている。従って今後の
サービスシステムでは個人を中心としてデータをアプリケーション横断させることが重要とな
り、システムにおける情報の信憑性の担保も必要になってくる。

　1 つの運用形態としてブロックチェーンが注目されている。ブロックチェーンは、Bitcoin な
どの仮想通貨の運用形態として有名だが、情報を管理しサービスを運用する新しいデータベース
の形態として期待されている。ブロックチェーンでは、取引データ（トランザクション）を複数
の利用者で分散して管理する。トランザクションを特定の間隔でまとめてブロックにして時系列
で連ねて管理するので、ブロックチェーンといわれる。トランザクションは不可逆的な手法で暗
号化され分散して保存されるので安全に管理され、改ざんされたデータやコンピュータの故障な
どにより破損したデータは、全体との整合性のある形ですぐに修正される。つまり一度書き込ま
れたデータの変更・削除はできず、正しい記録のみが保存される落ちないシステムである。ブ
ロックチェーンには大きく分けて、パブリック型とプライベート型という 2 つの形態がある。パ
ブリック型は誰でも自由に参加できるブロックチェーンで、プライベート型は管理者がいる
ブロックチェーンである。プライベート型は中央集権的な部分があるため参加者の公平性を保てな
くするつくりも可能であるが、参加者が限られているので、全体の動作が速いのが特徴である。
プライベート型とパブリック型のブロックチェーンを連携させることにより（図 8.29）、動作速
度と信憑性を同時に高めることができ、有機農産物の生産と流通の管理を実現する実証実験も行
われている [2]。

　IoT インフラを利用して自動的に記録されるトランザクションにより、信憑性の高い情報を利
用者が認知することができ、利用者が目的に合った行動を迷いなく選択できる社会をつくること
にも貢献できるといわれている。利用者のモチベーションを高めながらより価値の高いサービス
を個別に提供するためには、このようなシステムを用いて、現実空間での利用者の行動を記録
し、その信憑性を担保できる個人情報運用が必要になる [3]。個人情報を保護しシステム上で安
全なトランザクションを実現するための DID(Decentralized Identity) やパスワードレスオン

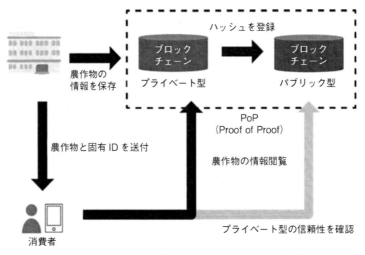

図 8.29　農産物管理ブロックチェーンシステムの概要

ライン認証技術の FIDO2 などもつくられており、この分野のサービスでの人間情報の運用方法
は今後ますます注目される。

参考文献

[1] 鈴木淳一、川原靖弘、吉田 寛、知人間親密度と SNS コンテンツに対する口コミ型評価の影響力との関係性把握手法、電子情報通信学会論文誌 D Vol.J99-D No.1、pp.93-96、2016

[2] J.Suzuki, M.Kono, T.Fujii, T.Ryugo, M.Sato, Y.Kawahara, Food Supply Chain Management System for Product History Using Blockchain, The 14th International Conference on Intelligent Environments, 2018

[3] J.Suzuki and Y.Kawahara., Blockchain 3.0: Internet of Value - Human Technology for the Realization of a Society Where the Existence of Exceptional Value is Allowed,in the book"Human Interaction, Emerging Technologies and Future Applications IV", Springer, 2021

第9章

スポーツと人間情報

　身体運動の動作の「良し悪し」について「しなやか」「硬い」「バネがある」「無駄がある」などと表現されるが、これには客観的指標がない。これにウェアラブルセンサを活用して、歩行および走動作の定量化を図る研究が、競技者としても輝かしい実績を誇る石井直方・東京大学名誉教授によって述べられている。

　臨床やスポーツ現場におけるウェアラブルセンサの活用の結果、体幹の回旋動作が小さく、またその再現性が高いことが示され、さらなる基礎研究と応用研究が計画されている。

　次に、スポーツ技能の定量化と向上支援のためのセンサによるデータ化などのスキルサイエンスを利用し、機能を向上させることが期待されている。

　人間情報に基づいた個別適合フィードバックを実現するスキルサイエンスの未来像の研究が示されている。

9.1　動作の「良し悪し」をウェアラブルセンサで
定量化する
—介護予防からスポーツ動作改善まで—

石井 直方

　スポーツをはじめとする身体運動では、動作の「良し悪し」（質）がいうまでもなく重要である。スポーツ現場では、動きについて「しなやか」「硬い」「バネがある」「無駄がある」などと表現される。しかし、客観的な指標がないため、これらの特徴を的確に見抜いたり、改善したりすることは容易ではない。したがって、各種センサを用い、動作の質に関連するさまざまな要素を定量化する試みが有用となる。動作を定量化する方法として、これまで主に光学的モーションキャプチャが用いられてきた。身体各部に貼付けた反射マーカーの三次元座標を、複数のハイスピードカメラで数値化するシステムである。身体各部の位置を精密に数値化できる点ではすぐれている。しかし、高価な設備や特定の測定環境が必要で、動作が測定環境に制約されるなどの課題がある。

　一方、ウェアラブルセンサは、その性質上、身体の三次元座標を厳密に規定することには向いていない。しかし、低コストで、環境による制約が少なく、フィールドでの実動作の分析が可能であり、多人数を対象とした繰り返し動作の分析が可能、といった点ですぐれている。

　ここでは、筆者らの研究グループが取り組んでいる、ウェアラブル慣性センサ（加速度およびジャイロセンサ）を用いた歩行および走動作の定量化を中心に紹介する。

9.1.1　歩行動作の分析—高齢者の転倒予防を視野に—

　歩行は最も基本的な日常動作である。高齢者にとっては、歩行に関連した運動器（筋、骨、関節など）の機能低下が、転倒・骨折や要介護につながる。日本整形外科学会では、運動器の障害や加齢による機能低下によって要介護となる危険性が高い状態を「ロコモティブシンドローム」（以下ロコモ）と定義し、2013年にその判定のための「新ロコモ度テスト」を提案した。

　このテストに含まれる「2ステップテスト」は、できるだけ大股で2歩進める距離を測るもので、その平均値の加齢変化は、膝・股関節伸展筋力の加齢に伴う低下[1]ともよく一致する。

　一方、これらのテストは簡便ではあるものの、最大努力が条件となること、実際の歩行動作と異なる動作を用いることなどが欠点といえる。もし、身体の特定部位にウェアラブルセンサを装着し、通常歩行を分析することで転倒危険性やロコモ度を評価できれば、医療現場はもとより、一般家庭でのセルフチェックにも役立つと考えられる。

　そのための基礎研究として、若齢者（男女20名：平均年齢24歳）および高齢者（男女50名：平均年齢71歳）を対象とした歩行動作分析を行った。

　胸部（剣状突起）、腰部（第3腰椎）、骨盤（仙骨背面）の3カ所に加速度／ジャイロセンサ（カシオ製）を装着し、10mの直線歩行を「ゆっくり」「普通」「速く」の3速度で行う。若齢者と高齢者の比較に加え、高齢者を上記の新ロコモ度テストに基づいて、「ロコモ有」群（26名）と「ロコモ無」群（24名）に分け、両群の比較も行った。

　通常速度の歩行のときの腰部の左右方向の加速度波形から、高齢者では、若齢者に比べて、1

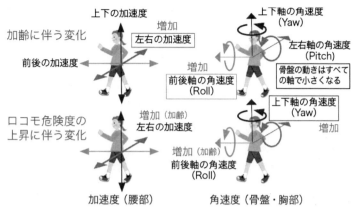

加齢に伴う変化

上下の加速度

前後の加速度

増加
左右の加速度

上下軸の角速度
（Yaw）

左右軸の角速度
（Pitch）

増加
前後軸の角速度
（Roll）

骨盤の動きはすべて
の軸で小さくなる

ロコモ危険度の
上昇に伴う変化

増加（加齢）
左右の加速度

上下軸の角速度
（Yaw）

増加

増加（加齢）
前後軸の角速度
（Roll）

加速度（腰部）

角速度（骨盤・胸部）

枠で囲んだ要素に有意な変化（P＜0.05）が見られる

図 9.1　通常速度で歩行したときの加速度（腰部）と角速度（胸部と骨盤）

歩行周期における加速度振幅が大きいことがわかった。これらの結果を含めて、現在までの分析から判明したことを模式的に図9.1に示す。

　若齢者と高齢者の比較から、加齢にともなって変化する要素として、腰部左右方向の加速度振幅の増加、骨盤の全軸まわりの最大角速度の低下、胸部前後軸まわりの最大角速度の増加が抽出された。また、ロコモ有群とロコモ無群の比較から、ロコモを特徴づける要素として、胸部上下軸まわりの最大角速度の増加が抽出された。

　これらの結果は、加齢およびロコモの進行にともなって、下肢機能の低下に加え、体幹機能の変化が歩行動作に反映されることを示唆している。

9.1.2　走動作の分析—ランニングの質を定量化する—

　走動作の質を定量化する試みとして、競技者（大学駅伝部選手8名）と非競技者（大学院生11名）を対象として比較を行った。

　胸部および腰部にウェアラブルセンサを装着し、「ゆっくり」から「速い」までの4段階の速度で、400mトラックを1周ずつ走ってもらった。直線での10ストライドを分析した結果、競技者ではいずれの速度においても、腰部前後軸まわりの最大角速度および最大角度が非競技者より小さかった。また、腰部、胸部にかかわらず、いずれの軸まわりに関しても、ステップごとの角速度波形の自己相関係数が、競技者で高値を示した（図9.2）。

　これらの結果から、競技者では体幹の回旋動作が小さく、またその再現性が高いことが示唆された。また、加速度センサを用いた筆者らの先行研究から、競技者では非競技者に比べ、離地時の進行方向への胸部加速度が大きく、接地時の後方への胸部加速度が小さいことも判明している[2]。

9.1.3　有用なウェアラブルセンサ

　以上のように、ウェアラブルセンサを用いることで、多数の被検者を対象としたフィールドでの動作の分析・評価が可能と考えられる。このことはまた、臨床やスポーツ現場におけるウェア

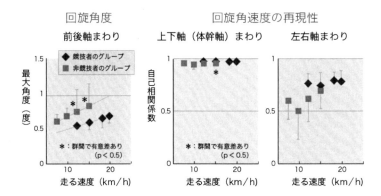

腰部の上下軸（体幹軸）まわりの回旋角度（角速度の積分）と、
体幹軸および左右軸まわりの回旋角速度の再現性（自己相関係数）が異なる

図 9.2　ランニング時の競技者と非競技者の特徴

ラブルセンサの有用性を示唆するものであり、さらなる基礎研究および応用研究の発展が望まれる。

参考文献

[1]　Yamauchi, J.,Mishima, C.,Nakayama, S.,Ishii, N. Gerontol., 56, 167-174, 2010

[2]　Kawabata,M., Goto,K., Fukuzaki,C., Sasaki,K., Hihara,T., Ishii,N. J.Sport Sci., 31. 1841-1853, 2013

9.2 ウェアラブル技術を用いたスポーツ技能の定量化と向上支援

ロペズ ギヨーム

9.2.1 身体活動の維持とモニタリング

　定期的な運動は、娯楽や社会的価値など、多くのメリットをもたらす。多くの研究は、それが認知的および感情的なウェルビーイングの改善と相関があることを示している [1]。スポーツの練習が頻繁になるほど、心理的苦痛のリスクが低くなると示されている。これらの利点に対する認識が高まっているにもかかわらず、定期的な身体活動を維持または拡大することは難しい [2,3]。その結果、ほとんどの人は推奨されるレベルの運動を維持できていない [4]。

　ウェアラブル技術は、これらの問題の解決に役立てる。リーズナブルな価格で利用できるウェアラブルデバイスの数が増えるにつれ、エクササイズの追跡など、より健康的なライフスタイルをサポートすることを目的とした多種多様なアプリケーションソフトウェア（以降アプリという）の開発が促進されている。調査研究によると、運動を自動的に追跡することで、身体活動を動機付けることができる [5]。家電市場はこの機会を認識していて、いくつかのエクササイズを追跡するためのデバイスはすでに存在している。たとえば、歩数計と全地球測位システム（GPS）組み込みデバイスは、主に歩行と走行を対象としている。

9.2.2 スキルサイエンスの現状

　一方、スポーツの動きの詳細な分析を理解することは、コーチやマネージャがアスリートのパフォーマンスを評価するのに役立ち、怪我のリスクを回避、トレーニングプログラムを最適化、戦略的な意思決定をサポートするための重要な情報を提供する。近年、エリート向け、ビデオベースシステム [6]、もしくは専用のスポーツブラジャーもしくはシューズなどの道具にウェアラブルセンサを入れて、体動データから、運動量および強度の解析が行われている [7]。しかしながら、これらのシステムは高価であり、エリートの一部しか利用できない。また、センサの位置の安全性および、デバイスのサイズが課題である。更に、技の識別および良し悪し判定ができていない。

　テニスラケットにセンサを取り付け、その挙動を分析した研究 [8] や、手首に装着した加速度センサとレーザ装置を用いて野球の投球球速の推定を行った研究がある [9]。しかし、専用センサを必要としたり、計算機による後処理を必要としたりしているほか、その場でのフォーム・スキル改善のためのフィードバックまで行うものはない。実用サービスには、ソニーの "Smart Tennis Sensor"[10] や Babolat の "Babolat Play"[11]、ジングルテックの "Strike"[12] などが挙げられる。これらにより、スイングスピードやボールの回転数などが確認できるようになったが、いずれもスキル改善のためのフィードバックを行う機能はない。また、デバイスが高価であるため、手軽に活用しにくいという課題もある。

　一方、初心者から一般の上級者まで幅広く多くの人にスキルサイエンスを利用し、楽しく活動しながら技能向上を図ることができるため、市販の汎用デバイスでその技術を提供できるようにすることが大切と考えられる。市販の汎用デバイスとして多くの運動中の心拍数をモニタリン

グするために用いられているチェストバンド型デバイスもしくは、運動専用ではないスマートウォッチが挙げられる。

　このような市販ウェアラブル端末の普及に伴い、それらを活用したスポーツ技能の定量化と向上支援に関する研究が増えつつある。次項では、著者らの研究事例を紹介していく。

9.2.3　その場での良し悪し判定とフィードバックによる運動の楽しさと上達を支援する

　著者らの研究グループでは、初心者から一般の上級者まで幅広く多くの人に人の運動の楽しさと上達を支援するスキルサイエンスとして研究開発した主な技術とその効果を図 9.3 にまとめた。

　センサデバイスの観点では、前述の通り大きく分けて 2 種類を対象としてきた。心拍数と体動をモニタリングするために用いられているチェストバンド型デバイスと、運動専用ではないスマートウォッチである。スマートウォッチのみを用いて、動作後すぐにフィードバックを確認できる「現場での個別スポーツスキル向上支援システム」を提案した。高性能なモーションセンサを用いて野球の投球動作定量化のための球速推定方法と、テニスのサーブ動作で重要なプロネーション動作判定方法を分析した。その結果を基に、動作をリアルタイムに判定できるスマートウォッチアプリを実装した。開発したアプリが提供している支援システムの有効性を検証した結果、投球における全被験者の平均球速と最高球速が向上し、サーブにおけるプロネーション動作の改善も見られた [13]。さらに、野球の投球動作とテニスのサーブ動作だけではなく、ボールジャグリングにおいても同じようにリアルタイム上達効果を実証した。今回研究対象にしたスポーツのみならず、腕の動作がスキルに大きく関わるスポーツにおいて、日常生活で使用できるスマートウォッチは、個別スキル向上支援システムとして十分に有効であると考えられる。また、今後スマートウォッチに搭載されているセンサの精度が向上すれば、より精度の高いシステムになることが期待できる。

9.2.4　運動種類の自動検出・識別・カウントによる活動の定量化

　チェストバンド型センサでは、サッカー、スポーツジム運動および、短距離走の挙動定量化の

図 9.3　著者らの研究グループが、運動の楽しさと上達を支援するスキルサイエンスにおいて開発した主な技術

表 9.1 様々なウェアラブル端末の装着位置によって取得した体動データに本手法を適用した場合の
テンプレートの良し悪しによる動作識別精度

センサ位置	平均	最大	最小	標準偏差
耳	78.4%	92.5%	58.6%	10.0%
胸	97.2%	99.8%	73.7%	4.4%
上腕	93.1%	96.7%	83.8%	3.1%
手首	83.5%	93.8%	70.3%	5.6%

可能性を検証した。サッカーにおいては、小型ウェアラブル慣性センサを用いて一般の選手にお
けるスキル向上支援システムの開発を目的としている。その為にサッカーにおける 5 つの動き
に対して、自動抽出方法及び、センサ装着場所の影響を評価した。サッカー経験が 6 年以上の右
利きである協力者 10 人を対象に、センサを 3 つの場所（後ろ右足首、腰の下方、腰の上方）に
装着して run、dribble、heading、pass、kick をそれぞれ 50 回行った。得られた 3 軸加速度
データに対して、合成加速度算出、個別動作分割、特徴量抽出、機械学習モデル生成の順で加工
を行った。生成したモデルの精度評価を行った結果、足首にセンサ装着した場合が一番高かっ
た（81%）ものの、より安全な装着位置である背中において 70% 以上も達成できている。今後
は、一般のサッカー選手が試合・練習中スキルモニタリングが可能なアプリの開発に繋げていき
たい。

また、同じセンサをチェストに装着して、ワークアウトトレーニングの挙動リアルタイム識別
手法も提案した [14]。少なくとも週に 1 回は運動を行っていると自己評価した 15 人の参加者
が、センサを胸に装着しながら 5 つの運動をランダムに行った。提案した手法は、ランニング、
ウォーキング、ジャンプ、腕立て伏せ、腹筋運動の 5 つのエクササイズの実験を行うことで検証
した。提案したセグメンテーションアルゴリズムは、98 %の精度、94 %の再現率を達成した。
分類方法は、セグメンテーションの誤差の影響を受けたにもかかわらず、97 %の精度、93 %の
再現率を達成した。また、表 9.1 は耳（イヤホンを想定）、手首（スマートウォッチを想定）、上
腕（スマートフォンを想定）に装着したウェアラブル端末の体動データに同手法を適用した場合
の動作識別精度を示している。各動作に対するテンプレートを最適に選定すれば（表 9.1 の最大
の列）、個人ごとのキャリブレーションがなくても、どんなウェアラブル端末の装着位置でも
90 %以上の高い識別精度が得られる。本提案手法の精度は、屋内トレーニングのみを対象とし
た手法やカメラベース手法とほぼ同じか、それよりも優れている。また、提案手法は腕、手首、
耳など様々な位置に取り付けたセンサデータでも簡易に適応できることも示していて、ユーザの
好みのウェアラブル端末へ簡易に適応できる。

9.2.5 今後の展望

本研究の目的は、近年普及しつつある日常生活で用いることのできる市販の汎用的なウェアラ
ブル端末（リストバンド型、イヤホン型、インソール型、チェストバンド型など）を用い日常的
なトレーニングを楽しく行えるように支援することである。ウェアラブル端末のセンサ信号（加
速度、角速度、心拍数など）とフィードバック機能（画面、振動、音など）を汎用的に統合する
プラットフォームを構築するとともに、そのプラットフォームを活用する運動スキル向上支援シ
ステムを開発し、様々なスポーツの継続性およびスキルの向上への効果を検証していく。本研究

図 9.4　人間情報に基づいた、個別適合フィードバックを実現するスキルサイエンスシステムの未来像

で目指すシステムの構成イメージを図 9.4 に示している。

参考文献

[1] M. Hamer, et al.: Dose-response relationship between physical activity and mental health: the Scottish Health Survey. British journal of sports medicine, 43(14): 1111–1114 (2009)

[2] J. Kruger, et al.: Dietary and physical activity behaviors among adults successful at weight loss maintenance. International Journal of Behavioral Nutrition and Physical Activity, 3(1): 17(2006)

[3] K. A. Schutzer,et al.: Barriers and motivations to exercise in older adults.Preventive medicine, 39(5): 1056–1061 (2004)

[4] C. D. Harris, et al.: Adult participation in aerobic and muscle-strengthening physical activities. MMWR: Morbidity and mortality weekly report, 62(17): 326 (2013)

[5] D. M. Bravata, et al.: Using pedometers to increase physical activity and improve health: a systematic review. Jama, 298(19): 2296–304 (2007)

[6] J.L. Felipe, et al.: Validation of Video-Based Perfomance Analysis System to Analyze the Physical Demands during Matches in LaLiga,Sensors 2019, 19, 4113

[7] L. Nguyen, et al.:Basketball Activity Recognition using Wearable Internal Measurement Units, the 16th Inter. Conf. on Human Computer Interaction (2015)

[8] 増田大輝、他:"ウェアラブルセンサを用いたテニス上達支援システムの提案"、DICOMO2014 論文集、pp.545-52

[9] 斎藤健治、他:"手首で計測した加速度による投球スピードの推定"、体育学研究 47 巻 1 号、pp.41-51、2002

[10] ソニー株式会社,Smart Tennis Sensor,http://smartsports.sony.net/tennis/JP/ja/

[11] Babolat, Babolat Play, http://ja.babolatplay.com/play

[12] ジングルテック株式会社,Strike,https://www.makuake.com/project/strike/.Movesense:open wearable sensor for movement and ECG,Suunto.https://www.movesense.com/)

[13] G. Lopez, et al.: On-site Personal Sport Skill Improvement Support Using only a Smartwatch. 2019 IEEE International Conference on Pervasive Computing and Communications Workshops (PerCom Workshops), 2019, pp.158-164

[14] S. Ishii, et al.: ExerSense:Physical Exercise Recognition and Counting Algorithm from Wearables Robust to Positioning. Sensors, 21(1): 91(2021)

第10章

快適と人間情報

　ウェアラブル・センサネットの技術によって実現される健康支援サービス、環境センサネットワークサービスなどを対象として、健康・快適・環境・安全安心・強靭なコミュニティなどを考察し、そこからパーソナルサービスとしての快適さを実現する方法を、本書監修者・板生が提案している。

　そこには、最近、地球温暖化で注目されている熱中症対策、すなわち冷暖房技術が快適をもたらし、そのために人間情報がフィードバックされることの重要性を指摘している。詳しくは、心拍変動と温熱環境の関係の研究から温熱快適性の自動推定、空調と局所的冷暖房システムが、スーパーマーケット店舗での10万人のデータに基づくナッジの大規模社会実験の結果として紹介されている。

　次に、AIと行動経済学の活用する省エネと快適性の両立に関する行動変容の研究と実用化が示されている。

10.1　パーソナル快適環境を実現する「環境ウェアラブル」の時代へ

板生 清

イギリスの自然哲学者、ロバート・フック（Robert Hooke、1635 年〜1703 年）は「見るということに対して眼鏡が出てきたように、視覚、嗅覚、味覚そして触覚といった感覚に対する技術開発（製品開発）も今後行われていくであろう」と 1665 年に発言している。

それから 300 年経った 1960 年に、オーストリア生まれの医学者、マンフレッド（Manfred Clynes、1925 年〜2020 年）は「サイボーグ」(Cyborg) という言葉を使った。この言葉は技術的なアタッチメントをつけた人間 (cybernetic organism) という意味で使われた。

カナダ出身の英文学者、マーシャル・マクルーハン（Marshall McLuhan、1911 年〜1980 年）はメディアを「何かを気づかせる」(make-aware agents) ではなく、むしろ「何かを起こす」(make-happen agents) と見ていた。彼にとってメディアとは、私たちの身体、精神、存在そのもののあらゆる「拡張」(extension) を意味するものであるとし、「自転車や自動車は人間の足の拡張であり、服は皮膚の拡張であり、住居は体温調整メカニズムの拡張であり、コンピュータは私たちの中枢神経組織の拡張である」と定義した（W．ゴードン著、宮沢訳、『マクルーハン』、筑摩書房、2004 年）。

10.1.1　万物からの情報をシームレスに交流

筆者は 1991 年「ネイチャーインタフェイスの世界」の到来を提唱した。そこでは、人間、人工物、自然の 3 項のインタフェイス（界面）を限りなく低くして、上記 3 大情報源からの発信情報、すなわち万物からの情報をシームレスに交流する調和的世界を目指した。

これはウェアラブルセンサネットの技術によって実現される世界である。さらに環境センサネットワークサービスや、健康支援サービスなど、環境センサ、医療機器などの各種センサからの情報をもとにクラウド・コンピューティング技術と組み合わされ、いままで周辺機器への一方通行だった情報が、逆にモバイルのセンサから情報ネットへと流入し、あらたなサービスが展開される。これによってイノベーションの対象は図 10.1 のように健康、快適、環境、安全安心、強靭なコミュニティへと進む。

10.1.2　パーソナルサービスを実現できる時代

モバイルサービスは、固定された装置でセンシングした情報をユーザのもつ携帯電話、とくにスマートフォンへと情報を発信したり、周辺機器を制御したりするサービスから進化して、センサがスマートフォン自体を介して情報をクラウドに送り、ユーザにサービスを提供する新たなサービスが生まれる時代に入ってきた。すなわち、センサ自体もマイクロ化することによってモビリティをもつことが可能となり、万物からの情報発信とクラウドを通しての情報受信を同一のスマートフォンで行うことも可能となり、ユーザに個別適合されたパーソナルサービスが、実現できる時代がやってきたのである。

図 10.2 は IEEE 2008 Sensors（於：伊レッチェ）に筆者が発表したヒューマンレコーダシス

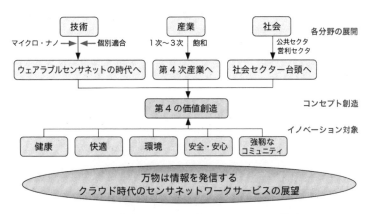

図 10.1 提案するコンセプトイノベーション戦略

テムの構成である。人間の情報のセンシングからプロセッシング、さらにアクチュエーションへと進むマイクロシステム技術を示している。この例のように心電センサによって心拍変動を計ることにより、自律神経系の状態を把握でき、この情報に基づいてさまざまなアクチュエーションを行い、多種多様なサービス提供が可能となる。

ここで強調したいのはセンシング、プロセッシング、アクションによるクローズドループこそが重要である。さらにはアクションの中では五感に訴えるものとして、ウェアラブル冷暖房デバイスこそ、今後の地球環境の変化と省エネルギー化に不可欠な技術である。

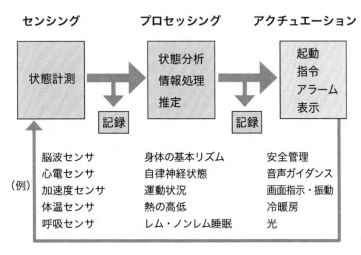

図 10.2 ヒューマンレコーダシステムの構成

10.1.3　心地よさなどの物理空間の持ち歩き

　人間が存在する空間が「屋外」→「屋内」→「自動車」→「服」となるに従って、個人のニーズとのマッチングが強く求められる。究極のウェアラブルは、かくして服とともにある。ここでは人間のバイタルサイン（生体情報）に基づく暖かい、寒いなどの心地よさを含めて物理空間の持ち歩きまでがウェアラブルの範囲となる。

　今後の情報社会は、インフラの整備は進んでいく。しかし、究極は個々人のニーズにきめ細かく合わせるためのパーソナルサービスが必要不可欠である。このときウェアラブルコンピュータはさらに情報だけではなく、環境をも持ち歩くウェアラブルマシンに進化するであろう。

　このためには生命活動の維持に必要な恒常性（ホメオスタシス）と、高い覚醒度が保たれた状態によって表出される脳の認知機能の研究によって、快適・省エネを実現するヒューマンファクターの研究が重要である。

　このような快適性は個々の人に適合して身体を直接冷暖房する手段でこそ実現できる可能性が大であり、そのうえ従来の執務室全体の温湿度を制御する大消費電力の空調システムの稼働率を大幅に低減することが可能となる。

　これまで豊富な電力で実現されていた快適環境が崩壊し、それにともなう熱中症あるいは低体温症などの健康危機、および労働生産性低下などの問題が興り、これに対する解決策が求められている。その有力な 1 つが「快適・省エネヒューマンファクターの研究」である（図 10.3）。

　さらに環境ウェアラブル技術の主要技術であるウェアラブル局所冷暖房技術が進んでいくなら

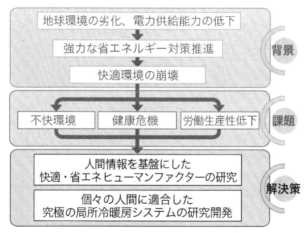

社会的必要性
エアコンを越える超省エネの快適ヒューマンファクター製品は現れていない
本開発製品は新しい市場を創る可能性を秘めている

技術的状況
・部屋全体の空気を冷やす空調に対して、身体のみを冷暖房する本装置は
　消費電力が 1／10 以下。ただし、装置の装着が必要
・携帯型商品の冷凍パッドやカイロに対して、本装置は温度制御されるた
　め過度の冷熱がない。ただし、装置はやや高価で大型

図 10.3　快適・省エネヒューマンファクターの研究

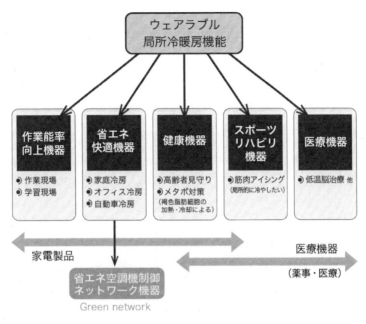

図 10.4　e-ウェアコンの世界

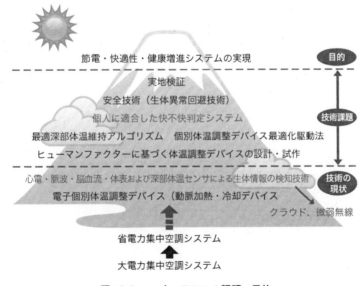

図 10.5　e-ウェアコンの課題・目的

ば、多くの範囲にその影響が及ぶものと考えられる。すなわち、図 10.4 に示すように、家電製品レベルの酷暑環境での作業能率向上機器、家庭や事務所での省エネ機器や健康増進機器、さらには医療機器としての局所冷暖房応用など、さまざまな用途への実用化が待たれている。これを筆者は「e–ウェアコンの世界」と命名し、環境ウェアラブルの典型例と位置づけた（図 10.5）。

10.2　ウェアラブルセンサからの推定による快適化制御の実現

ロペズ ギヨーム

　快適性 (comfort) の提供には多くのエネルギーが消費されている。オフィスビルをはじめとする建物は世界のエネルギーの 40 ％を消費し、その約 70％ を空調・照明というオフィスの環境整備に関わるエネルギー消費が占めている。一方、その膨大なエネルギー資源が使われているにもかかわらず、一番の目的であるはずの快適性を、現状の仕組み（集中空調や集中照明ユニットなど）では効果的に提供できていない。不適切な温熱快適性 (thermal comfort) について、オフィスビルの居住者の大半は不満をもっている [1,2]。

　近年、持続可能な経済を実現するうえでの意識向上のための広報活動によって、エネルギー削減規制が制定されることになった。しかし、省エネ化技術が進むにつれ、快適性が置き去りにされてしまっている。例えば、日本政府によって導入された強制的な省エネ政策（クールビズ／ウォームビズ）は、温熱的不満の増大だけではなく、生産性の低下をもたらしてしまった [3]。

　定義 [4] によれば、温熱快適性は「温熱環境に対する満足度を表し、主観評価によって評価される心の状態」である。したがって、温熱快適性は、人によって異なる心理的感覚となる。しかし、逆説的に、ほとんどの温熱快適性提供技術（空調ユニットなど）は、建物のすべての居住者に中立的な熱条件を提供してしまう。残念ながら、この戦略は非効率的であり、多くのよく知られた課題が調査研究で指摘されている [5]。

　まず、個人差（年齢、性別、体格など）は各人の温熱快適性の知覚に影響するため、万能型の戦略はうまく機能しない。そのうえ、人々は非中立的な条件を好む。

　また、温熱中立性の達成にはコストがかかり、過度なエネルギーを消費する。そして、身体のわずかな部分（頭、手首、足など）だけが温熱的快適性を主に感じる。例えば、均一な環境条件では、寒いとき、人の足と手は体の他の部分よりも冷たく感じる。一方、頭は体の他の部分よりも温かく感じられ、十分な温熱快適性を達成するには比較的低い温度を要している [6]。したがって、低エネルギー消費で質の高い温熱快適性を実現することは、熱的快適性の提供方法のパラダイムシフトが必要になる難問である。そこで筆者らの研究チームは「周囲の環境は人の生理的変化に影響する」という点に注目して、オフィス環境において提供される温熱快適性の品質と、エネルギー消費との間のギャップを緩和することにより、この難問を解決することを提案している。具体的な方法として、周囲の環境による人の生理的変化に基づいて、温熱快適性を提供することを提案している。

10.2.1　心拍変動と温熱快適性の関係

　実際、人間の温熱快適性は心理的な感覚であり、人間の体温調節プロセスに依存している。筆者らの研究チームは人間の体温調整機能、人間の熱生理学、人間の循環器学、人間の神経科学に関する実験的研究からインスピレーションを得て、生理信号の変化から人々の温熱快適性をモニタリングする可能性を探っている。

　とくに人間の心拍変動 (HRV：heart rate variability) に対する温熱快適環境（熱い、寒い、

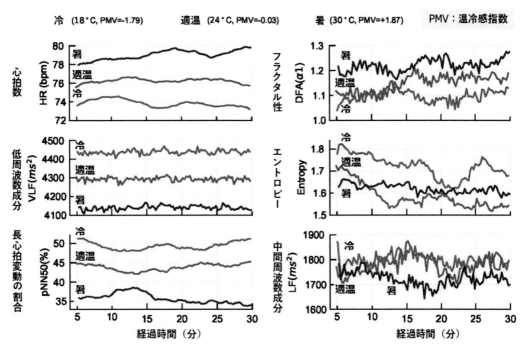

図 10.6　温熱環境の違いによる心拍変動（HRV）の 6 つの特徴量の時間変化（17 人の平均）

ちょうどいい）の影響に注目した。温湿度調整可能な実験環境において、一般的に熱い・寒い・ちょうどいいとされている条件下で被験者の心電図 (ECG) を取得し、人々の温熱快適感と生理信号に与える影響を調べている。その結果、温熱環境の変化は人の HRV を顕著に変化させること、快適な環境では心拍はより規則的で複雑ではないのに対して、暑い環境と寒い環境では、より複雑なパターンを示す（図 10.6）。

　また、頸部の冷却が人々の温熱快適感と生理信号に与える影響を調べたところ、暑い環境では、頸部の冷却は人々の温熱環境に対する主観的な認識を改善するとともに、心拍のパターンを快適環境でのパターンに近づかせる効果を示している [7]。

10.2.2　温熱快適感の自動推定

　温熱環境と生理信号の関係をさらに深掘りして、ECG 信号から高い精度で抽出できる HRV 関連指標から人々の温熱快適感（熱くて不快、寒くて不快、ちょうどいい）が推定可能かどうかを検証するため、個人ごとに学習させる個別モデルと万人に用いられる汎用モデルの二種類の機械学習モデルを開発している。

　個別モデルは予想通りの高い予測性能を発揮している。各個人のデータで学習させ、10 分割交差検証にて評価した結果、「熱くて不快」、「寒くて不快」、「ちょうどいい」の 3 つの温熱快適感を 95 ％以上の精度で推定することができる [8]。ここで、適切な特徴量を開発すれば、ニューラルネットワークなどの複雑なモデルではなく、簡易な学習モデルでも高い性能が得られるのがポイントである。

　この結果は HRV に基づいて人々の温熱快適感を予測する自動温熱調節装置の設計ができるこ

とを強く示唆している。ただし、その利用は特定の一人に限定されてしまう。

　一方、あらゆる人の温熱快適感を予測するために利用できる汎用モデルの性能は低い（50%＜精度＜60%）。確かに、温熱快適性は、人ごとに異なって生理信号に表現されるため、汎用モデルはうまく対応できない。

　詳しくは、NEDO 委託研究報告（ネイチャーインタフェイス誌 60 号、pp.6-16）に述べられている。

10.2.3　多様な負荷の識別

　一方、オフィス環境では、温熱環境によるストレスだけではなく、作業ストレスや人間関係ストレスをはじめとした多様なメンタル負荷（ストレッサー）の影響も受ける。しかし、これまでの生体情報分析に基づいたメンタル状態推定技術の多くは基本的に 1 つのストレッサーに限定したときしか有効性は検証されていない。

　まず、HRV に対する作業ストレスの影響を調べた結果、温熱快適性と同様に、作業ストレスは人によって異なる反応を示しているため、予想通り、個別モデルを用いた作業ストレス認識性能は良いが、汎用モデルの性能は不十分であった。

　さらに、筆者らの研究チームは、作業ストレスと温熱快適性の理論的相互作用を調べ、温熱環境ストレスによる HRV と作業ストレスによる HRV の識別の可能性を検証した。この結果はまた、オフィス環境において、温熱環境ストレスと作業ストレスの両方が HRV に影響するが、作業ストレスによるメンタル負荷と温熱快適性の両方がない限り、HRV のほとんどの一時的な変化は作業ストレスまたは温熱ストレスのどちらによるものなのかを識別できることを示唆している。

10.2.4　空調と局所的冷暖房システムの組み合わせ

　近年、頸部を加熱・冷却するデバイスとして、「ウェアラブル局所冷暖房装置」（ウェアコン®）が板生らによって開発されている [9,12]。筆者がその研究に携わった経緯からその技術を応用し、独自の頸部冷却・加熱デバイスおよび、手首加熱ウェアラブルデバイスを開発している [10,11]。従来のエアコンと異なり、空気を介さず直接人体を冷暖房することによって、使用するエネルギーを効率的に低減し、家庭および業務部門におけるエネルギーを大幅に削減することができる。

　そこで、これまで紹介してきた結果（HRV から温熱快適感を高い精度で推定できる）を活用するシステムとして、周辺環境に対する個人の生理反応によって調節されるウェアラブル局所冷暖房装置と空調システムを統合させた個別適合された温熱快適性提供メカニズムのアーキテクチャを提案している（図 10.7）。

　提案しているアーキテクチャを導入する知的環境では、人または人のグループの周囲に適応性のある個別適合された局所的な快適気候ゾーンの生成が実現可能になる。

　また、同じ空間の各居住者の温熱快適性は、生理信号の変動から推定されるため、適切な制約最適化アルゴリズムを使用することで、最も低いエネルギー消費ですべての人の温熱快適性のニーズを満たす最適な温熱供給方法（空調と局所的冷暖房システムの組み合わせ）を決定できることが、シミュレーションによって示された。

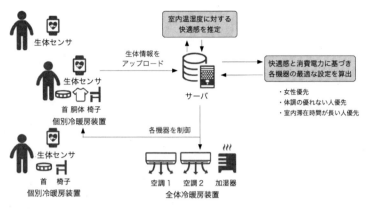

図 10.7 提案システムを実用化する場合のさまざまな状況の例

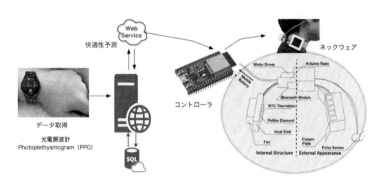

図 10.8 個人用温熱快適性自動制御システムの構成

　そして、手首（スマートウォッチを用いて）もしくは耳タブの光電脈波信号 (PPG: photoplethysmogram) から算出された HRV に基づいて、上記温熱快適感推定モデルによってリアルタイムで温熱快適感を推定し、頸部などに局所的な快適冷暖アクションができるシステム（ソフトウェアとデバイス）も試作し、本アーキテクチャの実現の可能性を示した。図 10.8 がその実装の概要である [12]。

10.2.5 実用化に向けた高精度なセミ汎用モデル

　現実においては、実用的な温熱快適環境制御システムの導入には、個別モデルは個人ごとに再学習する必要があることで高価になるうえ、温熱快適性は個人においても動的であり、予測できない要因（体調、環境など）に応じて変化もするため、期待どおりの質を保証することが難しい。

　そこで、筆者らの研究チームは個別モデルと汎用モデルのそれぞれの優れた点を統合した手法を提案している。具体的には、大規模な集団から収集された生理信号から、正確で簡単に個人の心地（温熱快適性とメンタル負荷など）を予測する機械学習モデルを導出する実用的で費用対効果の高いキャリブレーションアルゴリズムを開発している。その個別適合可能なセミ汎用モデルが、公開データセットを用いて有効であることを確かめている。

10.2.6　今後の展開

　今後、より詳細なモデルを作成してシミュレーションを行うことや、実際の環境でデバイスおよびプラットフォームの評価実験を行い、効果検証を行う必要がある。また、現状では生体信号からユーザの温冷快適感を推定する技術として暑熱、快適、寒冷の 3 環境のみの予想が限界となっているため、さらに検証を繰り返すことでより細かく温冷快適感を推定可能にし、生体信号からユーザの体感不快指数に相当する室内温湿度に対する温冷快適感を正確に予測する方法を確立していく。

参考文献

[1]　International Facility Management Association, "Temperature Wars:Savings vs.Comfort, "International Facilities Management Association, pp.1-7, 2009

[2]　C Karmann, et al., "Percentage of commercial buildings showing at least 80% occupant satisfied with their thermal comfort," 10th Windsor Conference:rethinking comfort, 2018

[3]　S. Tanabe, et al., "Thermal comfort and productivity in offices under mandatory electricity savings after the Great East Japan earthquake," Architectural Science Review 56(1):　4-13,2013. doi:10.1080 /00038628.2012.744296

[4]　ASHRAE.Standard 55 － 2017 Thermal Environmental Conditions for Human Occupancy. Vol.2017. Atlanta, GA,USA:ASHRAE, 2017

[5]　J. van Hoof. "Forty years of Fanger's model of thermal comfort: comfort for all?" Indoor air 18(3): 182-201,2008. doi:10.1111/j.1600-0668.2007.00516.x

[6]　E. Arens, et al., "Partial and whole-body thermal sensation and comfort-Part I:Uniform environmental conditions, "Journal of Thermal Biology, 31(1-2): 53-59, 2006. doi:10.1016/j.jtherbio.2005.11.028

[7]　G. Lopez, et al., "Eff ect of direct neck cooling on psychological and physiological state in summer heat environment,"Mechanical Engineering Journal, 3(1): 1-12,2016. doi:10.1299/mej.15-00537

[8]　K. Nkurikiyeyezu, et al., "Heart Rate Variability as a Predictive Biomarker for Thermal Comfort, "Journal of Ambient Intelligence and Humanized Computing, 9(5): 1465-77,2018. doi:10.1007/s12652-017-0567-4

[9]　K. Itao, et al., "Wearable Equipment Development for Individually Adaptive Temperature-Conditioning, "Journal of the Japan Society for Precision Engineering, 82(10): 919-24,10/2016. doi:10.2493/Jjspe.82.919

[10]　G. Lopez, et al., "Development and Evaluation of a Low-Energy Consumption Wearable Wrist Warming Device, "Int. J.Automation Technol.. 12(6): 911-20, 2018

[11]　G. Lopez, et al., "Development of a Wearable Thermo-Conditioning Device Controlled by Human Factors Based Thermal Comfort Estimation," 10th Europe-Asia Congress on Mechatronics, 2018

[12]　『ネイチャーインタフェイス』、No.60、2014 年 4 月

10.3 AI と行動経済学 (ナッジ) の活用による省エネと快適性の両立

岩崎 哲

10.3.1 脱炭素化に向けた世の中の流れ

世界的な「脱炭素化」の流れの中で「SDGs」「ESG 投資」などへの関心が国際的にも一般的にも高まりを見せている。また日本政府も、2050 年のカーボン・ニュートラル実現や、それに向けた 2030 年までの温室効果ガス 46 ％削減（2013 年比。および 50% 削減の高みへの挑戦）などの目標を宣言するなど、「脱炭素化」への潮流が加速しており、企業活動においても具体的な環境対策が求められている。

加えて、この流れを受けた ESG 投資拡大の影響などで火力発電所の休廃止も相次ぎ、夏季・冬季の厳気象時における供給予備率低下といった足元の社会課題への対策も待ったなしになってきている。

このように、企業活動においても、「省エネルギー (以下「省エネ」)」「脱炭素」に対する積極的な取り組みが従来以上に重要になってきているが、それに向けた認識や取り組みとして、筆者の所属するアイ・グリッド・グループ（以下「当社」）は、省エネ設備の導入だけでは不十分であるものと考えている。高コストの設備導入を段階的に実施するだけでなく、自社の従業員の行動変容を推し進めることにより、追加コストを抑え、かつ継続的な取り組みとして企業内に根付かせていくことが重要である。

10.3.2 AI と行動経済学（ナッジ）の活用によるエネルギーマネジメント

省エネに向けた行動変容については、環境省主導の日本版ナッジ・ユニットなどの事例 [1] はあるものの、企業活動という観点で十分に分析された例は少ない。

当社は創業以来、顧客企業のエネルギーマネジメント、とりわけ電力に着目した省エネのコンサルティングを行ってきた。その実績・ノウハウを基に、"AI と行動経済学のナッジ理論 [2] を応用して、店舗や施設とその従業員に対する適切な省エネ行動をレコメンドするシステム"である「エナッジ®(以下「エナッジ」)」を開発し、2018 年 6 月にリリースした [3]。現在までに、このエナッジは約 4,000 店舗のスーパーマーケットほかに導入されている。

エナッジは、店舗や施設などの各需要地点の電力使用量を AI で予測し、その予測量に応じた最適な省エネ行動を従業員に提案するサービスである。この省エネ行動を提案するタブレットの UI にナッジ理論を用い、従業員のモチベーションを喚起する要素を盛り込むなど、少ない人手でも適切な省エネが可能となる設計となっている（図 10.9）。

当社は、ナッジ理論を応用したこのエナッジを利用することでスーパーマーケットの店舗において、従業員に対する自発的な行動変容を促し、企業活動における省エネに寄与できることを、次項のとおり検証した。

図 10.9　エナッジのユーザー画面

10.3.3　AI を用いたエネルギーマネジメントの実効性検証

　エナッジの AI 技術にはディープラーニングを用いている。スーパーマーケット各店舗の 30 分ごとの天気、気温、電力使用量などのデータをディープラーニングで学習し、その結果を基に、店舗ごとの将来の電力使用量やピーク時間を予測するとともに、従業員に対する最適な省エネ行動を提案する。

　各店舗の従業員の "エナッジの提案に従った省エネ行動回数" などを分析した結果、行動回数 (num_actions) とエネルギー消費適切度 (target) との間に正の相関があることがわかった（図 10.10 左。ピアソンの積率相関係数：0.434）。

　このことから、店舗においてエナッジに従った省エネ行動の回数が多いほど "使用電力量の実績値が AI の予測した使用電力量の範囲内に収斂され、想定外の実績を記録する回数が減る" との結果がでた。

　つまり、エナッジの利用を通して、各店舗の日々の電力使用におけるムラが小さくなり、無駄なエネルギー消費が抑制されることがわかった。

　また、エネルギー消費適切度 (target) と予実差 (diff) との間には負の相関があることがわかった（図 10.10 右。ピアソンの積率相関係数：-0.362）。

　これはすなわち、"エネルギー消費適切度が高まり店舗のオペレーションが安定する" ことで、無駄なエネルギー消費の阻止に留まらず、標準的な使用電力量として "過去の使用量実績の傾向を元に AI が予測した値よりも少ないエネルギー消費での店舗運営が可能" ということである [4]。

　エナッジを利用しているスーパーマーケット 4,000 店舗の総従業員数は約 10 万人に上る。従い、本検証は「10 万人のデータに基づくナッジの大規模社会実験」といえよう。

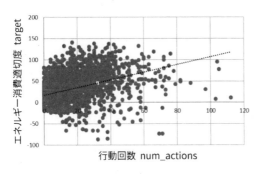
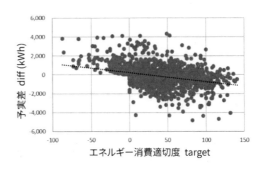

図 10.10　行動回数、エネルギー消費適節度、予実差の相関関係

10.3.4　AI に基づく行動変容の効果

エナッジのタブレットに表示される省エネ行動の選択肢は図 10.9 のとおり 3 つであるが、スーパーマーケット向けには 350 以上の選択肢がプリセットされるなど、業種ごとにそれぞれ数百の選択肢が用意されている。

その中から、従業員が飽きないように選択肢を入れ替えながら表示し、各行動の効果を AI が学習することで、使えば使うほど店舗あるいは施設ごとに最適な表示がされるようになっている。

エナッジの顧客では、それぞれの最適な選択肢に従った行動変容により、以下のような効果が見られた。

- 本部側の経営幹部からは、「導入も簡単で、毎日タブレットにタッチするだけなので従業員の作業負荷は低い。各店舗での電力削減効果は 1% 程度と見込んでいたが、3% という想定以上の削減効果が出た」と評価された。
- また、店舗側からも、「エナッジは押し付け感なく従業員の意識を変え、タブレットに表示される自分たちの店舗の省エネ行動のランキング順位や、目標達成度を気にするようにもなった」との声が上がった。

これまでのエナッジ運用実績より、スーパーマーケット約 4,000 店舗の年間の削減電力量の総量は約 8,700 万 kWh である。この量を太陽光発電施設で賄おうとすると、施設の建設費は約 100 億円と見積もられる。従い「過大な設備投資を伴わない従業員の行動変容だけで、100 億円相当の価値を生む」ということがいえる。

当社では、こうした従業員の省エネに向けた行動変容を、ディマンドリスポンス[1]にも利用している。酷暑時や厳冬期に、エナッジによる従業員の積極的な省エネ行動を促し、照明や空調の調整により店舗や施設の電力使用量を抑制し、"厳気象時における系統電力の供給逼迫"といった近年の社会課題解消を目指す。脱炭素の実現のためには、技術革新や設備投資も重要だが、各企業・従業員の意識醸成・行動変容の定着により省エネ社会が実現することが重要と考える。

1　ディマンドリスポンス (Demand Response)：需要家側エネルギーリソース（DSR）の保有者もしくは第三者が、DSR を制御することで、電力需要パターンを変化させること。

10.3.5　省エネ行動の定着と快適性について

　行動変容は不快感を伴っていたら定着しない。行動変容を根付かせるためには、行動する各個人の快適性を損なわないことが重要である。

　省エネを目的とした場合は、主に照明や空調温度を調整する行動を取ることが一般的だが、現在、店舗あるいは施設内はエリア単位で空調が集中制御されているため、これを温度調整しようとするとエリア全体の室温を変えざるを得ない。しかし、快適と感じる温度には個人差があるため、調整後の室温を不快に感じる人もでてきうる。

　このような場合、きめ細かくエリア単位で室温を制御し、各従業員や同エリアへの来場者に対して漏れなく快適性を提供することは非常に難しく、またその実現には、空調設備や建物自体の工事が必要となり、多大なコストがかかるものと想定される。

　一方、人は身体のわずかな部位（頭、手首、足など）の肌で温度を感じているため、こうした局所的な体温調節を行うことで、各々に合った快適性を保つことができると想定される。このような各個人の局所的な体温調節を、WIN が開発し、株式会社富士通ゼネラルが商品化したウェアラブル機器 [5,6] を活用して実現する。

　店舗あるいは施設の空調と、各個人が装着したウェアラブル機器を連携させた温度調整を行うことにより、各々に対する網羅的な快適性の提供が可能となる。こうしたウェアラブル機器による体温調節のパーソナライズ化は、上記エリア単位での室温制御を機能改善するより低コストで実現可能と考える。

　各エリアの設定温度は、業種および業態ごとに、また店舗あるいは施設ごとに異なるため、各個人のウェアラブル機器は、各エリアの室温を踏まえて温度設定され制御される必要がある。そのためには、これらエリアごとの室温とその変化量や、ウェアラブル端末利用者の生体情報といったビッグデータをセキュアかつリアルタイムで収集・管理・分析し、設備環境や端末および機器の状態をきめ細く制御する必要がある。

　当社は、AI や IoT 技術を具備したセキュアでスケーラブルなソフトウエアプラットフォームにより、快適性と省エネの両立を図っていく。

図 10.11　ウェアラブルエアコン [5]

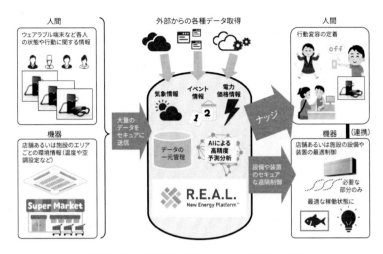

図 10.12　R.E.A.L. New Energy Platform™

10.3.6　行動変容と快適性を両立するエネルギープラットフォーム

　前項のように当社は、快適性を伴う行動変容による顧客の省エネや環境経営の実現、および以下にフォーカスした先進的なサービスを提供すべく、AI・IoT 技術を備えたクラウドプラットフォーム「R.E.A.L. New Energy Platform™」[7] を整備している。

　「**R**enewable」再生可能エネルギー
　「**E**conomical」経済的
　「**A**ggregate」 分散集約型
　「**L**ocal」地域循環

　本プラットフォームは、様々なデータのセキュアな一元管理と高度な予測分析、および分析結果に基づく設備やウェアラブル機器などの装置の最適制御を行い、また同時に"個人の快適性を伴うナッジ"による行動変容も実現する。

　当社は本プラットフォームによる新たな価値創造により、単なる省エネにとどまらず、社会および個人に対する経済性・快適性を最大化するような脱炭素化社会の実現を目指していく。

参考文献

[1]　環境省「日本版ナッジ・ユニット（BEST）について」(http://www.env.go.jp/earth/ondanka/nudge.html)

[2]　Thaler,Richard H., and Cass Sunstein., "Nudge:Improving Decisions About Health,Wealth, and Happiness. " New York:Penguin,2009（訳書『実践 行動経済学』遠藤真美訳，日経 BP 社，2009 年）

[3]　「エナッジ」サービスサイト（https://enudge.igrid.co.jp/）

[4]　岩崎哲、阪井遼、原祐太、益川陽平、「ナッジ理論を応用した AI による省エネ Web サービスと人間活動への影響」、人間情報学会 オーラルセッション、2020 年 12 月 10 日

[5]　「Cómodo gear」富士通ゼネラル社 (https://www.fujitsu-general.com/jp/products/neck-gear/index.html)

[6]　「ウェアコン®(身に着ける冷暖房装置)」WIN ヒューマン・レコーダー株式会社 (http://www.winhr.co.jp/products_01.html)

[7]　「R.E.A.L. New Energy Platform」実証実験プレスリリース (http://www.igrid.co.jp/wp-content/uploads /2021/06/20210604-_News-Release.pdf)

10.4　人間情報を活用した感情マーケティング

板生 研一

10.4.1　コモディティ化と商品の意味的価値

　今日の日本のような成熟国においては、私たちは常日頃、膨大な商品に囲まれて生活している。スーパーやドラッグストア、家電量販店などに買い物に出かけると、店舗には様々な商品が整然と並んでおり、どれも性能、品質は良さそうに見え、ブランドにも大差がないように見える。来店前に購入計画になかったものを購買する非計画購買が、全体の 6 割にも及ぶという報告 [1] や、88% の主婦が来店後にその日のメニューを決定しているという報告 [2] があるが、消費者は過剰な商品情報に晒されて、情報を処理しきれなくなると、ヒューリスティックなどを用いた直感的な評価や選択を行うとされている [3]。また、「参入企業が増加し、商品の差別化が困難になり、価格競争の結果、企業が利益を上げられないほどに価格低下すること」を「コモディティ化」という（延岡他、2006）[4]。コモディティ化の下では、消費者は価格を中心に商品を選定するようになりがちである。消費者にとっては同等の品質の商品を低価格で購入できるメリットは大きいが、企業にとっては、コモディティ化は利益の圧迫につながる。そこで、多くの企業はこの状況を脱却するために、商品の機能的価値ではなく、感性や共感などに関連する「意味的価値」[2] を重視し始めている（延岡、2006）[5]。特に、コモディティ化の影響を強く受ける小売店舗においては、重要な差別化策として、消費者の五感や感覚への訴求が期待されている。

　Schmitt(1999)[6] は、顧客が企業やブランドとの接点において、実際に肌で何かを感じたり、感動したりすることにより、顧客の感性や感覚に訴えかける価値を「経験価値」と定義し、経験価値マーケティング (Experiential Marketing) を提唱している。その中で、消費者の経験価値を、感覚的経験価値 (SENSE)、情緒的経験価値 (FEEL)、知的経験価値 (THINK)、行動的経験価値 (ACT)、関係的経験価値 (RELATE) の 5 つの戦略的経験価値モジュールに分類している。本稿において重要なことは、この 5 つのモジュールのうち 2 つ（感覚的経験価値、及び、情緒的経験価値）が、感情に関するということである。

10.4.2　感情が消費者行動に与える影響

　学術的に、買物を行うことを「買物行動」という [7] が、消費者の買物行動の研究は 1980 年代初頭までは、認知的側面や行動的側面に焦点が当てられていた。たとえば、目的地選択行動研究の分野では、店舗の売り場面責や目的地までの距離などであり、衝動購買研究の分野では、購買品目数、買物リストの有無などの客観的変数が重視されていた。しかし、このような認知的側面、行動的側面を重視した情報処理モデルに基づく買物行動研究が描く消費者像と現実の消費者像の乖離が明らかとなるにつれて、認知や行動だけでなく、消費者の「感情」を考慮した買物行

2　意味的価値とは、機能そのものの価値ではなく、商品が持つ特別な意味を指し、「こだわり価値」と「自己表現的価値」から成る.「こだわり価値」とは、商品のある特定の機能や品質に関して、顧客の「特別の思い入れ」から商品が機能的に持つ価値を超えて評価される価値である. また、「自己表現価値」とは、商品のある特定の機能や品質を顧客が実際に所有・使用すること自体で完結する価値ではなく、他人に対して自分を表現したり誇示したりできることに関する価値である（延岡、2006）。

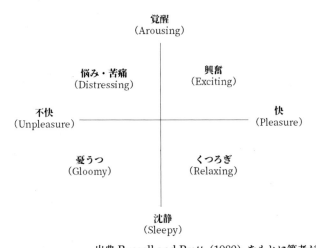

出典:Russell and Pratt（1980）をもとに筆者が作成

図 10.13　　2 次元感情と 8 つの代表的な感情状態

動研究が重視されるようになった [8]。消費者が購買に至るまでに、感情が消費者の心理的過程に及ぼす影響を分析することで、消費者行動の予測可能性を高めることができるのであれば、消費者の感情は非常に重要な媒介変数になり得るからである。

　消費者の感情が店舗内での買物行動に与える影響を、快 (Pleasure) と覚醒 (Arousal) というコア感情で測定し[3]、この領域の先駆的研究となったのが、Donovan and Rossiter(1982)[9] である。コア感情とは、「快に関する感情価と覚醒価が統合的に混合された、単純で、非熟慮的な感情状態として意識的にアクセスできる神経生理的状態」(Russell、2003)[10] を指す。快と覚醒という 2 次元で規定される主観的感情状態がコア感情であり、人が意識しようがするまいが存在しているとされる。

　Dnovan and Rossiter(1982) は、快と覚醒が、消費者の買物行動意図 (consumer's shopping-related intentions) に影響を与えるとしている。特に重要なのは、店舗内において、快と覚醒という 2 つの感情状態は相互に影響し合っており、覚醒が快反応を強めることが明らかになった。つまり、店舗内での快が高いときに（楽しい雰囲気の店舗）、同時に、消費者の覚醒が高まると、買物行動意図が高まるのである。

　このように買物行動に大きな影響を与える快と覚醒という 2 つの感情状態であるが、消費者がどのような感情状態にあるかをリアルタイムに測定することができ、かつ、企業側がその情報を（個人を特定できない状態にした上で）把握することができれば、マーケティング上、とても有用なデータになり得る。この点については、本稿の 10.4.5 節にて詳しく述べる。

10.4.3　五感に訴える感覚マーケティング

　近年のマーケティング及び消費者行動研究においては、消費者の五感を中心テーマとする「感

3　Donovan and Rossiter(1982) では、Mehrabian and Russell(1974) の PAD(Pleasure、Arousal、Dominance) 尺度を使用しているが、Russell(1980)、Russell and Pratt(1980) によって、Dominance（支配）を除いた Pleasure（快）と Arousal（覚醒）の 2 次元モデルが提唱された。

覚マーケティング (Sensory Marketing)」が注目されている。感覚マーケティングとは、「消費者の感覚に働きかけることで、その知覚、判断、行動に影響を与えるマーケティング」と定義される (Krishna、2013)[11]。つまり、消費者の視覚、聴覚、嗅覚、触覚、味覚という五感に訴えかけることで、商品の魅力、そして、意味的価値を高め、購買体験そのものを豊かなものとし、結果として、購買を促進することを目的とするマーケティング領域である。感覚マーケティングの研究では、従来、五感の各器官（視覚、聴覚、嗅覚、触覚、味覚）について、個別的観点から商品評価への影響を明らかにするものが中心であった。例えば、視覚が捉える明るさ（照明）が感覚刺激となって、「温かさ」が生起され、それが感情的反応 (affective response) を増幅することによって、明るい光の下の方が（薄暗い光の下よりも）、よりスパイシーな食べ物を高く評価したり、もともとポジティブな感情価を有する商品（例えば、美味しいオレンジジュース）をより高く評価する一方で、もともとネガティブな感情価を有する商品（例えば、美味しくない野菜ジュース）をより低く評価することが報告されている [12]。また、温かい温度によって生起される感情的な温かさが、消費者の商品評価を高める「温度プレミアム効果 (Temperature Premium Effect)」を実証した Zwebner、Lee、and Goldenberg(2013)[13] などの研究がある。一方、近年、複数の感覚器官の交互作用（特に、その一致効果）が商品評価に与える影響を明らかにする研究が増えてきている [14]。例えば、女性的な香りを嗅いだ後に、女性的な質感（なめらかな質感）の紙を、男性的な香りを嗅いだ後に、男性的な質感（ザラザラした質感）の紙を、それぞれ触って評価すると（一致条件）、香りと触覚（紙の質感）が一致していない条件よりも、紙（商品）の評価が有意に高まることが報告されている [15]。

　このように、感覚マーケティングは、消費者の五感を刺激することで、商品の購買行動へつなげようという試みであるが、マーケティング実務に活用するためには、実際の店舗等での事前検証が重要になる。事前検証では、消費者の感情をリアルタイムに測定して、なぜ購買行動が高まったのか因果関係を明確にすることが、実務上の具体的な施策を検討する上で、有用である。

10.4.4　感情状態の測定方法

　ここまで、消費者行動を理解する上での感情の重要性、そして、消費者の感情をマーケティングに活用する方法を、先行研究のレビューを中心に概観してきたが、これらの前提になるのが感情の測定である。感情の測定には、言語尺度による測定と生理・行動指標による測定の 2 つに大別される [16]。言語尺度による測定とは、質問紙などによる測定方法で、被験者に自分の感情を内省させて、形容詞対などで自分の感情状態を評定させるもので、代表的な方法として、SD(Semantic Differential) 法や Likert 法などがある。一方、生理・行動指標による測定とは、皮膚電位反応、表情筋の変化、眼球運動（アイトラッキング）、心拍変動による自律神経活動、脳波、姿勢などが挙げられる。消費者行動、消費者心理の研究における感情の測定方法は、大半が言語尺度による測定であり、それは自己報告に基づく評定法である。その問題点は、被験者が自分の感情を偽って報告したり、あるいは、自分の感情に気づかない可能性があることである[17]。

　また消費者の感情をマーケティング実務において有効活用するには、来店時の消費者の感情やストレス状態、あるいは、顧客セグメントや特定の曜日時間、場所と消費者の感情の関係を可能な限り把握することが重要であるが、言語尺度による測定や、大がかりな器具等を要する生理・

行動指標測定では、対応が困難である。その点、ウェアラブル心拍センサーを活用した非侵襲の簡易測定により、消費者の心拍変動データを測定し、自律神経活動等を推定することで、消費者の覚醒度、ストレス・リラックス度、あるいは、快感情を定量化し、マーケティング実務に役立てることが可能になってきているので、次項にて、その取り組みを紹介する。

10.4.5 ウェアラブル・センシングと感情マーケティングの可能性

コニカミノルタ株式会社が提供するプラネタリウムプログラムは、視覚、聴覚のみならず、アロマによって嗅覚をも刺激する女性向けのプログラムになっている [18]。これはSchmitt(1999) の提供する経験価値マーケティングを体現したようなサービスであるが、プログラムに対する消費者の感情反応には個人差があり、プログラム内の様々な要素に対しても、異なる反応が予想されるため、江尻・駒澤他（2018）[19] は、ウェアラブル心拍センサーを使用して、定量評価指標として、体表温度、心拍数、心拍変動解析結果 (交感神経活性度:LF/HF)[4]を選定し、被験者（女性）のプラネタリウム鑑賞前後の心身の変化を分析した。

交感神経活性度 (LF/HF) の分析結果から、プラネタリウムプログラム内で投映されるコンテンツのうち、星空や自然の実写映像の投映場面で、交感神経活性度 (LH/HF) が低くなる傾向が見られたことから、これらの場面を鑑賞しているときにリラックス効果が高まったと考えられる。一方、星空映像が回転する場面、アロマの香りが切り替わった後の場面等では、交感神経活性度 (LH/HF) が高い傾向が見られた。しかし、これらの場面においても、被験者の心拍数に大きな変化が無かったことから、被験者は、交感神経活性度 (LF/HF) が高い状態ではあるが、心拍数が落ち着いている場合の良いストレス状態 [20] で鑑賞していたと考えられる。本事例のように、ウェアラブルセンサーによって、リアルタイムに人間（消費者）の生体情報を把握することができれば、その時々の感情状態に合わせて、プログラム内容をカスタマイズし、消費者の経験価値を最大化することが可能になる。

消費者の買物行動において、重要な影響を与える覚醒の次元は、生理指標の中でも心拍変動との関係が深いことが指摘されており [21]、交感神経活性度 (LH/HF) は緊張や興奮など覚醒状態が高いことと関係している可能性がある。そして、この交感神経活性度 (LH/HF) は、ウェアラブル心拍センサーを使用して、リアルタイムに計測できることがわかっている [22] ので、消費者の覚醒水準をリストバンド型センサー等で測定し、そのデータを企業も（個人を特定できない状態で）リアルタイムで共有することができれば、消費者の経験価値を格段に高めることができ、結果として、脱コモディティ化を実現する商品・サービスの提供が可能になるだろう。

参考文献

[1] 大田秀一 (2004)、「キオスク端末を売り場で生かす」、『日経情報ストラテジー』、3 月号、116-117

[2] 稲垣佳伸 (2003)、「9 割は店頭で決まる – 事実観察から仮説を導け –」、『日経食品マーケット』、7 月号、130-31

[3] Chaiken,Shelly, A.Liberman and Alice H.Eagly (1989), "Heuristic and systematic information processing within and beyond the persuasion context", in Unintended Thought, 212-252, Guilford Press

---

4 心拍変動のデータをスペクトル解析すると、高周波成分 (High Frequency:HF) と低周波成分 (Low Frequency:LF) の 2 つの成分が得られるが、この両者の比が LF/HF であり、自律神経活動のうち、特に交感神経活動の指標として用いられることが多い（三宅、2017）。

[4]　延岡健太郎、伊藤宗彦、森田弘一 (2006)、「コモディティ化による価値獲得の失敗:デジタル家電の事例」、『イノベーションと競争優位』、榊原清則、香山晋共編著、NTT 出版

[5]　延岡健太郎 (2006)、「意味的価値の創造:コモディティ化を回避するものづくり」、国民経済雑誌、194(6):1-14

[6]　Schmitt, Bernd H. (1999), "Experiential Marketing:How to Get Customers to Sense,Feel,Think,Act,Relate", New York:The Free Press.（嶋村和恵, 広瀬盛一訳 (2004)、「経験価値マネジメント-マーケティングは, 製品からエクスペリエンスへ」, ダイヤモンド社）

[7]　石淵順也 (2019)、「買物行動と感情「人」らしさの復権」、p.10、有斐閣

[8]　石淵順也 (2019)、「買物行動と感情「人」らしさの復権」、p.52、有斐閣

[9]　Donovan,Robert J.and John R.Rossiter (1982), "Store Atmosphere: An Environmental Psuchology Approach, " Journal of Retailing, 58(1). 34-57

[10]　Russell,JamesA. (2003), "Core Affect and the Psychological Construction of Emotion," Psychological Review, 110(1), 145-172

[11]　Krishna, Aradhna (2013), "Customer Sense:How the 5 Senses Influence Buying Behavior", New York, Palgrave Macmillan.

[12]　Alison Jing Xu, Aparna A.Labroo(2014), "Incandescent affect:Turning on the hot emotional system with bright light", Journal of Consumer Psychology 24,2 (2014) 207–216

[13]　Yonat Zwebner, Leonard Lee,Jacob Goldenberg (2013), "The temperature premium:Warm temperatures increase product valuation", Journal of Consumer Psychology 24,2 (2013), 251–259

[14]　石井裕明、平木いくみ (2016)、「店舗空間における感覚マーケティング」、マーケティングジャーナル、Vol.35、No.4

[15]　Aradhna Krishna, Ryan S. Elder,Cindy Caldara (2010), "Feminine to smell but masculine to touch? Multisensory congruence and its effect on the aesthetic experience", Journal of Consumer Psychology 20 (2010), 410–418

[16]　石淵順也 (2019)、「買物行動と感情「人」らしさの復権」、p.83、有斐閣

[17]　竹村和久 (1994)、「感情と消費者行動-ポジティブな感情の効果に関する展望-」、『消費者行動研究』、Vol.1 No.2

[18]　コニカミノルタ株式会社プラネタリウム https://planetarium.konicaminolta.jp （2021 年 6 月 15 日）

[19]　江尻綾美、駒澤真人、笠松慶子 (2018)、「プラネタリウム鑑賞時のリラクゼーション効果の検証」、第 31 回人間情報学会発表集、pp.9-10

[20]　駒澤真人、板生研一、畝田一司、羅志偉 （2017）、「心拍変動と心拍数を組み合わせたストレス評価に関する検討」、第 28 回人間情報学会発表集、pp.3-4

[21]　三宅晋司 (2017)、「自律神経系指標の特徴と測り方・ノウハウ」、日本人間工学会 PIE 研究部会編

[22]　Kenichi Itao, Makoto Komazawa, Zhiwei Luo, Hiroyuki Kobayashi （2017）, "Long-Term Monitoring and Analysis of Age-Related Changes on Autonomic Nervous Function", Health, 9, 323-344

10.5　ウェアラブル体温調整システム
—「ウェアコン®」の事業化と、拡大する応用分野—

板生 清

　NPO 法人 WIN（ウェアラブル環境情報ネット推進機構）が開発してきたウェアラブル電子体温調整システム「ウェアコン[5]」が、WIN 法人会員 株式会社富士通ゼネラルを中心に商品化された（図 10.14）[1]。

　これは、熱電素子の 1 つペルチェ素子とラジエータによる排熱によって、局所（頸部）で血液の冷却・加温を行い、その血液が体全体に循環することにより、結果として人体の深部体温調整を行うシステムである。人体に容易に装着できるので、いつでも、どこでも個人に適合した体温調節が可能になる。ヒューマンファクターの研究に基づくきめ細かい温度制御が可能であり、家庭やオフィス、屋内外作業などで、空間全体を温度調整するエネルギーを大幅に削減することができる [2]。

　このペルチェ素子を用いたウェアラブル冷却・加温システムを「ウェアコン」と称する。すでに防護服関連企業やエアコンメーカーなどからの引き合いが相次いでいる。作業環境が厳しい現場での熱中症対策用などにも商談に進んでいる。

10.5.1　熱と炎の職場から個人まで

　「ウェアコン」は当面、以下のような用途を想定している。

① 公共（警察、消防、自衛隊等、暑さ対策の必要性の高い職種）
② 学習塾・受験生（エアコン代替需要、勉強能率向上）
③ ビジネスユース（ホワイトカラーの残業中のエアコン代替需要）
④ ビジネスユース（工場）
⑤ 建設現場
⑥ 高齢者（熱中症予防）

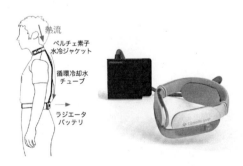

図 10.14　ウェアラブル電子体温調整システム「ウェアコン」

5　「ウェアコン」は Wearable Conditioner of Body Temperature の略で WIN ヒューマン・レコーダー社の登録商標である。

⑦ スポーツ選手（練習、試合合間のクールダウン）
⑧ B to C（家庭用 2 台目エアコンの代替需要等）

以上のような用途を主なターゲットに、専門各社を販売元として、また商社・大手企業などとの販売パートナーシップを構築していく計画である。とくに、受験生（中高生）の学習塾や勉強部屋（一人部屋）でのエアコン代替需要、一人暮らしの高齢者の熱中症対策需要、中小企業（小規模オフィス）でのエアコン代替需要がもっとも可能性の高い領域と考えられる。

10.5.2　「ウェアコン」開発まで

WIN では、この「ウェアラブル体温調節システム」の研究に約 15 年前から取り組んできた。ベスト型を含めて、いろいろ試作を繰り返したのち、人体の伝熱効率に着目し、医学的な経験則また実験結果に基づいて頸部の冷却が効果的であることが判明した（詳細は後述）。

2014 年には独立行政法人新エネルギー・産業技術総合開発機構（NEDO）の省エネルギー革新技術開発事業として、局所冷却・加温による深部体温調整とその生理学的な検討などを行い、頸部の冷却だけで発汗が止まり、真夏でもエアコンなしで快適に活動できることが実証された（2011 年〜2014 年）。これは「NEDO 活動報告アニュアルレポート 2014 年度」、p.29 に記されている。

このシステムは、人が「暑い」と感じる生体メカニズムをもとにしている。「熱さ」が皮膚温で決まるのに対し、「暑さ」は深部温で決まる。生理的に最適な深部温は約 37 ℃である。人はこれを保つために、視床下部で、血流温と最適温度とを比較し、前者が高ければ交感神経が活発化して、発汗と血管の拡張が起こり、体表から熱を放出する。この結果、血流温が下がり、深部温および脳内温度が低下する。視床下部で最適温度と脳内温度の差が小さくなったと判断すれば発汗が止まる。このフィードバック機構によって、脳内温度は最適温度 ±0.1 ℃に保つことができる。

10.5.3　当初からウェアラブルを意識

開発当初から、ウェアラブルでの実装を前提に、電子体温調整システムとしてペルチェ素子を利用した。

小型軽量化と制御の容易性、冷暖両用を目指していたからである。ペルチェ素子は、熱電素子の 1 つで、pn 接合部に電流を流すと、np 接合部では吸熱現象が、pn 接合部では放熱現象が発生する。電流の流れを逆にすれば、吸熱面と発熱面は逆転する。細かな温度制御が可能で、振動や騒音もない。

しかし、ペルチェ素子は効率が高くなく、光通信用の発光素子の冷却やパソコンの CPU(Central Processing Unit) の冷却など、小型電子機器の冷却が主な用途であり、家庭用としてはワインクーラーなどの小型冷蔵庫に使われているにとどまっていた。そのペルチェ素子を使い、ラジエータによる排熱方式を工夫することでウェアラブルの冷暖房システムを実現することができた。

ペルチェ素子とは別に、電気的に熱を吸収する装置としては圧縮機を用いた冷凍機がある。また別の方式としては気化熱の利用、融解熱の利用が考えられる。冷凍機はエアコンや冷蔵庫などで実用化されて歴史も長く、NASA（National Aeronautics and Space Administration：ア

メリカ航空宇宙局）の宇宙服にも使われていて性能は高い。しかし、民生用のウェアラブル機器として使える小型の冷凍機を市場で入手するのは困難であった。

10.5.4　先天性無痛無汗症の対策から

　「体温調節システム」の研究に取り組んだきっかけは、生まれつき暑さ寒さに対する感覚が少なく、また汗もかかない病気である先天性無痛無汗症の子どものために「冷暖房空調服」を開発することであった。

　この病気は、夏だけでなく、運動をしたときにも汗をかくことができない。そのため体温調整ができず、すぐに体温が上昇してしまって熱中症になるなどの障害が出る。屋外での生活を送るには保冷剤を複数のポケットに挿入して用いるベストを使っていた。しかし、この手法では持続時間が短いうえに局所的に冷え過ぎたり、身につけたとき重すぎたりするなどの欠点が明らかであった。

　これを解決するために、最新の電子技術を用いて 2006 年にセコム科学技術振興財団の資金を獲得して、「電子冷暖房服」を開発した。しかし、この方式では 3 ℃くらいしか冷えず、効果が不十分であった。そこで試行錯誤のうえにたどり着いたのが、"首を冷やす"ウェアラブル冷房機器であった。

　汗をかけないことで体温調整が行えない無汗症の子どもであっても、首を冷やすことで体温の調整が可能になった。さらに、これが使い方次第では携帯可能なパーソナル冷房になるのではないかと考えた。環境の温度にかかわらず、いつでもどこでも個別に涼しくなることが可能になれば、節電にもなるはずである。

　ただし、首を冷やすことで健康を損なっては本末転倒なので、医師に意見を聞いたところ、「体温の管理は、脳を中心とした内臓を冷やすことが重要で、皮膚は単なる熱の通り道に過ぎない。脳を冷やすために首の冷却が効果的だということは、熱中症の治療に当たる医師なら常識である」という答えが返ってきた。

　また、首の冷却で脳が冷やされれば、集中力や判断力がアップする可能性があること、さらに、就寝する前に首を冷やすと質のよい睡眠が得られる効果も期待できるということであった。「ひょっとしたら、首を冷やすということが冷房のあり方に革命を起こすかもしれない」と直感し、2009 年頃、WIN に研究チームを発足させた。研究チームは、さっそく開発に着手し、首を冷やすことで全身が涼しくなるだけではなく、脳が冷やされることで集中力や判断力がアップすることを明らかにした [3]。

10.5.5　体温調節のメカニズム

　人の暑さ寒さ感覚は深部体温とその変化率により決定される。WIN の研究では、深部体温を計測し、それが最適値となるようにデバイス温度を時々刻々変化させることを目標とした。深部体温は直接計測が難しく、しかも最適値が個人と行動によって変化するので、深部体温の制御を人体の体温調整メカニズムを利用することで自動体温制御システムを実現した。

　深部体温による人体の温度調整の理解は、医学的には確立している。しかし、冷暖房制御に用いられることはなかった。これは、深部体温の最適値が、個人、作業、時間により変化するが、それを簡便に測定し、個人ごとに時々刻々の体温を制御する手段がなかったためである。

　WIN では小型の心電計とペルチェ冷却装置を開発しており、それらを用いて個別空調を実現した。生体と人工機能の連携による深部体温制御は初めての試みである。このため、研究の初期段階で提案手法の有効性を実証した。とくに、人類は発熱器官をもつが、吸熱器官はもたない。自律的な冷却は体表全体の発汗だけである。「ウェアコン」による血流の直接冷却は、いわば吸熱器官を人工的に与えることになり、人類には未経験の冷却法である。このため、内分泌異常・自律神経失調症など、健康への長期的被害がないことも確認した。その技術プロセスを図 10.15 に示す。

　深部体温の最適値は、内臓の安全性、温度ストレスの認知、覚醒度によって決定することが知られている。そのメカニズムを図 10.16 で説明する。

　内臓安全性とは、臓器、とくにもっとも脆弱な脳の熱による破壊に対する危険回避行動である。臓器温度を血液温度によって視床下部で計測し、それが最適温度（約 37 ℃）より高ければ発汗などの自律動作が引き起こされ冷却される。温度ストレス認知とは、いわゆる快不快感であり、深部体温とその時間変化率により決定される。

　深部体温が約 37 ℃より高いときは熱の放散が多いほど、低いときは少ないほど快感が増す。視床下部で計測した深部体温と、皮膚神経で計測した表面温度と、それらの時間変化から、深部体温が最適値から遠ざかろうとすると扁桃体が生体の危険を検知し、団扇で仰ぐなどの随意運動によって積極的に温度を調整するように行動を促している。

　覚醒度は、作業に対する集中度の指標であり、高いほど作業効率が向上する。覚醒度は、視床下部が自律神経を興奮させることで高まる。しかし、この神経系の興奮度は深部体温が約 37 ℃からずれるに従って増大する。すなわち、深部体温が下方へずれるに従って交感神経が亢進する。一方、上方へずれるときは拮抗する副交感神経が賦活する。

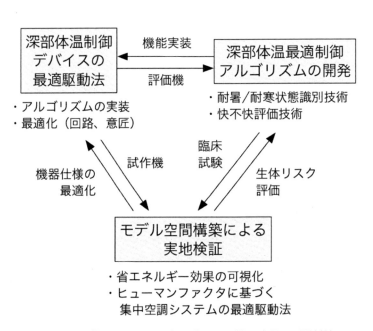

図 10.15　「ウェアコン」研究のプロセス（各研究項目の関連性）

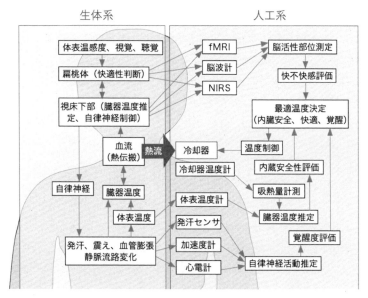

図 10.16　深部体温調節における生体系と人工系の連携

　以上 3 つの指標の最適温度はいずれも約 37 ℃であるが、完全には一致しない。例えば、最も快適な深部体温と熱放散では、疲労時には眠くなって覚醒度が低下し、発汗時の冷房では表面温度と深部体温の時間遅れによって風邪をひく。また概日リズムによって時間的にも変動し、覚醒度の最適温度は、午前より午後が高い。

　以上をまとめると、人は、表面温度と血流温度を測定し、熱放散と深部体温を推定し、内臓安全性、温度ストレス、覚醒度を評価し、これらの合計が最適となるように自律的、随意的に温度調節を行っている。

10.5.6　健康への長期的影響も検証ずみ

　「ウェアコン」では、以上の計測、評価、制御を、生体機能を模倣して人工的に行う方法を実現した。この様子を図 10.16 の右側に示す。表面温度は体表温度計で、熱放散は冷却器温度計で計測した。自律神経の活性度は、心電計の HF/LF 信号[6]、発汗センサ、加速度計の値を指標とする。

　快適性は、扁桃体および視床下部の活性度を、脳波および MRI（Magnetic Resonance Imaging：核磁気共鳴画像法）、NIRS（Near Infra-Red Spectroscopy：近赤外線分光法）によって計測した値を指標とする。これらの計測値、指標に適当な重み係数を付けたものを目標値とし、その値からの時々刻々のずれに比例して冷却器の温度制御を行う。作業ごとに、重みの最適値を変化させる。例えば、睡眠時は快適性最大、デスクワーク時は覚醒度最大、認知症患者には内臓安全性最大となるように重み係数を設定する。このように、生体機能の模倣と利用を行うことで、快適性など客観的な計測が困難な目標値に対して最適な温度制御が可能となった。

6　　HF/LF 信号：ここでは心拍変動の周波数成分を示す。HF(High Frequency) は高周波変動成分で、一般には 0.15Hz 〜0.40Hz を、LF(Low Frequency) は低周波変動成分で 0.05Hz〜0.15Hz の値を示す。

10.5.7　ヒューマンファクターの生理学

　さらに快適性を定量的に測定するヒューマンファクターを検討するため、局所冷暖房デバイスの部品ごとに電力や寸法と吸熱量の関係を明らかにした。人体・装置・周囲空間を含む熱伝達モデルを明らかにし、ペルチェ素子のゼーベック係数や水冷ポンプ電力やフィン面積、および全体系が直列熱流系を明らかにした（図 10.17）。

　このことから、部品レベルでの電力制御の指針を得るとともに、個人特性に適合した快適温度を得るため、主観的な最適温度、周囲温度、湿度を記録し、機械学習により最適温度を自動設定する方法を開発した。

　さらに、温度環境のヒューマンファクターを生理学的に解明し、健常者の場合を図 10.18 のように整理した。すなわち、外界温湿度が上がると、体表温度が上がり、血流を介して深部温が上がる。一方、生命活動の維持に最適な温度は 37 ℃であり、セット温度として脳内で設定されている。深部温とセット温度の差が扁桃体で測定され、その差に比例して、脳幹部でドーパミンが消費され、交感神経が活動し、発汗する。その結果、体表温度が下がる。このループによって、深部温はセット温度 ±0.1 ℃に保たれることになる。

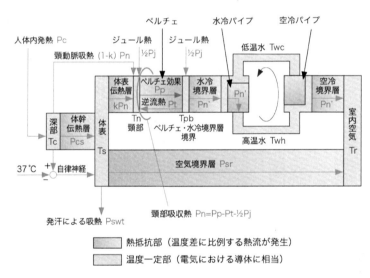

図 10.17　人体とデバイス周囲空間の熱伝導モデルの設定

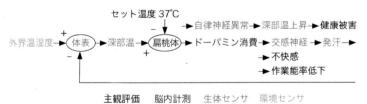

図 10.18　ヒューマンファクターの生理学の解明

10.5.8　人体を冷やすと生産性が向上する

　海外でも古くから身体の冷却効果と運動能力の関係についての研究が行われている。その1つに、Lee.D.T. と E.M.Haymes の研究がある（Journal of Applied Physiology、1985年）。身体全般の予備冷却が激しいランニング運動の持続時間に与える影響について調査した結果を報告している。

　これによると、高温環境での運動において、熱ストレス（皮膚温度と体温）、血管ストレス（心拍数と血流量）、精神的ストレス（温度と疲労の認識）が予備冷却によって低減されたという。その後、同様の結果の報告は多い。

　また、休憩時間に身体冷却を取り入れることの効果について評価も行われている。30分間の歩行運動（仕事量約475W）と、それに続く30分間の休憩を交互に行い、その休憩時間中に身体を冷却した場合は、体内の熱量が著しく緩和され、平衡温に落ち着き、労働能力は約2倍となったという。

　このように、断続的な身体冷却は生産性を高めるのに有効な手段であり、軍隊や工場などの高温環境で重労働に携わる作業者へ適用できるという。こういった研究結果をもとに、各種の人体冷却システムが開発されている。

10.5.9　パーソナル冷却システムの開発事例

(1) チューブ・スーツ製品（防護服）

　米国 Med-Eng Systems 社のチューブ・スーツ製品は、化学防護服を装着した作戦行動や爆発物処理における隊員の熱ストレスの緩和のために開発された冷却システム（図10.19）[4]。湾岸戦争などで各国の軍隊に採用され、その評価は高い。この冷却システムを装着すると、隊員の生理的熱ストレスが減少し、活動時間が増加し、活動能力が向上したという。

　この冷却システムは、冷たい液体（通常は水）を腰や背中に装着したバッテリー駆動のポンプで循環させている。放熱材として氷を使用しており、冷却能力はプラスチック容器内の氷の重量による。防護服を脱がなくても溶けた氷を簡単に新しい氷の容器と交換でき、冷却水の流量をコントロールすることで、着用者が各自でシステムの冷却能力の調整やオン／オフを行うことができる。おもな仕様は、クーリングシステムと携帯用ベルト装着型ポンプ、氷、バッテリー、

図 10.19　米 Med-Eng Systems 社のチューブ・スーツ [4]

チューブ 76m で総重量は 4.3kg という。

(2) クーリングベスト（防護服）

　米国の RINI Technologies 社が開発した「LWECS」(Light-Weight Environmental Control System) は、冷えた水を循環させる方式で、重量は約 1.6kg（電池付き）で、2〜4 時間駆動する（図 10.20）[5]。

(3) JAXA の COSMODE（次世代宇宙服）

　独立行政法人宇宙航空研究開発機構 (JAXA：Japan Aerospace eXploration Agency) は、2014 年に過酷な環境でも対応できるよう宇宙服用の冷却下着として、チューブを張り巡らせたベスト本体と冷却水を循環させるポンプユニットからなる「冷却ベスト」を開発した（図 10.21）[6]。備え付けのタンク内で、氷で冷却された水（4 ℃前後の冷水）がポンプによってチューブ内を通り、ベスト全体に届けられ、上半身を冷やす仕組みである。1L の冷却タンクで約 30 分持続するという。

(4) コア・コントロール（アスリート向け）

　手の平を適度に吸引・冷却することで運動や過酷な労働によって上昇した体内深部体温を急速

図 10.20　米 RINI Technologies 社のクーリングベスト [5]

図 10.21　JAXA が開発した冷却ベスト [6]

図 10.22　手のひらを冷却する「CoreControl」[7]

に元の体温に戻すシステム「CoreControl」は、2014 年に日本でも発売された（図 10.22）[7]。米国スタンフォード大学の Craig Heller 教授らによって開発された製品で、体内深部温度を元に戻すことで早期に疲労を回復させ、パフォーマンスを向上させる効果があるという。

10.5.10　快適・省エネを実現する

　WIN では、個別適合型の冷暖房システムを開発してきた。最適な冷暖房温度は、個人ごとに異なり、体調にも依存する。このため、装着者ごとの頻繁な較正が必要である。これを装着者の主観を教師とする機械学習で解決した（個人ごとの最適係数で温度制御を行う）。

　手動設定と同等の快適性と運動反応時間が得られた。また、ネック部基板も、アレルギーがなく、柔軟性と熱伝導性に優れるネック部基板を開発した。

　「ウェアコン」の利用で、エアコン利用の消費エネルギーを削減しながら、エアコンと同等以上の快適性が実現できる可能性を見出すことができた。

参考文献

[1]　https://www.fujitsu-general.com/jp/products/neck-gear/index.html(2021/8/17)

[2]　ネイチャーインターフェース誌 60 号、2014 年 4 月

[3]　板生監修、吉田他著、『集中力を高めたければ、脳を冷やせ！』、ワニブックス、2011 年 7 月

[4]　Med-Eng Holdings(https://www.med-eng.com)

[5]　http://www.rinitech.com/docs/1007_PersonalCooling.pdf

[6]　http://www.jaxa.jp/press/2014/05/20140529_openlab_j.html

[7]　http://www.selista.jp ／製品紹介／アスリート向け機器／

第11章

人間情報学をベースとした ICTビジネス

　パソコンやスマートフォンなどのコンピュータがインターネットに接続される時代から、さらに自動車・工場機器・医療機器・スポーツ器具といったモノまでインターネットに接続され、通信も従来の4Gから5Gへと進んできた。まさに「データ駆動型イノベーション」となって、データ自身が経済成長に資する源となってきたと、早くからインターネット／M2Mの研究の第一人者で総務省情報通信審議会部会長などを歴任している森川博之・東京大学教授が述べている。

　コロナ後の「ニューノーマル」に向けて社会のDXが一段と進化することが予測されると、TRONの第一人者の坂村健・東京大学名誉教授は述べている。

　複数人のユーザの身体を自在化する試みとして、他者に装着した身体機構を遠隔のユーザが操作することを可能にした研究について、稲見昌彦・東京大学先端科学技術研究センター教授が述べている。

　さらに現実世界と仮想世界を融合させる拡張現実XR技術が紹介されている。人間情報とXRのかかわりが今後の主要課題となる。

　最後に、SDGs時代のウェアラブルICTと題して、監修者が今後の見通しを述べている。

11.1　IoT の展望とビジネスチャンス

森川 博之

　IoT(Internet of Things) は、モノがインターネットに接続されることを指す。これまでインターネットに接続されるデバイスは、パソコンやスマートフォンなどのコンピュータであった。しかし、これからは自動車、工場機器、医療機器、スポーツ器具といったモノまでインターネットに接続されていく。5G がこの動きを後押しする。5G は、1 平方キロメートルあたり 100 万台ものモノを接続する能力を有する。

　インターネットや携帯電話は既に広く普及している。しかし、まだ過渡的なものである。医療、都市、環境、農業、交通などのあらゆる産業に、ICT（Information and Communication Technology：情報通信技術）が適用されてこそ、ドラッカー（Peter F. Drucker、1909 年〜2005 年）が蒸気機関を例に出して喝破したように、産業構造、経済構造、社会構造の大きな変革につながる（図 11.1）。

11.1.1　32 億ドル

　2014 年 1 月、米 Google 社は、スマートなサーモスタットや火災報知機を作っている Nest 社を 32 億ドルで買収した。サーモスタットは、ヒーターやエアコンのコントローラであって、家の温度管理を制御する機器である。Nest 社のサーモスタットは学習機能を備えており、家に人がいる時間を推定して制御することで電気代やガス代を 20 ％ほど節約できるという。

　サーモスタットや火災報知機といったモノ単体では、32 億ドルもの価値にはならない。家の中に存在するあらゆるモノのハブとなることで、家の中のすべてのデータを収集できることに対する期待が大きい。

　Nest 社のモノから生み出されるデータそのものに大きな価値をもつことが 32 億ドルにつながっている。

11.1.2　データを集めたものが勝者

　そもそも Google、Amazon、Facebook といった IT 企業の強みは、膨大な量のデータを集

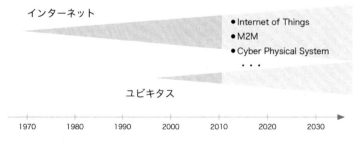

ユビキタスの流れの延長線上にあり、Cyber Physical System、M2M (Machine-to-machine) などと目指すものは同一である

図 11.1　IoT の位置づけ

めている点にある。集めたデータ自身がプラットフォームを構成しており、多様なサードパーティがプラットフォーム上にサービスを展開するエコシステムが巷を席巻している。膨大なデータを集めたものが勝者となる世界である。

しかし、ウェブの世界におけるデータを対象としていては、Google などに追いついて勝負することは容易ではない。コアとなる事業領域ならびに技術がすでに抑えられてしまっているためである。対等の立場で戦うためには、ウェブ以外の世界を考えて戦略や技術を考えていかなければならない。

このような観点から考えなければならない事業領域が、都市、医療、農業、防災、防犯、環境、農業、物流などのウェブサービス以外の事業領域である。これらの領域で生成されるデータの種類や性質は多種多様である。また、領域ごとの専門知識も必須となる。

ウェブサービス以外の領域において生成される膨大なデータを集めて、予測・発見・整理などの深い分析を行う仕組みの構築であれば、事業や技術の観点からも Google などと同じ土俵に立つことができる。現在の技術では対処することができない事業領域に注力することで、対等な立場で戦うことができる。

ウェブデータ以外の IoT データを収集して、サードパーティを巻き込むことができるプラットフォームを構築することこそが、先行するウェブサービス系企業への対抗軸となる。

11.1.3　IoT の真の価値とは？

IoT はある特定の産業に限定されるものではない。環境、都市、農業、土木、医療などといったさまざまな産業において生産性を高め、新たな価値の創出につなげていくことが期待されている。OECD(Organization for Economic Co-operation and Development：経済協力開発機構) では、「データ駆動型イノベーション」と題するレポートを作成し、データ自身が経済成長に資する源となることを謳い始めている（図 11.2）。これまで経験や勘に頼って人が行ってきたプロセスを、モノのデータに基づいて置き換えていくことで、新たな価値が創出される。

リアルなモノのデータは我々の身近にたくさん存在する。IoT が使われる分野は無限大である。身近にあるリアルなデータに思いを巡らせ、データがもつ価値に気づくことこそが重要である。

例えば、ゴミ箱のゴミの量に関するデータをセンサで集めることで、ゴミの収集効率を大幅に向上させることができる。また、機械の稼働データを集めることで、顧客や代理店に対して、定期点検／消耗品交換、燃費効率の良い運転方法などを提案することもできる。

11.1.4　海兵隊として飛び込む

IoT で新事業を開始するには、小数の部隊で対象分野に入り込み、事業の可能性を明らかにするフェーズから始めるといった海兵隊的な動き方が必要となる。海兵隊の死亡率が高いのと同様、IoT 分野でも進出すれば必ず事業が見つかるというものではない。リスクをとりながら、事業の可能性を見出していくスタンスが重要である。

例えば、橋梁やトンネルなどの構造物メンテナンスに向けて、センサを設置して危険個所をあらかじめ検知するシステムが期待されている。しかし、有効性の確証があるわけではない。東京ゲートブリッジやゴールデンゲートブリッジなどでの実証実験は、有効性を確認するフェーズで

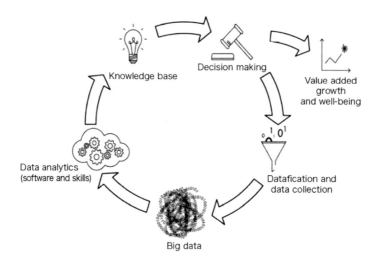

出典：OECD、Data-Driven Innovation：Big Data for Growth and Well-Being、2015

図 11.2　データ駆動型イノベーション：データの価値サイクル

あり、まさに海兵隊としての取り組みである。

　IoT が対象とする分野はすべての産業分野にまたがり、身近なところにも IoT が有効となる
フィールドは多数存在する。海兵隊としてフットワーク軽く身近な課題を見出し、他分野のパー
トナーとの連携を通じて価値を創出していくことが必要となる。

11.2　コロナに対抗する ICT

坂村 健

11.2.1　インフォデミック

　今回の新型コロナの流行では去年の 2 月 2 日の WHO のレポートで「インフォデミック」という単語が使われた。その時点では「真のパンデミックというよりインフォデミック（情報的感染爆発）にすぎない——ほとんど軽症で回復する大したことない病気なのに、長い潜伏期と無症状でも感染させるその特性から、むしろ情報的な恐怖が先行して大流行している」というのが WHO の認識だったようだ。

　このような当時の WHO の姿勢は、現在は間違いだとはっきりしており当然多くの批判がある。しかし「新型コロナはインフォデミック」だ——という指摘には、その後の経緯からして考えさせられる部分もある。

11.2.2　情報面の「感染」対策を

　新型コロナの初期には「トイレットペーパーが無くなる」から「PCR 検査拡大を感染研 OB が妨害」はては「生物兵器起源説」まで、多くのフェイクニュースによるインフォデミック本来の意味の混乱状態も広がったことは記憶に新しい。

　私も参加する世界最大の電気・情報工学分野の専門家団体 IEEE は国際技術標準化機関という顔も持つ。その IEEE は近年 ICT 全般を視野に「倫理標準」作りに動いている。

　工学標準として「倫理」というのは違和感があるかもしれないが、例えば生命工学の分野ではすでに多くの倫理規定があり、倫理審査を通らないとできない実験も多い。

　情報分野での倫理標準も、まずは今後の人工知能の高度化を見据えてのものだが、その IEEE の P7000 シリーズの標準化プロジェクトでは倫理の一環としてフェイクニュースにも対応するワーキンググループがある。例えば IEEEP7011（於：米国アトランタ）は「ニュースソースの信頼性を特定し評価するプロセス標準」。「公共の認識のためにニュース提供者の格付けを作成し維持するための標準——それを使用する半自律的プロセスを提供することを目指す」としている。

　今回、台湾政府で IT 担当のオードリー・タン大臣が打った対策が広く称賛されているのもしかり。新型コロナに対しては医学・疫学的対策がメインになるのは当然だが、インフォデミックとしての側面に対しては、その検出と抑制のための情報学的な対策が求められるべきだ。

11.2.3　新型コロナに対抗する ICT

　情報的対策という意味では、新型コロナは SARS 以上に「インターネットによる社会サービスが普及」してから初のパンデミックであることが、今回の新型コロナ危機の特筆すべき点だろう。行政窓口ネット化やリモートワーク、ネットコマースからクラウドソーシング、デリバリーなど、行政、経済、生活まで、社会のレジリエンス——継続可能性にとって、非接触でもプロセスを継続できる情報通信技術が鍵であることが明白になった。

　その結果、行政電子化やリモートワークから非対面診療まで、日本で進まなかった DX が一気に進んでいる。

大学でも遠隔講義が常態化しているが、いわゆるギャラリービューの縮小表示では、実際の教室で生徒を前にしているときの——「この学生はわかってないな」とか「別のことをやっているのでは」とか察する教師の「カン」が働かないなど、遠隔講義の限界もわかってきた。医療でも同じで、医者の方に聞くと初診で「インフルエンザの薬をください」と言ってきた患者に対面で感じ「なにか違うぞ」ということで、調べたら別の病気だったというようなことはよくあるそうだ。

11.2.4　ニューノーマルに向けて

新型コロナ禍がおさまっても、新規感染症の恐怖が人々に刷り込まれ、以前の日常は戻らないと言われている。グローバル化した世界では、今後も世界規模の新規感染症のリスクはなくならない。鳥インフルエンザの人獣共通感染症化など、下手したら世界滅亡と言われるようなより恐ろしい変異も可能性としては無視できない。

新規感染症爆発のリスクと常に向き合う「ニューノーマル」に向けて、社会の DX の一環として遠隔授業や遠隔診断は当然だが、教師や医者など「現場」を重視するプロがカンを働かせることの必要は残る。

そのためには情報量ができる限り多いほうがいい。例えば高精度の VR で仮想教室なり仮想診察室の中で本当にその場に皆がいるような VR 環境で、よりナチュラルなインタフェイスで人と人のインタラクションが行えることだ。

この文脈で IoT を捉えるなら、リアルワールドにいるかのように人とモノのインタラクションが取れる環境を目指しているという事もできる。「現場」に行かないでも、機器の状況がわかりその操作ができるなら、今回の新型コロナでも「遠隔勤務は無理」と言われたような工場の無人化も可能になる。

このような状況を指して、最近 ICT の世界で言われているのが「デジタルツイン」という概念だ。リアルワールドの「ツイン」をネットワーク中に構成し、その中で人とモノと現実環境全ての情報的インタラクションを可能にし、さらにはそこで物理的な操作を行うとリアルワールドに反映させることもできるようにするというモデル——いわば、今「現場」を抱えている社会プロセスのネット化——「現場」を「仮想」に取り込むネットワークインフラといえる。

このような汎用的なインフラが実現すれば、デジタルツイン化した大学で半数の生徒は現実に教室にいるが、半数はネットワーク参加——しかし、その差を感じずに、ほとんどの授業ができる。IoT の洗練された遠隔操作できる装置や、さらにはテレイグジスタンス型のロボットを遠隔操作できれば、実験すらネットワークで参加できるかもしれない。

先生も教室中を「歩き」ながら、それぞれの生徒を見てカンを働かせることができる。そうなればどんな感染症が発生しても、素早く、ほとんどを完全仮想授業に移行できるだろう。もちろんそうなってもリアルワールドの意味は残るだろうが、技術進歩に従いその差はどんどん小さくなるはずだ。

NTT では IOWN という大容量・超低遅延の光ベースのコミュニケーションインフラを 2030 年を目処に開発している。これが実現すれば、このようなデジタルツイン環境も絵空事ではなくなる。我々のリアルワールドで 2010 年に何をしていたか、10 年後の今どうしているか考えれば、いまから 2030 年のデジタルツイン環境の利用アイデアとアプリケーション開発でイノベー

ションを狙ってもいいぐらい、すぐ明日のこととも言える。

11.2.5 まず DX を

しかし、ここで注意すべきは、将来デジタルツインにより「現場」がネット化できるなら——今のやり方をそのまま移行できるなら——そうすればいいという考え方が望ましくないということだ。

例えば、新型コロナの検査件数を報告するとき FAX をやめ電子メールで送るようにするのは、進歩ではあるが単なる「デジタル化」であり DX ではない。デジタルツインが実現しても、その中で係員が「仮想書類」を手書きし、それを折り紙ひこうきにすると飛んでいって相手に届く——それこそナチュラルなインタフェイスも考えられるが、詩的で SF 映画では絵になるかもしれないが非効率だ。

どうせ電子化するなら、そもそも現場で取りまとめた報告書作りが必要になる「やり方」自体を見直すべきだ。全ての検査データが 1 つの「データレイク（多種多様なデータベースの集合体で、組織に関するすべての情報が標準的な API で取り出せる統合的なレポジトリ）」に入っている体制にすれば、毎日どころか毎分でも、そのデータレイクを適切に攫うだけで状況を把握できる。デジタルツインに全ての検査状況が写し取られている前提ならそれは十分可能なはずだ。

デジタルツインなど持ち出さなくても、現在の ICT の水準でも、「やり方」自体を変えるだけで大きな効率化が可能だ。このような手先の改良ではなく構造改革的な考え方が、近年よく言われる「デジタル・トランスフォーメーション: DX」の本来の意味であるはずだ。

日本では、DX を単なる「デジタル化」を言い換えただけと誤解する向きもあるが、先の例でFAX を電子メールにするのは単なる「デジタル化」、「報告するというやり方」自体を見直すのが DX なのだ。

11.2.6 DX の本質

日本では誤解もあるが、DX のポイントは技術ではない。進んだ情報通信環境や IoT を活かし、そういうものから集まってくるビッグデータ、そしてそれを解析する時に AI のようなものも使いながら、従来のやり方——産業プロセスから始まって私たちの社会、生活、社会構造など全てを見直し、手法でなくやり方レベルから根本的な変革を起こそうという姿勢こそが DX の本質なのだ。

その「変わること」を嫌うせいか、DX については日本ではビジネス界ですら掛け声はあるものの海外に比べ、その進行は遅かった。「何年にも渡り磨き込んで最適化し実績もあるやり方を変えたくない」、「デジタル化もいいが、こちらのやり方に合わせてもらわないと」という現場の抵抗も大きかったと聞く。

しかし、ここにきて新型コロナが強制的に「変わらざるを得ない」状況を作り出したわけだ。しかし必要に迫られて急遽始まった変化には当然無理も大きい。フィンランドが制定した「インターネット接続権は新たな基本的人権」と定義するような社会的対応を真剣に議論するべきだろう。

新型コロナ以前は、行政窓口の電子化に対して、スマホなどを使えない高齢者はどうするのかといった、デジタルデバイドを理由に行政の完全電子化を否定する議論が多くあった。しかし、

新たな基本的人権として考えるならインターネットで社会参加できるようにすることは、むしろ行政側の義務であり「デジタル民生員」とかさまざまなサポート方法を制度化すべきということになる。

　全ての国民がネットワーク参加できるのが前提になれば、社会全体の DX が可能になる。

　ダーウィンが唱えたとされる箴言で「変われるもののみが生き残る」というのがある。大学だけのことでなく日本全体が「変われる国」であるかが、今こそ問われているのだ。

参考文献

[1]　坂村 健、『DX とは何か 意識改革からニューノーマルへ』、角川新書（2021）

[2]　坂村 健、『イノベーションはいかに起こすか』、NHK 出版（2020）

11.3 「触れあえない」時代のコミュニケーション

稲見 昌彦

　現在のコロナ禍から約 100 年前、ウイルスによる疫禍が世界を混乱に陥れていた。それがスペイン風邪である。そのスペイン風邪が終息を迎える 1920 年、チェコの作家カレル・チャペックが戯曲を発表する。その名前は『Rossumovi univerzální roboti』（R.U.R.：ロッサム万能ロボット会社）。この戯曲の中で、人間による労働を代替する手段として初めてロボットという言葉が登場した。

　そして、さらにその 40 年後の 1960 年、米国の医学者マンフレッド・クラインズおよびネイザン・S・クラインは、発表した学術論文「Cyborgs and Space（サイボーグと宇宙）」[1] のなかで、サイボーグというコンセプトを発表した。スプートニクショックからわずか 3 年後であり、米ソ宇宙開発競争の真っただ中である。著者らはこの論文中で、地球環境を宇宙ステーションや宇宙服のような形で宇宙にもっていくよりも、人工的な臓器を埋め込むことで、人類を地球外環境に適応させることを主張している。それから 60 余年を経た現在、残念ながら宇宙へはまだ極めて限られた人しか行くことができない。

　一方でおなじく 1960 年代に宇宙空間と並んで開拓され、いまや多くの人が日常的に利用するようになったフロンティアがある。それが情報空間である。

11.3.1　情報化と脱身体化

　ロボットやサイボーグ技術は、人間の肉体作業を肩代わりしたり、身体能力を強化したりする、つまり身体能力の代替、拡張を目指したものである。産業革命にはじまる工業化は、生産財としての身体機能を機械により担うものであった。農業や工業の機械化が進展することで、肉体労働の比率が減少した。エジンバラ大学のアンディ・クラークは『生まれながらのサイボーグ』[2] のなかで、人間は言語の登場とともにずっとサイボーグであったと述べている。このように、言語にはじまり現在のコンピュータに至る情報通信技術は、我々の知的生産能力を増強することに貢献した。これが情報化である。

　しかるに工業化・情報化の流れとは、身体機能の代替・強化と知的能力の拡張がセットとなるべきである。しかしながら現状の多くの情報技術は、身体という生産に余分な要素を排除した、つまり脱身体化の流れが加速している。この脱身体化により、軽度な障がいを抱える、あるいは身体的な能力が衰える年齢となっても、労働を通して社会に参画できるようになった。

　一方でコロナ禍のなか一気に広まった遠隔会議システムを用いた講義や会議などで、会話中の何気ないしぐさや、位置関係、相手との距離感といった身体性の欠如による諸問題が顕在化しつつある。例えばバーチャルリアリティやテレイグジスタンスはこの脱身体化したシステムに身体性を取り戻す試み、つまりポスト身体社会のための技術と位置付けることができる（図 11.3）。

　このような時代認識に基づき、筆者が主宰している研究室は、生理的・認知的・物理的知見に基づいて、システムとしての身体の機序を追究し、人間が生得的に有する感覚機能、運動機能、知的処理機能を物理的、情報的に拡張・補償するための研究を「身体情報学」と名付け、各種研究を行っている。

図 11.3　社会における身体の位置づけ

11.3.2　自分を見るメガネ「JINS MEME」

　筆者らは JINS（ジンズ）社と共同で眼電位計測眼鏡『JINS MEME（ミーム）』[3] を開発した（図 11.4）。これはまさにウェアラブル機器の一種である。スマートフォンと連携して、眼鏡でセンシングした情報を分析した上でユーザにサービスを行うというのが基本的な機能となっている。

　JINS 社の戦略の 1 つとして、目の悪くない人にも眼鏡を使ってもらうということを掲げている。JINS 社は眼鏡の価格破壊を行うことによってシェアは上がったが、眼鏡市場全体の縮小を招いてしまった。

　そこで、目が悪くない人にも買ってもらえるような眼鏡を作ることを構想し、花粉症対策メガネなどを開発してきた。

　JINS MEME は眉間と鼻パッドに装着した電極により眼電位を計測するとともに、6 軸の加速度センサにより頭部運動を計測することでユーザの内部状態を推定している。

　つまり、外界を見るメガネでなく自分を見るためのメガネと位置づけることができる。この「自分を見るメガネ」の活用事例として、大阪府立大学の黄瀬教授をはじめとしたチームと共同

図 11.4　眼電位計測眼鏡『JINS MEME』

研究を行っている。

黄瀬教授らは、例えば、TOEIC のリーディング問題を解く際の眼球運動を計測することで、知らない単語や「読みよどみ」などを解析できる。これにより、本来 20 分くらいかかるテストについて、5 分程度で成績を推定することに成功している。また、試験問題を問いている際の眼球運動を計測・分析することによって、確信をもって問題を解いているのか、自信がなくて解いているのかを推定することも可能となる。

従来は試験によって正解・不正解で理解度を図ることが一般的である。しかし、自信がないものの、たまたま正解したかどうかは成績には反映されない。将来はこのメガネを活用することで、弱点を克服し自信をもって問題を解けるように指導することも可能となろう。また、ヘルスケア分野では、認知症の進行のモニタリングや睡眠時無呼吸症候群のスクリーニングに使うことを目指し研究を進めている。

11.3.3　身体のデジタルトランスフォーメーション（DX）としての自在化身体

筆者らは、超スマート社会や Society5.0 と呼ばれる目まぐるしく変化するサイバー空間において、人類が自在に活躍するため情報的に拡張された、いわば身体の DX としての「自在化身体」を提案し、JST ERATO「稲見自在化身体プロジェクト」（研究期間:2017 年 10 月〜2023 年 3 月）を通し、その実現を目指している（図 11.5）。

筆者らはこれまでのテレイグジスタンスや人間拡張の研究を踏まえ、マルチモーダルなインタラクションを適切に設計することで、ユーザの全身もしくは局所の身体像を異構造の対象に適切に投射しうる：つまり身体性の編集が可能であるとの仮説を得るに至った。

ゲノム編集技術により、遺伝子工学が飛躍的に発展したように、身体性編集技術により、図 11.5 に示した超感覚・超身体・幽体離脱／変身・分身・合体といったように、自己の身体像を自在に設計可能となり、人間の身体、心理、社会との関係性に関する研究が進み、その応用が広がることが期待される。

自在化身体の考え方に基づき、感覚・知覚のみではなく、装着型ロボットアームなどの機構要素を活用することにより、運動機能の拡張を行うことも可能であると考えられる。

個人内での身体性編集を実現する MetaLimbs[4] の研究事例においては、身体の自由度を拡張する試みとして、装着したロボットアームを操作者の脚部の運動によって自在化することが行われている。生得的な身体の自由度と拡張した身体機構の自由度が類似している部位を、拡張した身体機構の操作のためにマッピングすることによって自在に身体機構を自分の身体の一部とし

図 11.5　自在化身体

図 11.6　　MetaLimbs

て操作することができる。図 11.6 にロボットアームを装着したユーザを示す。

　また、この研究では、マッピングした操作部位に触覚提示装置を装着することによって、拡張した身体機構に対する感覚と運動の両方を結合したフィードバックループを構成することで、身体性編集を補助することも試みており、こうしたアプローチの有用性を国際会議における実演展示などを通じ実証的にも示している。

　一方で、身体機構を活用した身体の自在化は個人内での身体拡張のみに留まらず、複数人のユーザが自在化身体を共有するといった可能性を探求することができる。

　FUSION[5] は、複数人のユーザの身体を自在化する試みとして、他者に装着した身体機構を遠隔のユーザが操作することを可能とした研究である。MetaLimbs と同様の装着型のロボットアームに付加して、テレイグジスタンスを実現するカメラ機構を肩に装着することで、二人羽織の様に同一の身体を共有しながら互いを補助することが可能なシステムが実現されている。

　図 11.7 に FUSION のシステムを装着したユーザを示す。遠隔のユーザの頭部運動を反映する自由度をもったカメラ機構を用いることで、身体機構を装着しているユーザと遠隔から操作を行っているユーザの両者が，高い身体所有感を維持したまま自在化した身体を共有できることを示した。以上のようにウェアラブルロボティクス技術を活用しながら、実環境において運動を行う身体機構とフィードバックを行う感覚提示装置の構成を適切に行うことで、身体性の編集を実現するシステムの試験的実装を行った。こうした試みを通じながら、身体性編集の機序や、編集を行った身体における人間の認知・心理や行動について理解することは、今後の研究の興味深い課題であると考えられる。

　情報環境の飛躍的な進展にも関わらず、人間の身体観は産業革命以降ほとんど変化していない。機器や情報システムを自らの手足のように直感的に利用することで、人間が生得的に有する感覚機能、運動機能、知的処理機能を物理的、情報的に補償・拡張し「人機一体」の新たな身体性を獲得することができるのではないだろうか。

　ポストコロナ社会そしてポスト身体社会に対応する人間の身体の在り方を考えるために，多様な身体の自在化の可能性を探っていきたい。

図 11.7　FUSION

参考文献

[1] Clynes,Manfred E., and Nathan S. Kline."Cyborgs and Space," Astronautics, pp.27-31, September, 1960

[2] アンディ・クラーク、『生まれながらのサイボーグ: 心・テクノロジー・知能の未来』、春秋社、2015

[3] Shoya Ishimaru, Kai Kunze, Yuji Uema, Koichi Kise, Masahiko Inami, and Katsuma Tanaka. 2014. Smarter eyewear:using commercial EOG glasses for activity recognition.In Proceedings of the 2014 ACM International Joint Conference on Pervasive and Ubiquitous Computing:Adjunct Publication (UbiComp'14 Adjunct).Association for Computing Machinery,New York,NY,USA, 239–242

[4] MHD Yamen Saraiji, Tomoya Sasaki, Kai Kunze, Kouta Minamizawa, and Masahiko Inami. 2018. MetaArms:Body Remapping Using Feet-Controlled Artificial Arms. In Proceedings of the 31st Annual ACM Symposium on User Interface Software and Technology (UIST'18).Association for Computing Machinery,New York,NY,USA, 65–74

[5] MHD Yamen Saraiji, Tomoya Sasaki, Reo Matsumura, Kouta Minamizawa, and Masahiko Inami. 2018. Fusion:Full Body Surrogacy for Collaborative Communication.In ACM SIGGRAPH 2018 Emerging Technologies(SIGGRAPH '18), 7:1–7:2, 2018

11.4　現実世界と仮想世界を融合させる拡張現実 XR 技術

児島 全克

　2016 年は、いくつかのメジャーな VR 機器（HTC VIVE、Oculus Rift、SONY PlayStation VR など）が発表され、将来の新たなビジネスチャンスとしてパソコンやゲーム業界が賑わい「VR 元年」と呼ばれた。当時 VR（Virtual Reality：仮想現実）とは、どういう物かまだ十分に理解されていない代物であったが、その後、数多くのさまざまな VR ゴーグルが発売され、現在ではかなりの人がイメージできるものとなってきた。VR とは HMD（ヘッドマウントディスプレイ・ゴーグル）を装着することで、あたかもその場にいるかのような感覚を体験できる技術である。同 2016 年には Google 社から独立した Niantic 社とポケモン社が共同開発したスマートフォン向け位置情報アプリ「Pokemon GO」が AR（Augmented Reality：拡張現実）機能を搭載したことで、AR が一般の人にも知られることとなった。AR は現実の世界に仮想的な物体・情報を重ね合わせて表示する技術である。さらに、現実の世界に人工的な仮想の世界を取り込み、現実世界と仮想世界を融合させる技術として MR（Mixed Reality：複合現実）がある。

　Microsoft 社はこの概念を「Windows Mixed Reality」で実現しており、これには搭載カメラを通して外が見えるゴーグルに 3D（3 次元）画像を表示する「HoloLens」などを含む。XR とは、これら VR ／ AR ／ MR を総称する呼び方であり eXtended Reality：拡張現実と訳されている。

11.4.1　技術

　XR を実現する技術として、①ポジション・トラッキング技術、②オブジェクト表現技術、③画像認識技術の 3 つが重要となってくる。

　まず①ポジション・トラッキング技術とは、HMD がどの位置にあるかを把握し XR の世界に反映させるための技術であり、大きくは「インサイドアウト方式」と「アウトサイドイン方式」とに分類できる。インサイドアウト方式とは、HMD に搭載したカメラやセンサで周囲の状況を検出して相対的な位置を把握する方式で、当事者は空間内を比較的自由に動くことができる。これに対してアウトサイドイン方式は、外部のレーザやカメラによって HMD の絶対的な位置を把握する方式で、限定的なスペースに限られるが、その方式によってはサブミリ単位の正確性があり、また同一空間内であれば HMD 以外でも位置特定が可能であるのが特徴である。それぞれ精度、機能、価格、手軽さなどの違いがあるが、現在の主流としてはインサイドアウト方式である。

　インサイドアウト方式で利用される技術として代表的なものはカメラを用いたビジュアル SLAM（Simultaneous Localization and Mapping：自己位置推定と環境地図作成の同時マッピング）と呼ばれる技術で、カメラからみた環境の特徴点を抽出し、特徴点の動きからカメラの動きがどのように変化したのか特定し、カメラの位置が環境内のどこにあり、どう動いているのかを計算する。インサイドアウト方式の代表的な HMD としては Microsoft 社の HoloLens や Facebook Technologies 社の Oculus Quest などが挙げられる。SLAM はスマートフォンの SoC(System on Chip) として定評がある Qualcomm 社の SoC でも標準で搭

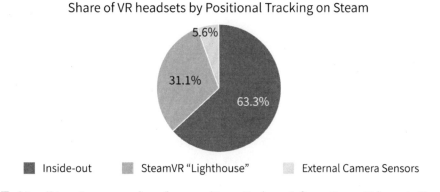

Share of VR headsets by Positional Tracking on Steam

Inside-out SteamVR "Lighthouse" External Camera Sensors

参照 https://store.steampowered.com/hwsurvey/Steam-Hardware-Software-Survey-Welcome-to-Steam

図 11.8 ポジショントラッキング方式シェア

載されているため、非常に手軽に安価で SLAM を利用することが可能となっている。一方アウトサイドイン方式で、代表的な HMD としては赤外線レーザを用いた HTC 社の VIVE や、外部カメラを用いた SONY 社の PlayStation VR などが挙げられる。HTC VIVE では、部屋の 2 カ所〜4 か所に設置したベースステーションから放射状に放射させた赤外線レーザ光を HMD に搭載した多数の光センサで検出し、HMD の空間座標をサブミリ単位で検出する。

　次に②オブジェクト表現技術とは、仮想物体が物理現象に沿った動きを実現するための演算処理であり、例えば重力、衝突、反発、摩擦、反射、光伝搬、音伝搬などを計算し仮想オブジェクトに表現することにより、より現実的な空間やオブジェクトを創造することができる。たとえば鏡面に周りの画像が映りこむような表現や、ボールが机の上を転がる時に摩擦でいずれ止まるような表現がそれにあたる。すべての物理現象をプログラムに盛り込むのは知識と膨大な時間を要する。解決策として、物理法則の計算をワンパッケージで提供する XR 用プラットフォームと呼ばれるソフトウェアを利用することにより、開発者は専門知識がなくとも簡単に仮想空間上のオブジェクトをプログラミングすることが可能となった。代表的なものとしては、Unity Technologies 社が開発した「Unity」、Epic Games 社の「Unreal」、Autodesk 社の「Stingray」などがある。

　最後に③画像認識技術とは、主に AR や MR で使われる技術であり、カメラでとらえた環境に何が存在するかを認識する技術であり、畳み込みニューラル・ネットワーク (CNN) などのディープ・ラーニング・アルゴリズムによって、そこにある物体が椅子なのか机なのか壁なのかを特定する。①のポジション・トラッキング技術で利用されるビジュアル SLAM 技術と組み合わせることで、そこにある物体が椅子であり、壁から 3 m 離れたところにあるというようなことが把握できる。これまで説明した①ポジション・トラッキング技術、②オブジェクト表現技術、③画像認識技術をすべて組み合わせることにより、現実にある机の上に仮想のゴムボールを投げると、机の上で跳ねて机の向こう側に落ちる、というような現実世界と仮想世界をミックスさせた表現をすることが可能となる。

11.4.2　マーケット

　2020 年から経済に非常に大きな打撃を与えている COVID-19 をよそに VR マーケットは世界的に順調に伸びている。PwC の最新の Global Entertainment & Media Outlook レポートによると、2020 年の VR コンテンツ収益規模は約 18 億米ドルであり、2019 年から 31.7 ％成長しており、2020 年から 2025 年の CAGR（年平均成長率）は 30 ％を超えると予測されている。各エンタメ・メディアセグメント中最も成長率が高くなると予測されているのは、VR であり、映画・オンラインビデオ・E スポーツなどを超えている。逆にマイナス成長だと予測されているものに、新聞・テレビ・ホームビデオなどが挙げられている。

　VR のハードウェアは大きくは 3 種類あり、モバイル VR と呼ばれるスマホをゴーグルに差し込んだだけの VR、接続型あるいは PCVR と呼ばれる PC と HMD を接続して使用する VR、そして PC には接続しないスタンドアローン型あるいは AIO（オールインワン）型とよばれる VR がある。VR 元年と呼ばれる 2016 年から最も安価であり手軽に VR が楽しめるモバイル VR が普及していたが、2020 年を境に PCVR と AIO の普及台数がモバイル VR を超えた。また同時に AIO が PCVR の普及台数を超え、今後 AIO が主流となると予想されている[1]。この AIO は、インサイドアウト方式のポジション・トラッキング技術が使われており、ポジション・トラッキングを行うための外部機器や PC を必要としないため安価で且つ十分に高い性能を誇っていることが普及の大きな要因となっている。

　一方、AR や MR は VR と違い現実世界に仮想世界をミックスさせる必要があり、1 カ所にとどまって同じ環境内で使用するとなると用途が限られてくるため、用途を広げるためにはポータ

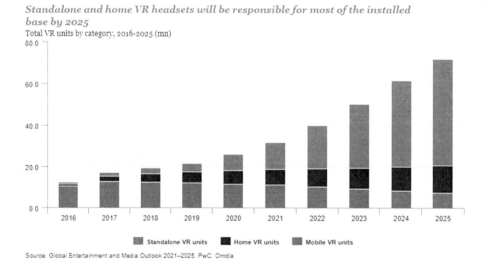

出典：PwC's Global Entertainment & Media Outlook 2021–2025, Omdia ｜ Image courtesy PwC

図 11.9　モバイル VR・PCVR・AIO の成長予測

1　https://www.pwc.com/gx/en/entertainment-media/outlook-2021/perspectives-2021-2025.pdf

ビリティが必要となってくる。しかしながら、技術の項で述べたように畳み込みニューラル・ネットワーク (CNN) など非常に高度な画像認識を行わなくてはならず、さらに首を動かすたびに映像が変化するため、違和感なく映像を継続させるためには瞬時（50fps の場合、最大 20 ミリ秒程度内）にすべてを再計算する必要がある。そのため、非常に高度な CPU・GPU が必要となるだけではなく大容量の電源も必要となってくることから高価にならざるを得ず、VR に比べて普及が遅れているのが現状である。またアプリケーション開発者にとっても、まだ利用できる台数が少ないため開発費に見合う利益を得ることが難しく、アプリケーションの数も VR に比較して圧倒的に少ないのも低普及率の要因となっている。

11.4.3　ソリューション

　2020 年 COVID-19 により各企業でテレワーク（在宅勤務）を強制的にしなくてはならい状況となってきており、Zoom Video Communications 社の Zoom や Microsoft 社の Teams

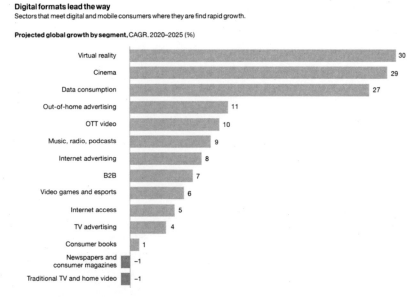

出典：PwC's Global Entertainment & Media Outlook 2021–2025, Omdia | Image courtesy PwC

図 11.10　今後最も成長すると予想されるエンタメ＆メディア

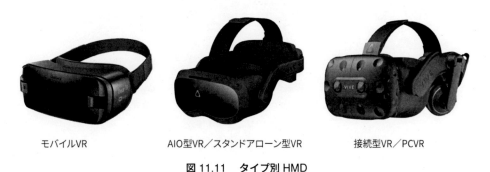

モバイルVR　　　AIO型VR／スタンドアローン型VR　　　接続型VR／PCVR

図 11.11　タイプ別 HMD

などPC・タブレット・スマホを介して画像ミーティングを行うアプリケーションが必須となってきた。これらは非常に便利で優れたアプリケーションであるが、離れた場所での作業やミーティングでは、参加者が孤立感を感じるや、対面でないと緊密な関係は築けないと感じている[2]など、当初予想していなかったような難しさも見えてきている。このような背景から、いまVRミーティングやVR協業ソフトが注目を集めている。実際に対面しているわけではないが、自分の分身であるアバター同士が、同一空間で対面しミーティングあるいは仕事をすることで孤立感がかなり改善される。それだけではなく、3Dモデリングを複数の参加者で同時にレビューできるという新たな形態が生まれつつある。

　また、対面打ち合わせだけではなく、作業効率化にVRを利用したり、現実ではできないようなトレーニングを行ったり、医療・教育・建築・土木・設計・デザインなどの様々な業界・業種

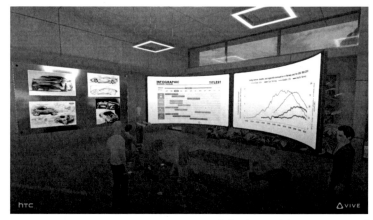

出典：https://sync.vive.com/

図 11.12　　VR ミーティング

出典：https://const.fukuicompu.co.jp/constmag/info/19

図 11.13　　VR 工事現場確認

2　https://hbr.org/2018/11/survey-remote-workers-are-more-disengaged-and-more-likely-to-quit

でVRならではの利用方法が生まれてきており徐々に広がりつつある。たとえば、国交省によって提言された建設業務の効率化を目的とした取り組みであるCIM(Construction Information Modeling)の一環として3Dモデリング化された工事現場を、これまで限定された専門家によりCADのみで確認していたが、VRを導入することにより等身大で多地点から多人数で施工前に確認することにより、様々なリスクなどを洗い出し、実際の施工を効率的に行っている。

11.4.4 未来

　ARやMR機器を安価に実現することができれば、普及率も上がってくる可能性がある。富士キメラ総研の「AR／VR関連市場の将来展望2020」によると、2030年のAR／VR表示機器の世界市場は2019年に比べ44.8倍の16兆1711億円規模になると予想しており、BtoB／BtoBtoC向けソリューションの国内市場も46.6倍となると予想している[3]。しかしARやMR機器を安価に実現するためには、HMD内で高度な処理を行わせないようにする必要があり、超低遅延、高速大容量、多数同時接続という特徴を持つ5G通信によるMEC（マルチアクセスエッジコンピューティング）技術の実現が重要な要素となってくる。MEC技術とは、超低遅延を実現するため、ネットワーク上の端末に近いところ（エッジ）にサーバーを配置し、そこで各種処理をさせ応答遅延を極限まで短くする技術である。これが実現できれば、HMD上で処理を行う必要がなく、計算処理はすべてエッジサーバーにより低遅延で行うことができ、端末が普及価格帯となる。現時点では、MECサーバーの配置は、まだ試験的であるが、HMDからCPUを取り除き、スマホとUSBケーブルで接続することによりスマホのCPUと電源を使いHMDの低価格化を実現する動きが2020年末ごろから出てきている。スマホのCPUを使う以上、PCと比較すると簡易的なアプリケーションしか動作できないが、それでもXR専用のモバイルCPUが発表され、新しいバーチャル上のソーシャルコミュニケーションツールとして大きな普及の兆しを見せている。将来的には、スマホを通してMECサーバーにアクセスする足掛かりとするための、この新しいHMDは、MRグラスとかビューワーと呼ばれPCVR、AIOとは違った新たなマーケットを形成しようとしている。

　また、XRの新たな動きとして、興味深いレポートも上がっている。VTuberであるバーチャル美少女ねむさんによるVR感覚告白レポートによると、視聴覚しか再現されないはずのVR体験中に、本来存在しないはずの感覚を疑似的に感じているVR感覚（ファントムセンス）を多くのVRユーザーが報告しているとしている。たとえば、落下感覚、温度、風／吐息、また感触を感じるなど、422名のアンケートに回答したVRユーザーの86％が何らかのVR感覚を感じている。別々の感覚が互いに影響を及ぼし合う現象を認知心理学で「クロスモーダル現象」というが、アバターの身体を脳が実際の身体と誤認識することによってVR感覚を得ているのではないかと1つの例として今後さらなる研究が期待されている。また奈良先端科学技術大学院大学と電気通信大学などによる研究チームは、ARを使用して視覚から味覚を錯覚させるGAN(Generative Adversarial Network)を用いたリアルタイム味覚操作システムをIEEEに発表している。これらを応用していくことにより、まったく新しい感覚あるいは触覚の疑似体験を行うためのデバイスとして、新たな発展を遂げる可能性を秘めている。

3　https://www.fcr.co.jp/pr/20088.htm

11.5　SDGs時代のウェアラブルICT

板生 清

　2015 年、国連サミットで採択された「持続可能な開発目標（SDGs）」は、国連加盟各国が2030 年までに達成するために掲げた 17 の目標である。

　これは、誰もが豊かで公正な生活を送れる世界を目指し、良識ある資本主義を進めるためのガイドラインである。2019 年には米経営者団体のビジネス・ラウンド・テーブルが大きな軌道修正を宣言した。従来の株主第一主義を見直し、顧客や従業員、取引先、地域社会といったステークホルダーつまり利害関係者に広く配慮した経営で、長期に企業価値を高めると宣言した。さらに、今年 1 月の世界経済フォーラム（ダボス会議）の年次総会でも「ステークホルダー資本主義」が、議論の中心になった。

　いま世界は新型コロナ問題に直面しており、経済活動が急激に冷え込み、従来の資本主義が存続できるかどうかの岐路に立たされている。

　欧州では、環境にやさしい製品やサービスの妥当性を色分けする分類体系づくりが進んでいる。これにより企業の競争条件が劇的に変わる可能性がある。こうした動きをマネーが後押しをする。投資する判断に ESG（環境、社会、企業統治）を重視する資金が 2018 年には世界で 340兆円規模になり、2 年前より 3 割増えた。

　資本主義の仕組みは地球環境問題やパンデミックなどの試練に直面してきた。今後は、コロナ問題などを克服して持続可能な社会を作り出すためにも、社会や技術のイノベーションが益々求められてくるであろう。

　WIN としては、これらの問題を先取りして会員企業の皆さんとともに情報技術をベースにして、発足以来 20 年間、環境プランニング学会や人間情報学会などを設立して、研究、開発、提言などに取り組んできた。具体的には国連の 17 の持続可能な開発目標のうち、第 3 項の健康、福祉、第 7 項の省エネ化、第 9 項の技術革新の基盤づくりなどへの活動がある。

　WIN の歩みを振り返ると、図 11.14 に示すように、まず基本理念としてネイチャーインタフェイスを 1991 年に提唱した [1]。さらに、環境プランニング学会を創り、環境プランナーの資格を創り、環境プランナーを育成した。

　これと同時にウェアラブル技術の開発を始め、健康を見守るための生体センサを実用化し、ヒューマンレコーダーとして商品を提供した。この間、人間情報学会を設立して人間情報の研究を加速し、体温制御可能なウェアコンつまりウェアラブル冷暖房機器の研究開発を始め、現在はこれらを統合した快適健康ウェアラブルシステムの研究から社会実装に向かっている。登山で言えば、まさに 8 合目・9 合目まで登ってきた。頂上は社会で多くの人々が使えるウェアラブルシステムに仕上げ、省エネで快適なウェアラブル、すなわち高齢化時代で、省エネな安全安心快適なシステムを世界に提供し、SDGs の一端を担うことである。

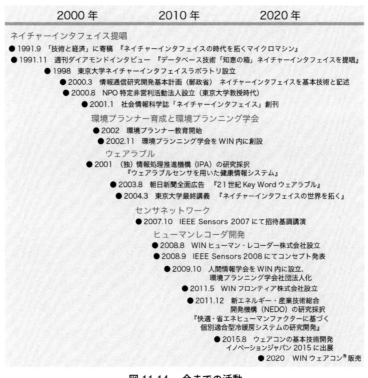

図 11.14 今までの活動

11.5.1 ウェアラブル機器の現状

　1996 年に筆者が監修し，日本時計学会が『ウェアラブル情報機器の実際』を刊行した [2]。そもそもウェアラブル・コンピュータという言葉は，マサチューセッツ工科大学（MIT）のメディアラボで提唱された概念である。

　その後、ウェアラブル・コンピュータの開発者として、またウェアラブル・コンピュータの利用形態の概念特許をもち、その市場形成に努めてきたのが米ザイブナー (Xybernaut) 社であった。

　そのコンセプトは、「いつでも、どこでも」というもので、その特徴は、「ハンズフリー」を可能にした点である。HMD(Head Mounted Display) の採用や音声入力システムによって、従来のパソコンのイメージを大きく覆して、「ながら」作業の中で使えるパソコンを可能にした。これがウェアラブル・コンピュータの最大の売りと言っていい。

　「IEEE Sensors 2007（於：米国アトランタ）」では、筆者は招待された基調講演 [3] で、そのような内容を語った。そのタイトルは「Wearable Sensor Network Connecting Artifacts, Nature and Human Being」である。

　さて、その後 8 年ほど経って、再びウェアラブルブームが興ってきた。これはスマートフォンの普及が一段落して、次のターゲットとしての模索から始まった。2015 年は米 Apple 社がアップルウォッチを発売、また大手通信・電子メーカーなどが各種のウェアラブル端末を発表し、急激にマスコミで話題となってきた。

　これまでウェアラブル端末はネットワークとの接続に課題があった。しかし、スマートフォンを無線ルータとして使うことでインターネット接続が容易となり、低消費電力の技術と小型・軽

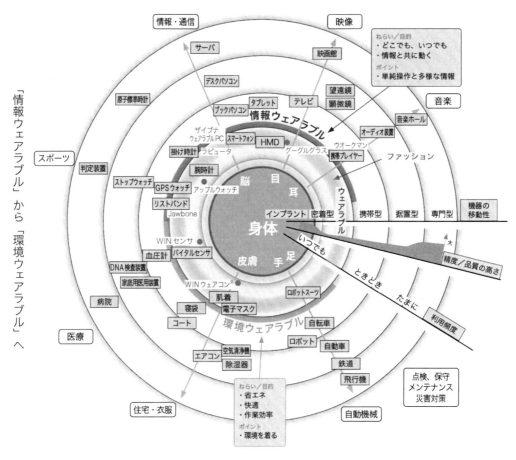

図 11.15　現状のウェアラブルデバイスの位置づけ（ネイチャーインタフェイス誌 Vol.62、2014）

量にできる部品・実装技術も著しく進歩したことが背景にある。

　そこで、WIN では身体を中心に私達の生活に使われているあらゆるメディア（機材）の分布を図 11.15 のように描いてみた。埋め込み型 → 密着型 → 携帯型 → 据置型 → 設備型へと拡張していく身の回りの機器を、1 つの同心円に表す。

　ここで時計回りに、従来の情報を持ち歩くことに便利な「情報ウェアラブル」とともに、環境を持ち歩くことができる「環境ウェアラブル」の 2 つがあると考えた [4,5]。

　情報ウェアラブルは、身体における頭脳、耳、口、鼻などの五感に対応している。これに対して、環境ウェアラブルは主に皮膚からの拡張であり、足や手の拡張でもある。

　情報ウェアラブルは脳や目、耳に情報を与えるもので、スポーツ用の活動量計や「アップルウォッチ」（米 Apple 社）などがこれに該当する。さらに人体に密着したものが次のステップになる。これは人間の健康状態を知る上で大事なツールになり得る。人体密着センサとスマートテキスタイルの関係は発展途上にあり、繊維に潜り込むようなセンサは未開発なのが実情である。

　環境ウェアラブルは快適空間の持ち歩きが可能という新しい概念である。例えば、冷暖房機能と情報センシング機能を合わせもつデバイスである。

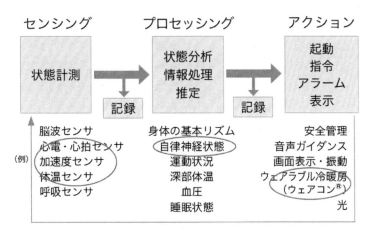

図 11.16　環境・情報ウェアラブルシステムの構成

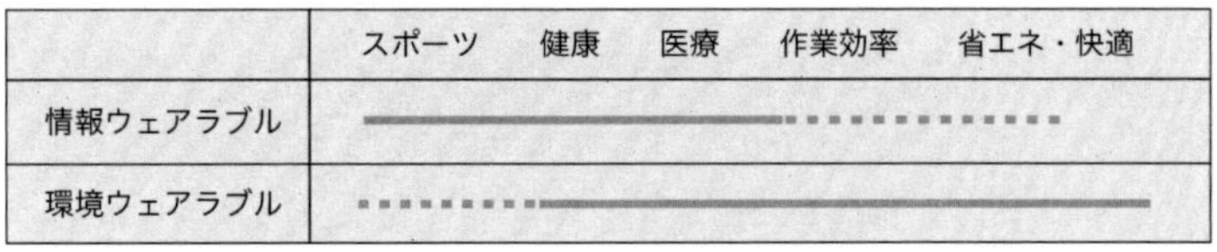

	スポーツ	健康	医療	作業効率	省エネ・快適
情報ウェアラブル	━━━━━━━━━━━━━ - - - - - - - - -				
環境ウェアラブル	- - - - - - ━━━━━━━━━━━━━━━━				

図 11.17　情報ウェアラブルと環境ウェアラブル [4]

11.5.2　環境ウェアラブルの時代へ

　ここでは人間のバイタルサイン（生体情報）に基づく暖かい、寒いなどの心地よさを含めて物理空間の持ち歩きまでがウェアラブルの範囲となる。

　今後の情報社会では、インフラの整備は進んでいく。しかし、究極は個々人のニーズにきめ細かく合わせるためのパーソナルサービスが必要不可欠である。このときウェアラブル・コンピュータはさらに情報だけではなく、環境をも持ち歩くウェアラブル・マシンに進化する。図11.16 は情報をセンシングして、情報をプロセッシングし、さらに冷暖房などのアクションを興すというフィードバックループを示している。

　最近ようやく普及してきた時計型・眼鏡型の「情報ウェアラブル」が、スポーツ・健康・医療の一部で使われるのに対し、筆者が提唱する新たな概念である「環境ウェアラブル」は、健康・医療・作業効率向上・省エネ・快適に有用となろう。

　すなわち寒暖・有害ガスなどの環境に支配される人間が、近い将来、環境ウェアラブルデバイスの装着によって解放されることになるであろう。「環境ウェアラブル」と「情報ウェアラブル」の統合によって、熱中症の回避や遠隔見守りを実現することが可能となり、高齢化社会に役立つウェアラブル技術が実現する日も近い（図11.17）。

　また「情報ウェアラブル」は、人体密着型ウェアラブルとその進化としてのフレキシブルでディスポーザルな生体センサは、ウォッチ型やリストバンド型では対応できない、人間情報センシングという新たな市場を切り開く可能性がある。

11.5.3　SDGs 時代に向けた WIN の一提案

　人間と ICT（Information and Communication Technology：情報通信技術）のインタフェイスがウェアラブルデバイスである。新しい可能性の 1 つとして、2025 年には世界の人口の 10 ％がインターネットに接続した服を着るといわれている。着用者の生体情報を読み取り、情報処理し、スマートフォン経由でビッグデータ化して、AI（Artificial Intelligence：人工知能）で体調管理を指令し、自立的に冷暖房などのアクションをするという利用形態が広がると思われる。すなわち、ウェアラブルは技術から考えるのではなく、まずは市場から考え、つぎに利益を得るビジネスモデルからとらえるのが重要である [6]。

　人間の生活空間は、「居住」「自動車」「衣服」などに分類できるが、快適な環境を生み出す研究は「衣服」空間が最も遅れている。

　先端快適衣服空間の実現には、ナノテクノロジーをベースにしたセンサや発電素材、熱制御素材などの高度化研究が鍵を握っており、電子デバイスの小型化だけでなく、先端繊維・材料側からの開発アプローチを期待している。今まで、機械と人間の間に横たわる界面すなわちインタフェイスを、いかに滑らかに連続的にするかという努力がされてきた。代表的な技術がスマホでありこの方向を具象化してくれた。

　しかし、スマホといえども人間は指などを使ってそのインタフェイスを埋めている。最近音声だけで指令する AI スピーカが登場して、インタフェイスをさらに滑らかにする方向にある。今後は、超高齢社会なども見据えて、生活パターン（サービス・インフラ）を変えていく必要性もあるため、インタフェイスもさらに人間に近づくように改良され、人間の心を理解するサーバント・ロボットのような存在になるのではなかろうかと考えられる。

　図 11.18 は、健康・快適ロボットシステムの構成図となる。WIN が開発した心拍センサ、自律神経状態の解析・表示ソフトウェア、およびウェアラブル冷暖房ウェアコン®を示す [7,8]。これらを連結したフィードバックループにより、環境・情報ウェアラブルサービスの実現が可能である。

　さらに、図 11.19 に WIN で開発した衣服形式のシステムを示す。一例として、WIN 生体センサからのメンタル対応と、ウェアコン®の冷却・加熱によるフィジカル対応に合わせて、熱中

図 11.18　健康・快適ロボットシステム（ヘルパーヘルパー）

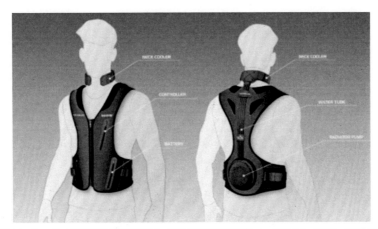

図 11.19　日本繊維製品消費科学会「60 周年記念国際シンポジウム 2019」展示 [10]

症などを防ぐ体温制御可能な衣服センサ体形のロボットスーツが実現できる [9]。WIN 会員企業とともに、商品化を準備している [10]。

　昨今の SDGs 時代では、環境、省エネ、健康の両立が目標とされている。WIN では高齢化時代の到来とヘルパーなどの人材不足の時代において、冷暖房健康ロボットシステムの実用化と普及が社会への貢献の一提案と考えている。

　さらに、環境ウェアラブルの次の目標は、空気清浄機をウェアラブル化する電子マスクである。感染症や大気汚染の対策強化が焦眉の急である。

参考文献

[1]　『ネイチャーインタフェイス』、No.1、2001 年 1 月

[2]　板生清、『ウェアラブル情報機器の実際』、オプトロニクス社（1999）

[3]　Kiyoshi Itao, "Wearable Sensor Network Connecting Artifacts,Nature and Human Being",IEEE SENSORS2007 Conference,pp.1120-1123,2007 年（http://ewh.ieee.org/conf/sensors2007/program/speakers.html）

[4]　『ネイチャーインタフェイス』、No.62、2014 年 12 月

[5]　板生 清 他、ウェアラブルデバイスの応用と近未来の展開、エレクトロニクス実装学会誌、Vol.18、No.6、2015 年

[6]　板生 清、『人間情報 IoT で体温の最適制御を実現する冷却服・暖房服』、繊維製品消費科学、Vol.61、No.2、2020 年

[7]　『ネイチャーインタフェイス』、No.60、2014 年 4 月

[8]　板生 清 他、ウェアラブル電子制御式冷暖房機器の開発、精密工学会誌、Vol.82、No.10、2016 年

[9]　『ネイチャーインタフェイス』、No.74、2018 年 12 月

[10]　株式会社クラレ Web サイト https://www.kuraray.co.jp/news/2019/190829（2020/5/13）

あとがき

　総監修である筆者は、NTT（1985年電電公社から移行）研究所に24年間在籍して49歳で大学教授に転職した。転職先は、東大の大先輩が創立した中央大学理工学部であった。しかしながら大学から熱心に誘っていただいたものの、自分としてはNTT研究所の所長職を終えてからとも考え迷ったのだが、大学側の事情もあり、新天地に思い定めることとした。そして異動と同時に、研究所としては初めてのケースだったが、大学と兼務するような形で、所内に研究室が提供され、数年間は双方に出向くこととなった。

　中央大学ではNTTでやり残した基礎研究をテーマに選び、卒論に取り組む学生やNTT研究所の若手研究員とともにマイクロダイナミックスの基盤研究とその論文化に熱心に取り組んだ。ところが4年後に、母校の東大から熱心な誘いをいただき、またもや迷いつつ熟慮の末、東大に移った次第である。

　NTT研究所と中央大学の28年間は、世界に冠たる日本のメカトロニクスの領域で、研究と実用化を担当し、最先端のプリンタ、磁気ディスク装置、磁気テープ装置、大容量記憶装置、光ディスク装置を世に送り出すことができた。その評価は、三度の電電公社総裁表彰・NTT社長表彰、精密工学会賞、論文賞などの形に結実した。そして電電公社総裁とともに、中曽根首相当時の「内閣さくらを見る会」（於新宿御苑）に招待されたことが思い出される。また、製品化が一段落した頃の1974年に、電電公社の命により、MITにResearch Associateとして留学し、大学助手を勤め、学生の指導や研究を経験した。

　当時はエズラ・ヴォ—ゲルが著したジャパン・アズ・ナンバーワンの時代であり、私の守備範囲である情報機器は米国とともに世界をリードした。この時代のパターンとして、NTT研究所は、研究・技術開発の面で先行し開発資金を提供した。一方でファミリーグループの富士通・日立・NECなどが製品化を担当した。常に新しい情報機器を担当していた私はたいへん忙しい日々であったが、緊張感と充実感に満ちた役割を担務できた。

　しかしながら24年の間、研究員・研究室長・研究部長と役職が上がっていくにつれ、電電公社の研究開発の問題点に気づき始めた。国民から預かっている電話料金が資金として産業界の利益に使われていて、必ずしも国民に還元されていないのではないかという疑問であった。

　そのような中、研究所全体の企画・人事・予算・戦略を担当する研究企画部長になった私は、ウェアラブル・センサネットワーク技術による人間の健康、人工物の保守、環境保全を実現する研究所の設立を提唱した。すなわち、ネイチャーインタフェイス研究所の構想である。しかし幸か不幸か、この提案は上層部から時期尚早として却下された。そのような流れで私はNTTを辞して、新天地の大学で、思う存分自分の構想を具現化するという実践的な道を選択した。

　中央大学を経て東京大学に移ってから、ネイチャーインタフェイスの構想の実現に着手した。最初に、東大ネイチャーインタフェイス研究所を創り、20名余りのファカルティメンバーによるバーチャルラボが始動した。そして阪神淡路大震災後の1998年にNPO法が成立した。この法律の下、私は東京大学初のNPO法人WIN（ウェアラブル環境情報ネット推進機構）を創設して理事長に就任した。まさにICT技術をベースにした産官学による社会貢献型の組織である。当初以来、WINの活動は、人間情報・人工物情報・自然界情報のセンシング、情報処理、そして応用技術を駆使して、社会貢献を目指すことを主軸にしてきたが、全国初の研究開発型NPO

法人として、各紙の取材を受けて記事として紹介された。大手某紙は 2003 年の年頭に、「21 世紀のキーワード　ウェアラブル」と紙面満載で取り上げてもいた。

　今般テーマとする「人間情報学」は、NPO 法人 WIN の内部組織として創設された人間情報学会の活動記録を掲載した WIN 会誌「ネイチャーインタフェイス」の記事を編集し、さらに新たに学会理事の記事をも募って取りまとめたものである。

　「人間情報学会」は、WIN で商標登録し、2010 年 4 月 30 日に特許庁の商標原簿に登録された。その後、2016 年 12 月 22 日の科学技術・学術審議会学術分科会・科学研究費補助金審査部会の資料によると、大区分 J 中区分 61 に「人間情報学及びその関連分野」の表記で、「人間情報学」は公に認知されている。

　今後の工学は、文理融合という言葉のように、自然科学だけでなく人文科学も融合した、人間にとっての快適環境を提供することが期待されている。これに向けて、人間情報学の果たす役割はますます大きくなると考えている。

　近年、センサによって人間の行動データ・体温・心拍変動などの心身データ、顔の表情データなどが蓄積されて、やがて巨大データベースとなり、これを活用するプログラムやデータが資本主義の中の財となる日が近づきつつある。人間情報は、貴重な人類の財産となる日が来るであろう。他方、ハーバード・ビジネス・スクール名誉教授ショシャナ・ズボウが近刊の『監視資本主義』で述べているような新たな監視資本主義の手先にならないように警戒しなければならない。

謝辞

　2001 年から 2021 年までに発行された、WIN 会誌ネイチャーインタフェイス誌に掲載された記事から選択するとともに、人間情報学会理事から寄稿頂いて、本書を作成した。特に、ネイチャーインタフェイス誌の記事は、編集長 伏木薫氏、編集委員・デザイン担当 森昌文氏の絶大なるご尽力によるものであり、ここに深謝致します。

　また、本書の出版にあたり、お世話になった近代科学社 伊藤雅英さんに感謝致します。

板生 清

著者紹介（掲載順）

板生 清 （いたお きよし）

東京大学名誉教授
お茶の水女子大学学長特別招聘教授
ウェアラブル環境情報ネット推進機構理事長

1968年東京大学修士課程を修了し、日本電信電話公社に入社。1974年米国MIT客員研究員、1990年NTT研究企画部長、1992年中央大学教授、1996年東京大学大学院工学系研究科教授、2004年から2007年まで東京理科大学イノベーション研究科長、2013年まで教授。2000年8月「NPO法人ウェアラブル環境情報ネット推進機構」を設立以来、理事長を務める。2005年から2013年まで科学技術振興機構「先進的統合センシング技術」研究領域総括。日本時計学会長、精密工学会長、日本学術会議 人工物設計生産研究連絡会委員兼メカトロニクス研究専門委員会幹事、東京都地方独立行政法人 評価委員会分科会長、文部科学省 安全・安心科学技術委員会 主査を歴任。著書は、『ウェアラブル・コンピュータとは何か』(NHKブックス)、『コンピュータを「着る」時代』(文藝春秋)など多数。一般社団法人中野区産業振興推進機構理事長。工学博士。取得特許は、記憶装置、プリンター、心拍変動計測・解析技術、ウェアラブル冷暖房デバイスシステムなど多数。国際特許もウェアラブル分野で出願中。

片桐 祥雅 （かたぎり よしただ）

東京大学大学院工学系研究科上席研究員

1959年東京生。1985年東京工業大学大学院総合理工学研究科博士前期課程修了。1999年博士（工学）（東京大学）。1985〜2007日本電信電話株式会社電気通信研究所（主幹研究員）、2007〜2019年国立研究開発法人情報通信研究機構（研究マネージャ）、2019〜東京大学大学院工学系研究科（2020年5月より上席研究員（教授））。神戸大学大学院保健学研究科・教授(2013〜2019年)、国立精神神経医療研究センター神経研究所・客員研究員(2008〜)、放送大学客員教授（2014〜）。2011年Optical Society of America, Senior Member認定。人間情報学会理事。現在の専門：神経科学及び計測工学（健康長寿生命機能工学講座を担当）。

室伏 きみ子 （むろふし きみこ）

お茶の水女子大学名誉教授
前お茶の水女子大学学長
人間情報学会長

1970年お茶の水女子大学理学部卒業、72年同大学院修士課程修了、76年東京大学大学院博士課程修了（「真核細胞におけるDNA ポリメラーゼ活性の調節」で医学博士）。The Public Health Research Institute of The City of New York 博士研究員などを経て、83年お茶の水女子大学助手、講師。96年同大学理学部／大学院教授。同大学理学部長、理事・副学長などを務め、13年定年退職、名誉教授。15年4月〜21年3月まで同大学学長、現在に至る。この間、日本学術会議会員、人間情報学会会長、ルイ・パスツール大学（フランス）客員教授、文部科学省・経済産業省・内閣府審議会委員、株式会社ブリヂストン社外取締役、日本放送協会経営委員会委員、日本医療研究開発機構監事などを歴任。フランス共和国からChevalier dans l'Ordre des Palmes Académiques（教育功労章）を受章。専門は細胞生物学・生化学。

岸上 順一 （きしがみ じゅんいち）

慶應義塾大学大学院政策メディア研究科特任教授
室蘭工業大学大学院システム理化学科特任教授

1980年北海道大学物理学修了、日本電信電話公社（現NTT）武蔵野電気通信研究所に入社、薄膜ヘッドのデザインから磁気ディスクの設計、VOD(Video-on-Demand)の開発などを行い、1994年から5年間NTT America VPとしてIP事業に取り組む。総務省、経産省のコンテンツ流通、著作権、制度などの各種委員会に関わり、現在に至る。主な著書は『シリコンバレーモデル』（NTT出版）、『デジタルID革命』（日本経済出版社）、『コンテンツ流通教科書』（アスキー出版）、『RFID教科書』（アスキー出版）など。

廣瀬 弥生 （ひろせ やよい）

東洋大学情報連携学部教授

英国ヘンリービジネススクール経営学博士。一橋大学経済学修士。米国マサチューセッツ工科大学都市計画修士（産業政策専攻）。日本・アメリカ両国の大学院修了後、民間研究所で情報通信システムに関するコンサルティングプロジェクトの企画・運営を実施。その後、

東京大学特任助教授として、産学連携プロジェクトの管理運営、地域産業政策プロジェクト等を通じて、政策提言を続ける。現在は、これまでの研究プロジェクト経験を踏まえ、現職にてDX戦略及び異業種組織間のアライアンスや連携にともない必要となる、専門知識移転に関する戦略提言に向けた研究を実施している。ネイチャーインターフェース誌2002年10月号（No.11）で、「ウエアラブル機器とファッション」と題する寄稿がある。

吉川 弘之 （よしかわ ひろゆき）

東京大学名誉教授
東京大学総長、産業技術総合研究所理事長、科学技術振興機構研究開発戦略センター長を経て、現在、東京国際工科専門職大学 学長、日本学士院会員。その間、日本学術会議会長、日本学術振興会会長、国際科学会議（ICSU）会長、国際生産加工アカデミー（CIRP）会長などを務める。工学博士。一般設計学、構成の一般理論を研究。それに基づく設計教育、国際産学協同研究（IMS）を実施。

ラファエル ライフ （Rafael Reif）

マサチューセッツ工科大学学長
1950年ベネズエラに生まれる。1987年マサチューセッツ工科大学教授。1990年同大学マイクロシステム技術研究所所長。1999年同大学電子工学・コンピュータ科学学部、副学部長。専門はマイクロエレクトロニクス製造技術、他。IEEE、米国電気化学学会、米国物理学会、会員。1993年半導体薄膜の低温エピタキシーの先駆的研究により、IEEEフェローとなる。2012年から、同大学学長となり、現在に至る。

羅 志偉 （ラ シイ （Luo Zhi-Wei））

神戸大学大学院システム情報学研究科教授
1963年中華人民共和国蘇州市生まれ。華中工学院工業自動化学科卒業。来日後、名古屋大学で学ぶ。博士(工学)。豊橋科学技術大学助手、山形大学助教授、理化学研究所バイオ・ミメティックコントロール研究センター環境適応ロボットシステム研究チームリーダーを経て、現在、神戸大学大学院システム情報学研究科教授。2006年に理研で開発したロボット「RI-MAN」は、世界で初めて「人を抱き上げる」作業ができ、世界中から注目された。現在、環境適応ロボット、知的ヒューマンインタフェース、健康工学の研究・教育に取り組む。

太田 裕治 （おおた ゆうじ）

お茶の水女子大学基幹研究院自然科学系教授
東京大学工学部精密機械工学科卒業、同大学大学院工学系研究科精密機械工学専攻修了、1992年博士(工学)。1987年コニカ株式会社入社。1988年東京大学工学部助手。講師、助教授を経て、2001年お茶の水女子大学生活科学部助教授。2011年より同大学人間文化創成科学研究科教授。また2021年度より副学長。専門は、人間医工学、リハビリテーション科学・福祉工学。

西田 佳史 （にしだ よしふみ）

東京工業大学工学院機械系教授
1971年岐阜県生まれ。93年東京大学工学部機械工学科卒業。98年同大学大学院工学系研究科機械工学専攻博士課程修了。同年通商産業省工業技術院電子技術総合研究所入所。01年組織改正で独立行政法人産業技術総合研究所となり、同デジタルヒューマン研究ラボ研究員。10年デジタルヒューマン工学研究センター生活・社会機能デザイン研究チーム長。11年デジタルヒューマン工学研究センター上席研究員。15年人工知能研究センター首席研究員。人間の日常生活行動の観察技術とモデリング技術、生活機能構成技術、傷害予防工学の研究などに従事。

戸辺 義人 （とべ よしと）

青山学院大学理工学部情報テクノロジー学科教授
ウェアラブル環境情報ネット推進機構副理事長
1984年東京大学工学部電気工学科卒業、1986年同大学大学院工学研究科電気工学専門課程修士課程修了。1992年カーネギーメロン大学大学院修士課程修了。2000年慶應義塾大学博士(政策・メディア)。専門分野はセンサネットワーク。株式会社東芝、慶應義塾大学、東京電機大学を経て、2012年から現職。

ロペズ ギヨーム （Guillaume Lopez）

青山学院大学理工学部情報テクノロジー学科教授
1977年フランス生まれ。2000年フランス国立応用科学院リヨン校修了（情報理工）、02年

東京大学大学院新領域創成科学研究科修了、05年同大学院博士号（環境学、PhD.）取得。日産自動車の研究所で4年程の経験を経て、09年東京大学工学系研究科特任助教、13年青山学院大学理工学部情報テクノロジー学科准教授、20年より教授、現在に至る。QOL向上と健康管理のためウェアラブルセンシング、生体情報処理と、情報システムの3つの専門分野の統合技術に関する研究に従事。第40回日本時計学会青木賞受賞。

本田 学 （ほんだ まなぶ）

国立研究開発法人国立精神・神経医療研究センター神経研究所疾病研究第七部長
三重県出身。1988年京都大学医学部卒業。1995年京都大学医学研究科博士課程修了。米国国立保健研究所（NIH）訪問研究員、自然科学研究機構生理学研究所准教授などを経て、2005年9月から現職。東京農工大学客員教授、早稲田大学客員教授、東京大学ニューロインテリジェンス国際研究機構連携研究者等を兼任。主な研究テーマは、脳情報から精神・神経疾患の病態解明と治療法開発に迫る「情報医学」の体系化、ハイパーソニック・エフェクトを応用した「情報環境医療」の開発、感性脳機能のイメージング、非侵襲脳刺激による機能的治療法の開発など。

原 量宏 （はら かずひろ）

香川大学名誉教授
香川大学瀬戸内圏研究センター特任教授
1943年東京都生まれ。70年東京大学医学部医学科卒業、同年6月同大学医学部産科婦人科学教室入局、73年同大学産婦人科助手。産婦人科領域に向けたME（医用電子）機器、特に分娩監視装置や超音波診断装置の開発・臨床応用に従事。80年香川医科大学母子科学講座助教授。アレキサンダー・フォン・フンボルト財団給費留学生としてドイツ・ハイデルベルク大学産科婦人科学教室へ留学。2000年同医科大学附属病院医療情報部教授。香川大学医療情報部教授を経て09年同大学名誉教授、同大学瀬戸内圏研究センター特任教授、現在に至る。日本遠隔医療学会名誉会長、香川県医師会監事、NPO法人e-HCIK理事長。07年経済産業大臣表彰、13年総務大臣表彰、17年、医療分野における情報通信技術の利活用の推進（「研究開発用ギガビットネットワーク（JGN）」「K-MIX」）とG7香川・高松情報通信大臣会合の開催に多大な貢献をしたことなどから、赤坂御苑で催された春の園遊会に招待、18年、首相官邸にて遠隔での周産期管理や世界でのモバイル胎児モニターへの注目について安倍前総理と意見交換。19年、内閣総理大臣表彰「第8回ものづくり日本大賞2019」経済産業大臣賞を受賞、20年、JST（科学技術振興機構）「STI for SDGs」アワードにて、香川大学、メロディ・インターナショナル（株）、NPO法人e-HCIKと共同で、科学技術振興機構理事長賞を受賞。

鳥光 慶一 （とりみつ けいいち）

東北大学大学院工学研究科教授
1958年東京生まれ。1980年慶應義塾工学部計測工学科卒業、慶應義塾大学大学院工学研究科修士、博士課程を修了し、1986年博士号（工学博士、計測工学専攻）取得。その後日本電信電話株式会社物性科学基礎研究所主席研究員、理事を経て、2012年に東北大学大学院工学研究科教授として着任。その間、京都大学再生医科学研究所、オックスフォード大学客員教授等を歴任。2015年、2020年に大学発ベンチャーを創設。現在に至る。専門は、神経科学、ナノバイオ、医用工学。2010年より繊維電極の研究を開始。

蜂須賀 知理 （はちすか さとり）

東京大学大学院新領域創成科学研究科特任講師
1979年神奈川県生まれ。2002年慶応義塾大学環境情報学部卒業、04年東京大学大学院新領域創成科学研究科人間環境学専攻修士課程修了、07年同大学院博士号（環境学、PhD.）取得。株式会社デンソーの研究所にて12年の勤務を経て、19年東京大学大学院新領域創成科学研究科助教、20年より特任講師、現在に至る。人間工学、ヒューマンインタフェースを専門とし、現在は教育学との融合による革新的な学び・教育の方法論およびシステム構築に関する研究に従事。IEEE LifeTech 2020 Excellent Paper Award (2020)、自動車技術会 論文賞（2018）他受賞。

小林 弘幸 （こばやし ひろゆき）

順天堂大学医学部総合診療科学講座・病院管理学研究室教授
1960年埼玉県生まれ。87年順天堂大学医学部卒業、92年同大学大学院医学研究科博士課程を修了後、ロンドン大学付属英国王立小児病院外科、アイルランド・トリニティ大学付属医学研究センターなどの勤務を経て、03年順天堂大学小児外科学助教授、06年から現職。日本体育協会公認スポーツドクター。自律神経測定「Lifescore」監修者。外科や免疫、臓

器、神経など長年の研究から自律神経系バランスの重要性を痛感、多くのトップアスリートのコンディション指導などに関わる。主な著書は『なぜ「これ」は健康にいいのか?』(セル・エクササイズ) など。

雄山 真弓 (おやま まゆみ)

前関西学院大学名誉教授
前株式会社カオテック研究所代表

1963年東北大学理学部化学科卒業、関西学院大学情報処理研究センター教授、同大学総合心理科学科教授、大阪大学大学院基礎工学研究科招聘教授、コロンビア大学コンピュータサイエンス学科客員研究員などを経て現職。カオス性をもつ人間の心の状態や生態情報を科学的に解析、健康な精神状態を維持するための研究を続けている。日本人間工学会・優秀研究発表奨励賞受賞 (2009年)、IEEE・Franklin V. Taylor Memorial Award 受賞 (2009年)、著書は『心の免疫力を高める「ゆらぎ」の心理学』(祥伝社新書)、など多数。

吉田 隆嘉 (よしだ たかよし)

本郷赤門前クリニック院長
新宿ストレスクリニック顧問

医学博士。1964年京都府生まれ。東京大学工学部 (量子化学専攻)、同大学大学院 (分子細胞生物学専攻) を修了、NHKアナウンサーとして活躍後、北里大学医学部 (医師免許)、東京大学大学院医学博士課程を経て、公設第一秘書などを経験。受験生専門外来「本郷赤門前クリニック」院長。人間情報学会理事、WIN首席研究員など。主な著書には『世界は「ゆらぎ」でできている』(光文社)、『思い通りに人を動かす、最強! 会話術』(徳間書店) など多数。

吉澤 誠 (よしざわ まこと)

東北大学名誉教授

1983年東北大学大学院工学研究科電気及通信工学専攻博士後期課程修了後、同大学工学部通信工学科助手・助教授を経て、1991年豊橋技術科学大学工学部助教授。1994年東北大学大学院情報科学研究科助教授、2001年同大学情報シナジーセンター (現サイバーサイエンスセンター) 教授。2021年同大学産学連携機構イノベーション戦略推進センター特任教授・名誉教授。総長特別補佐として「東北大学サイエンスカフェ」などを企画・運営。専門は、サイバー医療、生体制御工学。サイバー空間を利用した医療システムの開発やバーチャルリアリティの医療応用を手がけている。工学博士。

杉田 典大 (すぎた のりひろ)

東北大学大学院工学研究科技術社会システム専攻准教授
博士 (工学)。

駒澤 真人 (こまざわ まこと)

WINフロンティア株式会社取締役
芝浦工業大学大学院理工学研究科客員准教授

東京理科大学理工学部卒、東京工業大学大学院総合理工学研究科卒、神戸大学大学院システム情報学研究科博士課程修了 (博士 (工学)、日常生活における自律神経機能の計測と評価に関する研究)、人間情報学会理事。株式会社インフォマティクスにて、企業、官公庁向け位置情報システム (GIS) の開発事業に携わった後、WINフロンティア株式会社に創業時から参画。ウェアラブル技術を活用し人間情報をセンシング、評価分析、システム化して実応用まで繋げる研究に従事。これまで、企業、自治体、病院などと連携し、商品・サービスの快適性を評価するプロジェクトに百件以上携わる。著書は、『生体データ活用の最前線 ~スマートセンシングによる生体情報計測とその応用~』(第4章4節を担当、サイエンス&テクノロジー)。

塚田 信吾 (つかだ しんご)

NTT物性科学基礎研究所バイオメディカル情報科学研究センタ分子生体機能研究グループ
NTTフェロー

1990年富山大学医学部を卒業後、自治医科大学、東京大学医学部での臨床医学を経て、防衛医科大学、カリフォルニア大学サンディエゴ校 (UCSD) 神経科学で皮質、脊髄の神経再生を研究。現在、NTT 物性科学基礎研究所で埋め込み型BMI (Brain Machine Interface) と導電性高分子を用いたウェアラブル電極の研究開発に従事。医師 (医学博士)。

近山 隆 (ちかやま たかし)

東京大学名誉教授

1953年東京・神田の生まれ。77年東京大学工学部計数工学科卒業、82年同大学院情報工学専門課程博士課程修了（在籍中にUtilispを開発）、同年富士通株式会社入社。同年6月財団法人新世代コンピュータ技術開発機構（ICOT）に出向、第五世代コンピュータシステム研究開発プロジェクトで、SIMPOSやPIMOS、また言語処理系ESPやKL1の開発を主導する。95年東京大学工学系研究科電子工学専攻助教授、96年同教授に就任、その後同大学電子情報工学専攻や新領域創成科学研究科基盤情報学専攻、工学系研究科電気系工学専攻などの教授を経て、14年退職、名誉教授。

栗原 聡 （くりはら さとし）

慶應義塾大学理工学部教授
慶應義塾大学共生知能創発社会研究センター長
電気通信大学人工知能先端研究センター特任教授

慶應義塾大学大学院理工学研究科修了。博士（工学）。NTT基礎研究所、大阪大学、電気通信大学を経て、2018年から慶應義塾大学理工学部教授。2021年4月より慶應義塾大学共生知能創発社会研究センター・センター長。人工知能学会理事・編集委員長などを歴任。マルチエージェント、複雑ネットワーク科学、群知能などの研究に従事。著書「AI兵器と未来社会キラーロボットの正体」（朝日新書、2019）、編集「人工知能学事典」（共立出版、2017）など多数。

橋本 典生 （はしもと みつお）

東京慈恵会医科大学内科学講座呼吸器内科講師

1975年生まれ。1998年早稲田大学理工学部機械工学科卒業。2000年東京大学大学院工学系研究科精密機械工学専攻修士課程修了。2006年東京慈恵会医科大学医学部医学科卒業。聖路加国際病院にて初期研修終了後に東京慈恵会医科大学内科学講座呼吸器内科に入局。2012年から2015年までUCSFにて研究留学。専門は、慢性閉塞性肺疾患（COPD）であり、樹状細胞に伴うCOPDの慢性炎症の機序やCOPD合併サルコペニアの機序に興味をもって研究を行っている。修士（工学）、博士（医学）。

大附 克年 （おおつき かつとし）

マイクロソフトディベロップメント株式会社Software Technology Center Japanシニアプログラムマネージャー

早稲田大学大学院修士課程修了後、日本電信電話株式会社入社。音声認識およびその応用技術に関する研究開発に従事。2007年よりマイクロソフトディベロップメント株式会社にて、テキスト入力システム、検索サービスの開発に従事。2014年より東京工業大学イノベーション人材養成機構で非常勤講師を務める。博士（工学）。

江崎 浩 （えさき ひろし）

東京大学大学院情報理工学系研究科教授

1987年九州大学工学部電子工学科修士課程了。同年株式会社東芝入社。総合研究所にてATMネットワーク制御技術の研究に従事。94年より2年間米国ニューヨーク市コロンビア大学Centre for Telecommunications Researchにて客員研究員。98年10月より東京大学大型計算機センター助教授。2001年よ東京大学大学院情報理工学系研究科・工学部電子情報工学科助教授、2005年4月より現職。WIDEプロジェクト代表。東大グリーンICTプロジェクト代表、Live E!プロジェクト代表、MPLS-JAPAN代表、IPv6普及・高度化推進協議会専務理事、IPv4アドレス枯渇対応タスクフォース代表、JPNIC 副理事長、IPv6 Forum Fellow、ISOC理事、日本データセンター協会理事・運営委員長。工学博士（東京大学）。

山口 昌樹 （やまぐち まさき）

信州大学大学院総合医理工学研究科生命医工学専攻教授

1963年名古屋市生まれ。87年信州大学大学院修士課程修了、同年ブラザー工業株式会社入社中央研究所勤務。94年信州大学大学院博士後期課程了。95年東京農工大学工学部助手、99年富山大学工学部助教授、08年岩手大学工学部教授を経て、15年信州大学教授、現在に至る。生体工学、バイオミメティクス、ストレス科学の研究に従事。01年日経BP技術賞受賞。08年ライフサポート学会製品賞受賞。

高汐 一紀 （たかしお かずのり）

慶應義塾大学環境情報学部教授

1995年、慶應義塾大学大学院工学研究科にて博士（工学）を取得。電気通信大学助手、慶應義塾大学大学院政策・メディア研究科助教授、同大学環境情報学部准教授を経て現職。主

に、分散実時間システム、ユビキタスコンピューティング、ソーシャルロボティクス、共発達ロボティクス、ヒューマンロボットインタラクションなどの研究に従事。IEEE、ACM、情報処理学会、電子情報通信学会各会員。電子情報通信学会では、クラウドネットワークロボット研究会研究専門委員会委員長を務める。

梅田 和昇 （うめだ かずのり）

中央大学理工学部精密機械工学科教授
1989年東京大学工学部精密機械工学科卒、1994年同博士課程修了。同年中央大学理工学部精密機械工学科専任講師、2006年より同教授、現在に至る。2003-2004年カナダNRC Visiting Worker、2007-2009年文部科学省学術調査官。ロボットビジョン、画像処理の研究に従事。画像の認識・理解シンポジウム2004 MIRU長尾賞受賞。博士（工学）。人間情報学会、精密工学会、日本ロボット学会、日本機械学会、計測自動制御学会、IEEE等の会員。

吉田 寛 （よしだ ひろし）

日本電信電話株式会社アクセスサービスシステム研究所主任研究員
東京大学工学部卒、東京大学大学院新領域創成科学研究科博士課程修了（博士（環境学）。人間情報学会理事、電子情報通信学会HCGシンポジウム庶務幹事、ICB研究会幹事。通信会社にて、顧客管理やネットワーク設定等を自動化する業務システムの開発に携わった後、「人とシステムの協働型オペレーション」を軸とし、人間の特徴を捉え業務の抜本的改善、あらたな業務デザインの実現を目指す研究に従事。

横窪 安奈 （よこくぼ あんな）

青山学院大学理工学部情報テクノロジー学科助教
1986年（昭和61年）生。2012年お茶の水女子大学大学院修士課程修了。2019年同大学博士課程単位取得退学。博士（理学）。2011年にIPA未踏ユース事業に採択。2012～2017年までキヤノン株式会社にて研究開発業務に従事。2015年Turku University of Applied Sciences（フィンランド）客員研究員を経て、2017青山学院大学理工学部情報テクノロジー学科助手。2020年より同大学助教。ヒューマンコンピュータインタラクション(HCI)・エンタテイメントコンピューティング(EC)の研究に従事。HCD-Net認定人間中心設計スペシャリスト。

川原 靖弘 （かわはら やすひろ）

放送大学教養学部准教授、大学院文化科学研究科准教授
博士（環境学）Ph.D.。専攻は、環境生理学、健康工学、移動体センシング。2000年に京都工芸繊維大学繊維学部応用生物学科卒業、2005年に東京大学大学院新領域創成科学研究科環境学専攻博士後期課程修了、同年に東京大学大学院新領域創成科学研究科助手、2010年神戸大学大学院システム情報学研究科特命講師。主な著に、「ソーシャルシティ」（共著、放送大学教育振興会）、「生活環境と情報認知」（共著、放送大学教育振興会）、「AI事典 第3版」（共著、近代科学社）、「人間環境学の創る世界」（共著、朝倉書店）などがある。

石井 直方 （いしい なおかた）

東京大学名誉教授
1955年東京都生まれ。77年東京大学理学部卒業、82年同大学院理学系研究科博士課程修了。同大理学部助手、教養学部助教授などを経て、99年同大学院総合文化研究科教授、05年同大学院新領域創成科学研究科教授（兼務）、20年同大名誉教授。この間、英国オックスフォード大学に留学。専門は身体運動科学、筋生理学、トレーニング科学。東大入学後にボディビル&ウェイトリフティング部に入部、すぐに頭角を現す。75年から関東学生パワーリフティング選手権で6連覇、76年から全日本学生パワーリフティング選手権で2連覇、80年日本実業団ボディビル選手権大会で優勝、81年にミスター日本優勝、82年ミスターアジア優勝、さらに01年全日本社会人マスターズ優勝など、競技者としても輝かしい実績を誇る。テレビや雑誌で活躍中、著書も多い。

岩崎 哲 （いわさき てつ）

株式会社アイ・グリッド・ラボ取締役CTO
東京大学大学院（博士課程）にて、環境学とウェアラブルコンピューティング・センサネットワークを研究。その後15年間AIベンチャーにて経営に従事し、ビッグデータ・AI・DXの研究開発・事業開発を担当。事業の立上げ・組織運営やAIの技術開発・顧客プロジェクトのマネジメントを担う。2020年、アイ・グリッド・ラボ 取締役CTO就任。AI・DXの経験・知見を活かし、エネルギーの新しいプラットフォーム構築事業を立ち上げている。博士（環境学）、人間情報学会理事。

板生 研一（いたお けんいち）

WINフロンティア株式会社代表取締役社長兼CEO
東京成徳大学経営学部特任教授
一橋大学法学部卒、東京大学大学院中退、英国ケンブリッジ大学経営大学院経営学修士（MBA）、順天堂大学大学院医学研究科博士課程修了（博士（医学））。ソニー株式会社（現ソニーグループ）にて商品企画・マーケティング等に従事後、2011年にWINフロンティア株式会社を創業。生体センシングによるヘルスケア事業、感情マーケティング事業に従事。研究領域は、感情マーケティングと消費者行動、健康経営、ストレス・マネジメント。主な著書は、『クラウド時代のヘルスケアモニタリングシステム構築と応用』（第22章担当、シーエムシー出版）他。

森川 博之（もりかわ ひろゆき）

東京大学大学院工学系研究科教授
1964年千葉県生まれ。87年東京大学工学部電子工学科卒業、92年同大学院博士課程修了。その後、同大学助手、講師などを経て97年助教授、06年同大学大学院工学系研究科教授。07年同大学先端科学技術研究センター教授を経て、現在に至る。この間、情報通信研究機構モバイルネットワークグループリーダなどを兼務。モノのインターネット／DX／ビッグデータ、センサネットワーク、無線通信システム、情報社会デザインなどの研究に従事。OECDデジタル経済政策委員会(CDEP)副議長、Beyond 5G新経営戦略センター長、5G利活用型社会デザイン推進コンソーシアム座長、スマートレジリエンスネットワーク代表幹事、情報社会デザイン協会代表幹事、総務省情報通信審議会部会長、国土交通省国立研究開発法人審議会委員などを務める。著書に「データ・ドリブン・エコノミー（ダイヤモンド社）」「5G　次世代移動通信規格の可能性（岩波新書）」など。

坂村 健（さかむら けん）

東京大学名誉教授
東洋大学情報連携学部長
1951年東京生まれ。79年慶應義塾大学大学院工学研究科博士課程修了。工学博士。同年、東京大学助手（理学部情報科学科）、助教授、教授を経て、2000年東京大学大学院教授（情報学環）。リアルタイムシステムTRON、デジタルミュージアム、インテリジェントビル、超機能分散システム、Aggregate Computing Systemなどの研究開発に従事。09年東京大学大学院情報学環ユビキタス情報社会基盤研究センター長。17年INIAD（東洋大学情報連携学部）学部長、INIAD c-HUB（学術実業連携機構）機構長、東京大学名誉教授。日本学術会議21-22期会員。IEEE Life Fellow、IEEE Golden Core Member、YRPユビキタス・ネットワーキング研究所所長、トロンフォーラム会長、公共交通オープンデータ協議会会長。IEEE MICRO editor in Chief、高度情報通信ネットワーク社会推進戦略本部本部員、国家戦略特区諮問会議議員、交通政策審議会、社会資本整備審議会などの委員を歴任。電子情報通信学会著述賞、IEEE MICRO Best Paper of the Year、情報処理学会Best Author賞、情報処理学会40周年記念Best Paper of '90s賞、市村学術賞特別賞、経済産業大臣情報化促進貢献賞、武田賞、総務大臣賞、紫綬褒章、産学官連携功労者内閣総理大臣賞、学士院賞、ITU（International Telecommunication Union）150 Award、など多くの表彰を受賞。著書に『μITRON3.0 Concept and Specification』（IEEE Computer Sosiety Press）、『TRON Project—Open Architecture Computer Systems』（Springer-Verlag）、『イノベーションはいかに起こすか』（NHK出版））、『IoTとは何か』（角川書店）、『DXとは何か』（角川書店）など多数。

稲見 昌彦（いなみ まさひこ）

東京大学先端科学技術研究センター教授
1999年東京大学大学院工学研究科博士課程修了。博士（工学）。同大学助手、電気通信大学知能機械工学科講師、同大学助教授、同大学教授、MITコンピューター科学・人工知能研究所客員科学者、慶應義塾大学大学院メディアデザイン研究科教授、東京大学大学院情報理工学系研究科教授を経て2016年4月より現職。JST ERATO 稲見自在化身体プロジェクト研究総括、IPA未踏PM、日本学術会議連携会員等を兼務。人間拡張工学、エンタテインメント工学に興味を持つ。米TIME誌Coolest Invention of the Year、文部科学大臣表彰若手科学者賞、情報処理学会長尾真記念特別賞などを受賞。

児島 全克（こじま まさかつ）

HTC NIPPON株式会社代表取締役社長
1985年モトローラ社に入社。MCA/JSMR移動無線機やFLEX ページャ、3G携帯電話機などの開発の後、同社CTO オフィス部長・GMに就任し、UX・PAN・LBSをベースにした先

進技術開発に携わり、世界初のJavaやSUPL、UWB搭載の携帯、さらに日本発3Gスマートフォンなどを発表する。2006年HTC NIPPONに移籍、日本初アンドロイドフォンをリリース。プロダクトエンジニアリング・ディレクターを経て2017年同社社長に就任。現在、5G及びXR製品におけるプラットフォーム戦略を展開。著書は、スマホ時代のモバイル・ビジネスとプラットフォーム戦略（創成社）、クラウド時代のヘルスケアモニタリングシステム構築と応用（シーエムシー出版）。博士（技術経営）。

◎本書スタッフ
編集長：石井 沙知
編集：伊藤 雅英
図表製作協力：菊池 周二
組版協力：阿瀬 はる美
表紙デザイン：tplot.inc 中沢 岳志
技術開発・システム支援：インプレスR&D NextPublishingセンター

●本書に記載されている会社名・製品名等は、一般に各社の登録商標または商標です。本文中の©、®、TM等の表示は省略しています。

●本書の内容についてのお問い合わせ先
近代科学社Digital　メール窓口
kdd-info@kindaikagaku.co.jp
件名に「『本書名』問い合わせ係」と明記してお送りください。
電話やFAX、郵便でのご質問にはお答えできません。返信までには、しばらくお時間をいただく場合があります。なお、本書の範囲を超えるご質問にはお答えしかねますので、あらかじめご了承ください。

人間情報学
快適を科学する

2021年12月24日　初版発行Ver.1.0

監　修　板生 清
編　者　人間情報学会
発行人　大塚 浩昭
発　行　近代科学社Digital
販　売　株式会社 近代科学社
　　　　〒101-0051
　　　　東京都千代田区神田神保町1丁目105番地
　　　　https://www.kindaikagaku.co.jp

印刷・製本　京葉流通倉庫株式会社
Printed in Japan

ISBN978-4-7649-6029-9

近代科学社 Digital は、株式会社近代科学社が推進する21世紀型の理工系出版レーベルです。デジタルパワーを積極活用することで、オンデマンド型のスピーディで持続可能な出版モデルを提案します。

近代科学社Digitalは株式会社インプレスR&Dのデジタルファースト出版プラットフォーム "NextPublishing" との協業で実現しています。